■ 高等学校理工科数学类规划教材配套用书

数值分析方法与应用

THE NUMERICAL ANALYSIS METHOD AND APPLICATION

主编 张宏伟 孟兆良

编者 张宏伟 孟兆良 金光日 董 波

大连理工大学出版社
Dalian University of Technology Press

图书在版编目(CIP)数据

数值分析方法与应用 / 张宏伟，孟兆良主编. — 大连：大连理工大学出版社，2019.9(2021.10 重印)
ISBN 978-7-5685-2153-6

Ⅰ. ①数… Ⅱ. ①张… ②孟… Ⅲ. ①数值分析—高等学校—教材 Ⅳ. ①O241

中国版本图书馆 CIP 数据核字(2019)第 155665 号

数值分析方法与应用
SHUZHI FENXI FANGFA YU YINGYONG

大连理工大学出版社出版
地址:大连市软件园路 80 号　邮政编码:116023
发行:0411-84708842　邮购:0411-84708943　传真:0411-84701466
E-mail:dutp@dutp.cn　URL:http://dutp.dlut.edu.cn
辽宁泰阳广告彩色印刷有限公司印刷　　大连理工大学出版社发行

幅面尺寸:185mm×260mm　印张:14.25　字数:328 千字
2019 年 9 月第 1 版　　2021 年 10 月第 3 次印刷

责任编辑:李宏艳　　责任校对:周　欢
封面设计:宋　蕾

ISBN 978-7-5685-2153-6　　定　价:35.00 元

前　言

“计算机科学计算”是一门与科学计算密切相关的计算数学课程。

《计算机科学计算》(第二版)(张宏伟等编,高等教育出版社,2013 年)是普通高等教育“十五”国家级规划教材,适于作为数学与应用数学、概率统计专业,以及理工科非数学专业硕士研究生的“数值计算方法”课程的教材。

本书是与《计算机科学计算》(第二版)相配套的辅助学习和配合数值实验的辅导书,主要由如下几部分组成:

(1)基本要求:对每章具体内容要求掌握的程度进行简要总结,使读者对每章的知识点有更为清晰的认识。

(2)内容提要:对每章的知识点做了简要概述,对一些重要的定义、定理、公式以及重要的算法进行了梳理,使读者摆脱繁杂的证明和详细的讲解,更好地掌握知识点之间的联系。

(3)思考题及解答:对每章容易混淆和难以理解的知识点以思考题的形式给出,使读者更好地理解书中细节。

(4)经典例题分析:选取了一些具有代表性和启发性的题目作为例题,其中有些是非常重要但限于学时要求未在《计算机科学计算》(第二版)出现的结论,在本书中给出了详细解答,使读者在巩固知识点的基础上也能进一步扩展知识面。

(5)习题及习题解答:该部分对《计算机科学计算》(第二版)的习题进行了详细解答,读者可先自行解答,再参考答案,以便更好地掌握书中内容。

(6)数值实验:“计算机科学计算”是计算类课程,上机实验是必不可少的环节,本书针对《计算机科学计算》(第二版)所讲授的数值方法,提供了相应的实验题目。读者可自行编程实现,以加深对算法的理解。

(7)程序代码:《计算机科学计算》(第二版)中给出了一些代码,本书进一步提供了一些实用算法(如求多项式的秦九韶算法、求解线性常微分方程组的精细积分法等)的代码实现(基于 MATLAB),读者可配合数值实验部分对代码进行修改和使用。

(8)自测题及自测题解答:书后给出了四套自测题并进行了详细的解答,自测题题量大、涵盖范围广,读者可作为复习资料使用。

本书旨在使广大读者对计算数学这门学科的基本知识点、基本结论、解题技巧、算法实现等加深理解,对一些学习或练习中模糊的地方进行指导。

由于时间仓促,加之编者水平有限,书中疏漏之处在所难免,敬请各位同行和读者批评指正。

编　者

2019 年 8 月

目　录

第1章 绪 论

基本要求

(1)了解计算机科学计算研究的对象和特点.

(2)了解误差的来源和分类.

(3)掌握关于误差的一些基本概念,如绝对误差、相对误差、有效数字、误差限的定义及其相互关系,并会计算.

(4)掌握一些误差的估计方法,重点掌握函数计算的误差估计.

(5)了解数值方法的稳定性的概念以及避免误差危害的一些基本原则.

(6)熟练掌握向量与矩阵范数的概念.

(7)掌握范数的一些性质.

(8)熟练掌握一些基本范数的计算,如1,2,∞-范数的计算.

1.1 内容提要

1.1.1 误差的基本概念和有效数字

设实数 x 为某个精确值,a 为它的一个近似值,则称 $x-a$ 为近似值 a 的**绝对误差**,简称为**误差**. 当 $x\neq 0$ 时,$\frac{x-a}{x}$ 称为 a 的**相对误差**. 在实际运算中,常把 $\frac{x-a}{a}$ 作为 a 的相对误差. 若有常数 e_a,使得 $|x-a|\leqslant e_a$,则称 e_a 为 a 的**绝对误差界**,或简称为**误差界**. 称 $\frac{e_a}{|a|}$ 是 a 的**相对误差界**.

把 a 写成如下形式

$$a=\pm 10^k\times 0.a_1a_2\cdots a_n\cdots$$

它可以是有限或无限小数的形式，其中 $a_i(i=1,2,\cdots)$ 是 $0,1,\cdots,9$ 中的一个数字，$a_1\neq 0$，k 为整数. 若

$$|x-a|\leqslant\frac{1}{2}\times 10^{k-n}$$

则称 a 为 x 的具有 n 位**有效数字**的近似值.

若 a 有 n 位有效数字，则 a 的相对误差界满足 $\frac{|x-a|}{|a|}\leqslant\frac{1}{2a_1}\times 10^{1-n}$.

1.1.2 函数计算的误差估计

如果 $y=f(x_1,x_2,\cdots,x_n)$ 为 n 元函数，自变量 $x_1,x_2,\cdots,x_n$ 的近似值分别为 $a_1,a_2,\cdots,a_n$，那么

$$f(x_1,x_2,\cdots,x_n)-f(a_1,a_2,\cdots,a_n)\approx\sum_{k=1}^{n}\left(\frac{\partial f}{\partial x_k}\right)_a(x_k-a_k)$$

其中 $\left(\frac{\partial f}{\partial x_k}\right)_a=\frac{\partial}{\partial x_k}f(a_1,a_2,\cdots,a_n)$，所以可以估计到函数值的误差界，近似地有

$$|f(x_1,x_2,\cdots,x_n)-f(a_1,a_2,\cdots,a_n)|\leqslant e_a\approx\sum_{k=1}^{n}\left|\left(\frac{\partial f}{\partial x_k}\right)_a\right|e_{a_k}$$

特别地

$$e_{a_1\pm a_2}\approx e_{a_1}+e_{a_1};e_{a_1\cdot a_2}\approx|a_1|e_{a_1}+|a_2|e_{a_1};e_{\frac{a_1}{a_2}}\approx\frac{|a_1|e_{a_1}+|a_2|e_{a_1}}{|a_2|^2},a_2\neq 0$$

1.1.3 数值稳定性的概念、设计算法时的一些基本原则

(1)算法的数值稳定性：一个算法在计算过程中其舍入误差不增长，称为数值稳定. 反之，称为数值不稳定. 不稳定的算法是不能使用的.

(2)在实际计算中应尽量避免出现两个相近的数相减.

(3)在实际计算中应尽量避免绝对值很小的数作除数.

(4)注意简化运算步骤，尽量减少运算次数.

(5)多个数相加，应把绝对值小的数相加后，再依次与绝对值大的数相加.

1.1.4 向量和矩阵范数

如果对 $\mathbf{R}^n$(n 维实向量空间)上的一个非负实值函数，记为 $f(\boldsymbol{x})=\|\boldsymbol{x}\|$，满足以下条件：

(1)非负性：$\|\boldsymbol{x}\|\geqslant 0$，并且 $\|\boldsymbol{x}\|=0$ 的充分必要条件为 $\boldsymbol{x}=\mathbf{0}$；

(2)齐次性：$\|\alpha\boldsymbol{x}\|=|\alpha|\|\boldsymbol{x}\|$；

(3)三角不等式：$\|\boldsymbol{x}+\boldsymbol{y}\|\leqslant\|\boldsymbol{x}\|+\|\boldsymbol{y}\|$.

那么称 $\|\boldsymbol{x}\|$ 为 $\mathbf{R}^n$ 上的一个向量范数.

常用的三种向量范数

$$\| \boldsymbol{x} \|_1 = \sum_{i=1}^{n} |x_i|, \quad \text{向量的 1- 范数}$$

$$\| \boldsymbol{x} \|_2 = \left(\sum_{i=1}^{n} |\boldsymbol{x}_i|^2\right)^{\frac{1}{2}} = \sqrt{\boldsymbol{x}^{\mathrm{T}} \cdot \boldsymbol{x}} = (\boldsymbol{x}, \boldsymbol{x})^{\frac{1}{2}}, \quad \text{向量的 2- 范数}$$

$$\| \boldsymbol{x} \|_\infty = \max_{1 \leqslant i \leqslant n} |\boldsymbol{x}_i|, \quad \text{向量的 } \infty \text{- 范数}$$

$\mathbf{R}^n$ 上的任何向量范数$\|\boldsymbol{x}\|$均为 $\boldsymbol{x}$ 的连续函数. 另外 $\mathbf{R}^n$ 上的任意两种向量范数都是等价的,即对于 $\mathbf{R}^n$ 上的两种范数$\|\cdot\|_\alpha$ 和$\|\cdot\|_\beta$,一定存在两个与向量 $\boldsymbol{x}$ 无关的正常数 c_1 和 c_2,使得下面的不等式成立

$$c_1 \|\boldsymbol{x}\|_\beta \leqslant \|\boldsymbol{x}\|_\alpha \leqslant c_2 \|\boldsymbol{x}\|_\beta, \quad \text{其中 } \forall\, \boldsymbol{x} \in \mathbf{R}^n$$

如果对 $\mathbf{R}^{n\times n}$($n\times n$ 维复矩阵集合)上的一个非负实值函数,记为 $f(\boldsymbol{A})=\|\boldsymbol{A}\|$,满足以下条件:

(1)非负性:对任意矩阵 $\boldsymbol{A}$ 均有$\|\boldsymbol{A}\|\geqslant 0$,并且$\|\boldsymbol{A}\|=0$ 的充分必要条件为 $\boldsymbol{A}=\boldsymbol{O}$;

(2)齐次性:$\|\alpha\boldsymbol{A}\|=|\alpha|\,\|\boldsymbol{A}\|$,$\alpha\in\mathbf{R}$;

(3)三角不等式:$\|\boldsymbol{A}+\boldsymbol{B}\|\leqslant\|\boldsymbol{A}\|+\|\boldsymbol{B}\|$,$\boldsymbol{A},\boldsymbol{B}\in\mathbf{R}^{n\times n}$;

(4)相容性:$\|\boldsymbol{AB}\|\leqslant\|\boldsymbol{A}\|\cdot\|\boldsymbol{B}\|$,$\boldsymbol{A},\boldsymbol{B}\in\mathbf{R}^{n\times n}$.

那么称$\|\boldsymbol{A}\|$为 $\mathbf{R}^{n\times n}$ 上的矩阵范数.

常用的两种矩阵范数

$$\| \boldsymbol{A} \|_{m_1} = \sum_{i=1}^{m} \sum_{j=1}^{n} |a_{ij}|, \quad \text{矩阵的 } m_1 \text{- 范数}$$

$$\| \boldsymbol{A} \|_{\mathrm{F}} = \left(\sum_{i=1}^{m} \sum_{j=1}^{n} |a_{ij}|^2\right)^{\frac{1}{2}}, \quad \text{矩阵的 F- 范数(Frobenius- 范数)}$$

对于一种矩阵范数$\|\cdot\|_M$ 和一种向量范数$\|\cdot\|_V$,若$\|\boldsymbol{Ax}\|_V\leqslant\|\boldsymbol{A}\|_M\|\boldsymbol{x}\|_V$ 对于任意的矩阵$\boldsymbol{A}$ 和向量$\boldsymbol{x}$(保证乘积有意义)都成立,则称**矩阵范数$\|\cdot\|_M$ 与向量范数$\|\cdot\|_V$ 是相容的**.

矩阵范数也可由向量范数导出. 已知 $\mathbf{R}^n$ 上的向量范数$\|\cdot\|_V$,$\boldsymbol{A}$ 为 $n\times n$ 矩阵,则

$$\|\boldsymbol{A}\|_M = \max_{\boldsymbol{x}\neq\boldsymbol{0}} \frac{\|\boldsymbol{Ax}\|_V}{\|\boldsymbol{x}\|_V} = \max_{\|\boldsymbol{x}\|_V=1} \|\boldsymbol{Ax}\|_V$$

是一种矩阵范数,且与已知的向量范数相容,称之为**矩阵的算子范数**.

常用的三种矩阵的算子范数

$$\| \boldsymbol{A} \|_1 = \max_{1 \leqslant j \leqslant n} \sum_{i=1}^{m} |a_{ij}|, \quad \text{列范数}$$

$$\| \boldsymbol{A} \|_\infty = \max_{1 \leqslant i \leqslant m} \sum_{j=1}^{n} |a_{ij}|, \quad \text{行范数}$$

$$\| \boldsymbol{A} \|_2 = \sqrt{\lambda_{\max}(\boldsymbol{A}^{\mathrm{T}}\boldsymbol{A})}, \quad \text{谱范数}$$

其中 $\lambda_{\max}(\boldsymbol{A}^{\mathrm{T}}\boldsymbol{A})$ 表示矩阵 $\boldsymbol{A}^{\mathrm{T}}\boldsymbol{A}$ 的最大特征值.

对任何算子范数$\|\cdot\|$,单位矩阵 $\boldsymbol{I}\in\mathbf{R}^{n\times n}$ 的范数为 1,即$\|\boldsymbol{I}\|=1$.

可以证明:

(1)任意给定的矩阵范数必然存在与之相容的向量范数;任意给定的向量范数必然存

在与之相容的矩阵范数(如从属范数).

(2)一个矩阵范数可以与多种向量范数相容(如矩阵 m_1-范数与向量 p-范数相容);多种矩阵范数可以与一个向量范数相容(如矩阵 F-范数和矩阵 2-范数与向量 2-范数相容).

(3)从属范数一定与所定义的向量范数相容,但是矩阵范数与向量范数相容却未必有从属关系(如$\|\cdot\|_F$ 与向量$\|\cdot\|_2$、$\|\cdot\|_{m_1}$ 与向量$\|\cdot\|_1$ 相容,但无从属关系).

(4)并非任意的矩阵范数与任意的向量范数相容.

下面列出矩阵范数的一些常用性质:

(1)设$\|\cdot\|$为 $\mathbf{R}^{n\times n}$ 矩阵空间的一种矩阵范数,则对任意的 n 阶方阵 $\boldsymbol{A}$ 均有 $\rho(\boldsymbol{A})\leqslant\|\boldsymbol{A}\|$.

(2)对于任给的 $\varepsilon>0$,则存在 $\mathbf{R}^{n\times n}$ 上的一种范数$\|\cdot\|_M$(依赖矩阵 $\boldsymbol{A}$ 和常数 ε),使得$\|\boldsymbol{A}\|_M\leqslant\rho(\boldsymbol{A})+\varepsilon$.

(3)对于 $\mathbf{R}^{n\times n}$ 上的一种矩阵范数$\|\cdot\|$,若 $\boldsymbol{A}\in\mathbf{R}^{n\times n}$ 且$\|\boldsymbol{A}\|<1$,则 $\boldsymbol{I}_n\pm\boldsymbol{A}$ 可逆且

$$\|(\boldsymbol{I}_n\pm\boldsymbol{A})^{-1}\|\leqslant\frac{1}{1-\|\boldsymbol{A}\|}$$

1.2 思考题及解答

判断下列说法是否正确?

1. 谱半径可以作为矩阵范数.

不正确,谱半径不可以作为矩阵范数,例如,$\boldsymbol{A}=\boldsymbol{B}^{\mathrm{T}}=\begin{pmatrix}0&1\\0&0\end{pmatrix}$,则有 $\rho(\boldsymbol{A})=\rho(\boldsymbol{B})=0$,而 $\rho(\boldsymbol{A}+\boldsymbol{B})=1$,因此 $\rho(\boldsymbol{A}+\boldsymbol{B})>\rho(\boldsymbol{A})+\rho(\boldsymbol{B})$,即三角不等式不成立,因此不能作为矩阵范数.

2. 有效数字能反映绝对误差的大小.

不正确,有效数字实际上反映相对误差的大小.

3. 有效数字位数与小数点的位置无关.

正确.

4. 绝对误差一定是正的.

不正确,绝对误差可正可负.

5. Cramer 法则可以用来求解大规模的线性方程组.

不正确,Cramer 法则用来求解方程组效率比较低,对于规模比较大的线性方程组,理论上可以求解,但实际不可行,Cramer 法则经常用来理论推导,但不适合实际计算.

6. 任意的矩阵范数,与任意的向量范数相容.

不正确,并非任意的矩阵范数,与任意的向量范数相容.

7. 一个矩阵范数可以与多个向量范数相容.

正确，例如，矩阵 m_1-范数与向量 p-范数相容.

8. 单位矩阵的矩阵范数为1.

不正确，单位矩阵的算子范数为1，但矩阵范数不一定为1.

1.3 经典例题分析

【例1-1】 下列近似值的绝对误差限均为0.005，问它们各有几位有效数字？

$$a=138.002, b=-0.0312, c=0.86\times10^{-4}$$

解 先将近似值写成标准形式

$$a=0.138\,002\times10^{3}, b=-0.312\times10^{-1}, c=0.86\times10^{-4}$$

再直接根据有效数字定义得出：

$|x-a|\leqslant\frac{1}{2}\times10^{-2}\Rightarrow k-n=3-n=-2\Rightarrow n=5$，即 a 有5位有效数字；

$|x-b|\leqslant\frac{1}{2}\times10^{-2}\Rightarrow k-n=-1-n=-2\Rightarrow n=1$，即 b 有1位有效数字；

$|x-c|\leqslant\frac{1}{2}\times10^{-2}\Rightarrow k-n=-4-n=-2\Rightarrow n=-2$，即 c 无有效数字.

【例1-2】 已知 x 的相对误差为0.003，求 a^m 的相对误差.

解 此题要利用函数计算的误差估计，即取 $f(x)=x^m$，$f'(x)=m\cdot x^{m-1}$，则由 $f(x)-f(a)\approx f'(a)(x-a)$，可推出 $x^m-a^m\approx m\cdot a^{m-1}\cdot(x-a)$，故 a^m 的相对误差为

$$\frac{x^m-a^m}{a^m}\approx m\cdot\frac{x-a}{a}=0.003m$$

【例1-3】 （此为减少运算次数达到避免误差危害的例子）利用3位算术运算求 $f(x)=x^3-6.1x^2+3.2x+1.5$ 在 $x=4.71$ 处的值.

解 表1-1中给出了传统方法计算的中间结果.在这里我们使用了两种取值法：截断法和舍入法.

表1-1 传统方法计算的中间结果

方法	x	x^2	x^3	$6.1x^2$	$3.2x$
精确值	4.71	22.184 1	104.487 111	135.323 01	15.072
3位数值(截断法)	4.71	22.1	104	135	15.0
3位数值(舍入法)	4.71	22.2	105	135	15.1

精确值：$f(4.71)=104.487\,111-135.323\,01+15.072+1.5=-14.263\,899$.

3位数值(截断法)：$f(4.71)=104-135+15.0+1.5=-14.5$.

3位数值(舍入法)：$f(4.71)=105-135+15.1+1.5=-13.4$.

上述3位数值方法的相对误差分别是

$$\left|\frac{-14.263\ 899+14.5}{-14.263\ 899}\right|\approx 0.01,\quad \text{截断法}$$

$$\left|\frac{-14.263\ 899+13.4}{-14.263\ 899}\right|\approx 0.06,\quad \text{舍入法}$$

作为另一种办法，用秦九韶方法（嵌套法）可将 $f(x)$ 写为

$$f(x)=x^3-6.1x^2+3.2x+1.5=[(x-6.1)x+3.2]x+1.5$$

那么，3 位数值（截断法）

$$\begin{aligned}f(4.71)&=[(4.71-6.1)\times 4.71+3.2]\times 4.71+1.5\\&=(-1.39\times 4.71+3.2)\times 4.71+1.5\\&=(-6.54+3.2)\times 4.71+1.5\\&=-3.34\times 4.71+1.5=-15.7+1.5=-14.2\end{aligned}$$

3 位数值（舍入法）

$$\begin{aligned}f(4.71)&=[(4.71-6.1)\times 4.71+3.2]\times 4.71+1.5\\&=(-1.39\times 4.71+3.2)\times 4.71+1.5\\&=(-6.55+3.2)\times 4.71+1.5\\&=-3.35\times 4.71+1.5=-15.8+1.5=-14.3\end{aligned}$$

则相对误差分别是

$$\left|\frac{-14.263\ 899+14.2}{-14.263\ 899}\right|\approx 0.004\ 4,\quad \text{截断法}$$

$$\left|\frac{-14.263\ 899+14.3}{-14.263\ 899}\right|\approx 0.002\ 5,\quad \text{舍入法}$$

可见使用秦九韶方法（嵌套法）已将截断近似计算的相对误差减少到原方法所得相对误差的 10%之内. 对于舍入近似计算则改进更大，其相对误差已减少 95%以上.

多项式在求值之前总应以秦九韶方法（嵌套法）表示，原因是这种形式使得算术运算次数最小化. 本例中误差的减小是由于算术运算次数从 4 次乘法和 3 次加法减少到 2 次乘法和 3 次加法. 减少舍入误差的一种办法是减少产生误差的运算次数.

【例 1-4】 已知近似值 $a_1=1.21, a_2=3.65, a_3=9.81$ 均为有效数字，试估计 $a_1\cdot a_2+a_3$ 的相对误差.

解 由已知

$$|x_1-a_1|\leqslant\frac{1}{2}\times 10^{k-n}=\frac{1}{2}\times 10^{-2};\ |x_2-a_2|\leqslant\frac{1}{2}\times 10^{-2};\ |x_3-a_3|\leqslant\frac{1}{2}\times 10^{-2}$$

令 $f(x_1,x_2,x_3)=x_1\cdot x_2+x_3$，$f(a_1,a_2,a_3)=a_1\cdot a_2+a_3$，由函数运算的误差估计式

$$\begin{aligned}&f(x_1,x_2,x_3)-f(a_1,a_2,a_3)\\&\approx f'_{x_1}(a_1,a_2,a_3)(x_1-a_1)+f'_{x_2}(a_1,a_2,a_3)(x_2-a_2)+f'_{x_3}(a_1,a_2,a_3)(x_3-a_3)\\&=a_2(x_1-a_1)+a_1(x_2-a_2)+(x_3-a_3)\end{aligned}$$

从而，相对误差可写成

$$\frac{|f(x_1,x_2,x_3)-f(a_1,a_2,a_3)|}{|f(a_1,a_2,a_3)|}\leqslant\frac{|a_2||x_1-a_1|+|a_1||x_2-a_2|+|x_3-a_3|}{|f(a_1,a_2,a_3)|}$$

$$\leqslant\frac{1.21+3.65+1}{1.21\times3.65+9.81}\times\frac{1}{2}\times10^{-2}\approx0.002\ 06$$

若 $x=3.000$，$a=3.100$，则绝对误差 $x-a=-0.100$，相对误差为

$$\frac{x-a}{x}=\frac{-0.100}{3.000}\approx-0.033\ 3=-0.333\times10^{-1}$$

若 $x=0.000\ 300\ 0$，$a=0.000\ 310\ 0$，则绝对误差 $x-a=-0.100\times10^{-4}$，相对误差为

$$\frac{x-a}{x}=\frac{-0.000\ 010\ 0}{0.000\ 300\ 0}\approx-0.333\times10^{-1}$$

若 $x=0.300\ 0\times10^4$，$a=0.310\ 0\times10^4$，则绝对误差 $x-a=-0.100\times10^3$，相对误差为

$$\frac{x-a}{x}=\frac{-0.100\times10^3}{0.300\ 0\times10^4}\approx-0.333\times10^{-1}$$

这个例子说明绝对误差有较大变化时，相对误差相同. 作为精确性的度量，绝对误差可能引起误解，而相对误差由于考虑到了值的大小而更有意义.

【例 1-5】 求下列向量的范数 $\|\boldsymbol{x}\|_\infty$，$\|\boldsymbol{x}\|_1$，$\|\boldsymbol{x}\|_2$.

(1) $\boldsymbol{x}=(2,1,-3,4)^{\mathrm{T}}$；

(2) $\boldsymbol{x}=(\sin k,\cos k,2^k)$，$k\in\mathbf{N}$.

解 (1) $\|\boldsymbol{x}\|_\infty=\max\{2,1,3,4\}=4$

$$\|\boldsymbol{x}\|_1=2+1+3+4=10$$

$$\|\boldsymbol{x}\|_2=\sqrt{2^2+1^2+(-3)^2+4^2}=\sqrt{30}$$

(2) $\|\boldsymbol{x}\|_\infty=\max\{\sin k,\cos k,2^k\}=2^k$

$$\|\boldsymbol{x}\|_1=|\sin k|+|\cos k|+2^k$$

$$\|\boldsymbol{x}\|_2=\sqrt{\sin^2 k+\cos^2 k+2^k}=\sqrt{1+2^k}$$

【例 1-6】 求下列矩阵 $\boldsymbol{A}$ 的范数 $\|\boldsymbol{A}\|_\infty$，$\|\boldsymbol{A}\|_1$，$\|\boldsymbol{A}\|_2$ 及 $\|\boldsymbol{A}\|_{\mathrm{F}}$.

(1) $\boldsymbol{A}=\begin{pmatrix}1&-2\\-3&4\end{pmatrix}$； (2) $\boldsymbol{A}=\begin{pmatrix}2&-1&0\\-1&2&-1\\0&-1&2\end{pmatrix}$.

解 (1) $\|\boldsymbol{A}\|_\infty=\max\{1+2,3+4\}=7$

$$\|\boldsymbol{A}\|_1=\max\{1+3,2+4\}=6$$

有
$$\boldsymbol{A}^{\mathrm{T}}\boldsymbol{A}=\begin{pmatrix}1&-3\\-2&4\end{pmatrix}\begin{pmatrix}1&-2\\-3&4\end{pmatrix}=\begin{pmatrix}10&-14\\-14&20\end{pmatrix}$$

令
$$\det(\lambda\boldsymbol{I}-\boldsymbol{A}^{\mathrm{T}}\boldsymbol{A})=\begin{vmatrix}\lambda-10&14\\14&\lambda-20\end{vmatrix}=\lambda^2-30\lambda+4=0$$

从而得

$$\|\boldsymbol{A}\|_2=\sqrt{\lambda_{\max}(\boldsymbol{A}^{\mathrm{T}}\boldsymbol{A})}=\sqrt{15+\sqrt{221}}\approx5.465\ 0$$

$$\|\boldsymbol{A}\|_F=\sqrt{1+(-2)^2+(-3)^2+4^2}=\sqrt{30}$$

(2) $\|\boldsymbol{A}\|_\infty=\max\{2+1,1+2+1,1+2\}=4$

$\|\boldsymbol{A}\|_1=\max\{2+1,1+2+1,1+2\}=4$

令
$$\det(\lambda\boldsymbol{I}-\boldsymbol{A})=\begin{vmatrix}\lambda-2 & 1 & 0\\ 1 & \lambda-2 & 1\\ 0 & 1 & \lambda-2\end{vmatrix}=(\lambda-2)(\lambda^2-4\lambda+2)=0$$

由于 $\boldsymbol{A}$ 为对称矩阵，所以

$$\|\boldsymbol{A}\|_2=|\lambda_{\max}(\boldsymbol{A})|=2+\sqrt{2}$$
$$\|\boldsymbol{A}\|_F=\sqrt{(-1)^2\times4+2^2\times3}=4$$

【例 1-7】 已知 $\boldsymbol{A},\boldsymbol{B}\in\mathbf{R}^{n\times n}$，且 $\det\boldsymbol{A}\neq0$，$\det\boldsymbol{B}\neq0$. 证明：对任意一种从属的矩阵范数(1) $\|\boldsymbol{A}^{-1}\|\geqslant\dfrac{1}{\|\boldsymbol{A}\|}$； (2) $\|\boldsymbol{A}^{-1}-\boldsymbol{B}^{-1}\|\leqslant\|\boldsymbol{A}^{-1}\|\|\boldsymbol{B}^{-1}\|\|\boldsymbol{A}-\boldsymbol{B}\|$.

证明 (1)根据从属范数的性质 $\|\boldsymbol{I}\|=1$ 及矩阵范数的相容性有

$$1=\|\boldsymbol{I}\|=\|\boldsymbol{A}^{-1}\boldsymbol{A}\|\leqslant\|\boldsymbol{A}^{-1}\|\|\boldsymbol{A}\|$$

整理便得结论成立.

(2)根据矩阵范数的相容性有

$$\|\boldsymbol{A}^{-1}-\boldsymbol{B}^{-1}\|=\|\boldsymbol{A}^{-1}(\boldsymbol{A}-\boldsymbol{B})\boldsymbol{B}^{-1}\|\leqslant\|\boldsymbol{A}^{-1}\|\|\boldsymbol{B}^{-1}\|\|\boldsymbol{A}-\boldsymbol{B}\|$$

习题 1

1. 填空题

(1)已知 x 的相对误差为 0.002，则 a^m 的相对误差为________.

(2)使 $\sqrt{70}=8.366\ 600\ 265\ 34\cdots$ 的近似值 a 的相对误差限不超过 0.1%，应取________位有效数字，则 $a=$________.

(3)已知 $a=1.234$，$b=2.345$ 分别是 x 和 y 的具有 4 位有效数字的近似值，那么，$\dfrac{|x-a|}{a}\leqslant$________，$|(3x-y)-(3a-b)|\leqslant$________，$|xy-ab|\leqslant$________.

(4)设多项式 $p_3(x)=4x^3+3x^2+2x+1$，求其值的秦九韶算法公式为________，设 $\boldsymbol{A}=\dfrac{1}{\sqrt{2}}\begin{pmatrix}1 & 0 & 1\\ 0 & 1 & 0\end{pmatrix}$，则 $\|\boldsymbol{A}\|_1=$________，$\|\boldsymbol{A}\|_\infty=$________，$\|\boldsymbol{A}\|_{m_1}=$________，$\rho(\boldsymbol{A}^{\mathrm{T}}\boldsymbol{A})=$________，$\|\boldsymbol{A}\|_2=$________.

(5) $\boldsymbol{x}=(3,0,-4,1)^{\mathrm{T}}\in\mathbf{R}^4$，则 $\|\boldsymbol{x}\|_1=$________，$\|\boldsymbol{x}\|_\infty=$________，$\|\boldsymbol{x}\|_2=$________，$\|\boldsymbol{x}\|_3=$________.

(6)记 $\boldsymbol{x}=(x_1,x_2,x_3)^{\mathrm{T}}\in\mathbf{R}^3$，判断如下定义在 $\mathbf{R}^3$ 上的函数是否为 $\mathbf{R}^3$ 上的向量范数

(填是或不是).

$\|\boldsymbol{x}\|=|x_1|+2|x_2|+3|x_3|$ (______),$\|\boldsymbol{x}\|=|x_1|+2|x_2|-3|x_3|$ (________),$\|\boldsymbol{x}\|=|x_1+x_2|+|x_3|$ (________).

2. 已知 $\mathrm{e}=2.718\ 28\cdots$,问以下近似值 x_A 有几位有效数字,相对误差界是多少?

(1)$x=\mathrm{e}, x_A=2.7$;　　(2)$x=\mathrm{e}, x_A=2.718$;

(3)$x=\dfrac{\mathrm{e}}{100}, x_A=0.027$;　　(4)$x=\dfrac{\mathrm{e}}{100}, x_A=0.027\ 18$.

3. 试由 $ax^2+bx+c=0(a\neq0)$ 的二次根公式

(1)$x_1=\dfrac{-b+\sqrt{b^2-4ac}}{2a}, x_2=\dfrac{-b-\sqrt{b^2-4ac}}{2a}$

导出改进的二次根公式

(2)$x_1=\dfrac{-2c}{b+\sqrt{b^2-4ac}}, x_2=\dfrac{-2c}{b-\sqrt{b^2-4ac}}$

试用公式(1)和公式(2)计算方程 $x^2-26x+1=0$(利用 $\sqrt{168}\approx12.961$),求精确到 5 位有效数字的根,并求两个根的绝对误差界和相对误差界[注意:当 $b>0$ 时,应该用公式(2)计算 x_1,用公式(1)计算 x_2;当 $b<0$ 时,应该用公式(1)计算 x_1,用公式(2)计算 x_2].

4. 在 5 位十进制计算机上求

$$s=545\ 494+\sum_{i=1}^{100}\varepsilon_i+\sum_{i=1}^{50}\delta_i$$

的和,使精度达到最高,其中 $\varepsilon_i=0.8, \delta_i=2$.

5. 在 6 位十进制的限制下,分别用等价的公式

(1)$f(x)=\ln(x-\sqrt{x^2-1})$;　　(2)$f(x)=-\ln(x+\sqrt{x^2-1})$

计算 $f(30)$ 的近似值,近似值分别为多少?求对数时相对误差有多大?

6. 若用下列两种方法

(1)$\mathrm{e}^{-5}\approx\sum_{i=0}^{9}(-1)^i\dfrac{5^i}{i\,!}=x_1^*$;　　(2)$\mathrm{e}^{-5}\approx\left(\sum_{i=0}^{9}\dfrac{5^i}{i\,!}\right)^{-1}=x_2^*$

计算 e^{-5} 的近似值,问哪种方法能提供较好的近似值?请分析原因.

7. 计算 $f=(\sqrt{2}-1)^6$,取 $\sqrt{2}\approx1.4$,直接计算 f 和利用下述等式计算,哪一个最好?

$$\frac{1}{(\sqrt{2}+1)^6}, (3-2\sqrt{2})^3, \frac{1}{(3+2\sqrt{2})^3}, 99-70\sqrt{2}$$

8. 如何计算下列函数值才比较准确.

(1)$\dfrac{1}{1+2x}-\dfrac{1}{1+x}$,对 $|x|\ll1$;　　(2)$\sqrt{x+\dfrac{1}{x}}-\sqrt{x-\dfrac{1}{x}}$,对 $x\gg1$;

(3)$\int_N^{N+1}\dfrac{\mathrm{d}x}{1+x^2}$,其中 N 充分大;　　(4)$\dfrac{1-\cos x}{\sin x}$,对 $|x|\ll1$.

9. 证明：

(1)$\|\boldsymbol{x}\|_\infty \leqslant \|\boldsymbol{x}\|_1 \leqslant n\|\boldsymbol{x}\|_\infty$；　　(2)$\|\boldsymbol{x}\|_\infty \leqslant \|\boldsymbol{x}\|_2 \leqslant \sqrt{n}\|\boldsymbol{x}\|_\infty$.

10. 设$\|\boldsymbol{x}\|$为 $\mathbf{R}^n$ 空间上的任一向量范数，$\boldsymbol{P} \in \mathbf{R}^{n\times n}$是非奇异矩阵，定义$\|\boldsymbol{x}\|_P = \|\boldsymbol{Px}\|$，证明：算子范数$\|\boldsymbol{A}\|_P = \|\boldsymbol{PAP}^{-1}\|$.

11. 设$\boldsymbol{A} \in \mathbf{C}^{n\times n}$，规定

$$\|\boldsymbol{A}\|_{m_\infty} = n \cdot \max_{ij} |a_{ij}|$$

证明：$\|\boldsymbol{A}\|_{m_\infty}$ 是 $\mathbf{C}^{n\times n}$ 上的矩阵范数，称为矩阵的 m_∞-范数.

12. 设 $\boldsymbol{A}$ 为 n 阶非奇异矩阵，$\boldsymbol{U}$ 为 n 阶酉矩阵. 证明：

(1)$\|\boldsymbol{U}\|_2 = 1$；　　(2)$\|\boldsymbol{AU}\|_2 = \|\boldsymbol{UA}\|_2 = \|\boldsymbol{A}\|_2$；

(3)$\|\boldsymbol{A}\|_F = \|\boldsymbol{UA}\|_F = \|\boldsymbol{AV}\|_F = \|\boldsymbol{UAV}\|_F$.

13. 设$\boldsymbol{A} \in \mathbf{R}^{n\times n}$是非奇异矩阵，$\lambda$ 是 $\boldsymbol{A}$ 的任意特征值，证明：$|\lambda| \geqslant \dfrac{1}{\|\boldsymbol{A}^{-1}\|}$.

14. 设$\boldsymbol{A} \in \mathbf{R}^{n\times n}$，$\lambda$ 是 $\boldsymbol{A}$ 的任意特征值，证明：$|\lambda| \leqslant \sqrt[n]{\|\boldsymbol{A}^n\|}$.

第 2 章　矩阵变换和计算

基本要求

(1)掌握矩阵的三角分解求法以及应用(包括 $\boldsymbol{LU}$,$\boldsymbol{PA}=\boldsymbol{LU}$,$\boldsymbol{LL}^{\mathrm{T}}$,三对角矩阵的分解,$\boldsymbol{QR}$).

(2)掌握三角分解的适用范围.

(3)掌握条件数的定义以及计算方法.

(4)了解条件数对方程组的性态的影响.

(5)掌握 Householder 矩阵的计算方法以及性质.

(6)了解 Schur 分解的定义以及分解形式,掌握正规矩阵的分解特点.

(7)掌握 Jordan 分解的定义以及计算方法,包括变换矩阵的求法.

(8)掌握矩阵的奇异值分解的定义、求法、几何意义以及性质.

2.1　内容提要

矩阵分解是设计算法的主要技巧.对于一个给定的矩阵计算问题,我们研究的首要问题就是,如何根据给定的问题的特点,设计出求解这一问题的有效的计算方法.设计算法的基本思想就是设法将一个一般的矩阵计算问题转化为一个或几个易于求解的特殊问题,而通常完成这一转化任务的最主要的技巧就是矩阵分解,即将一个给定的矩阵分解为几个特殊类型的矩阵的乘积.

2.1.1　矩阵的三角分解及其应用

一、Gauss 消去法与矩阵的 LU 分解

若 n 阶矩阵 $\boldsymbol{A}$ 的各阶顺序主子式 $D_k(k=1,2,\cdots,n-1)$均不为零,则必有单位下三

角矩阵 $\boldsymbol{L}$ 和上三角矩阵 $\boldsymbol{U}$,使得 $\boldsymbol{A}=\boldsymbol{LU}$,而且 $\boldsymbol{L}$ 和 $\boldsymbol{U}$ 是唯一存在的,称 $\boldsymbol{A}=\boldsymbol{LU}$ 为矩阵 $\boldsymbol{A}$ 的 $\boldsymbol{LU}$ 分解,也称为 **Doolittle 分解**.

Doolittle 分解及其紧凑格式:

$$\begin{pmatrix} a_{11} & a_{12} & \cdots & a_{1n} \\ a_{21} & a_{22} & \cdots & a_{2n} \\ \vdots & \vdots & & \vdots \\ a_{n1} & a_{n2} & \cdots & a_{nn} \end{pmatrix} = \begin{pmatrix} 1 & & & \\ l_{21} & 1 & & \\ \vdots & \vdots & \ddots & \\ l_{n1} & l_{n2} & \cdots & 1 \end{pmatrix} \begin{pmatrix} u_{11} & u_{12} & \cdots & u_{1n} \\ & u_{22} & \cdots & u_{2n} \\ & & \ddots & \vdots \\ & & & u_{nn} \end{pmatrix}$$

$$\begin{cases} u_{1j}=a_{1j}, & j=1,2,\cdots,n \\ l_{j1}=\dfrac{a_{j1}}{u_{11}}, & j=2,\cdots,n \end{cases}$$

$$\begin{cases} u_{ij} = a_{ij} - \sum\limits_{k=1}^{i-1} l_{ik}u_{kj}, & j=i,i+1,\cdots,n \\ l_{ji} = \dfrac{a_{ji} - \sum\limits_{k=1}^{i-1} l_{jk}u_{ki}}{u_{ii}}, & j=i+1,\cdots,n \end{cases},i=2,\cdots,n$$

Crout 分解及其紧凑格式:

$$\begin{pmatrix} a_{11} & a_{12} & \cdots & a_{1n} \\ a_{21} & a_{22} & \cdots & a_{2n} \\ \vdots & \vdots & & \vdots \\ a_{n1} & a_{n2} & \cdots & a_{nn} \end{pmatrix} = \begin{pmatrix} l_{11} & & & \\ l_{21} & l_{22} & & \\ \vdots & \vdots & \ddots & \\ l_{n1} & l_{n2} & \cdots & l_{nn} \end{pmatrix} \begin{pmatrix} 1 & u_{12} & \cdots & u_{1n} \\ & 1 & \cdots & u_{2n} \\ & & \ddots & \vdots \\ & & & 1 \end{pmatrix}$$

$$\begin{cases} l_{j1} = a_{j1}, & j=1,2,\cdots,n \\ u_{1j} = \dfrac{a_{1j}}{l_{11}}, & j=2,\cdots,n \end{cases}$$

$$\begin{cases} l_{ji} = a_{ji} - \sum\limits_{k=1}^{i-1} l_{jk}u_{ki}, & j=i,i+1,\cdots,n \\ u_{ij} = \dfrac{a_{ij} - \sum\limits_{k=1}^{i-1} l_{ik}u_{kj}}{l_{ii}}, & j=i+1,\cdots,n \end{cases},i=2,\cdots,n$$

对于任意的方阵,为避免小数作除数,还可采用列主元的 $\boldsymbol{LU}$ 分解. 即有如下结论成立:

对于任意 n 阶方阵 $\boldsymbol{A}$,均存在置换矩阵 $\boldsymbol{P}$、单位下三角矩阵 $\boldsymbol{L}$ 和上三角矩阵 $\boldsymbol{U}$,使得 $\boldsymbol{PA}=\boldsymbol{LU}$.

二、对称矩阵的 Cholesky 分解

对于任意 n 阶对称正定矩阵 $\boldsymbol{A}$,设

$$\begin{pmatrix} a_{11} & a_{12} & \cdots & a_{1n} \\ a_{21} & a_{22} & \cdots & a_{2n} \\ \vdots & \vdots & & \vdots \\ a_{n1} & a_{n2} & \cdots & a_{nn} \end{pmatrix} = \begin{pmatrix} l_{11} & & & \\ l_{21} & l_{22} & & \\ \vdots & \vdots & \ddots & \\ l_{n1} & l_{n2} & \cdots & l_{nn} \end{pmatrix} \begin{pmatrix} l_{11} & l_{21} & \cdots & l_{n1} \\ & l_{22} & \cdots & l_{n2} \\ & & \ddots & \vdots \\ & & & l_{nn} \end{pmatrix}$$

则有

$$l_{jj} = (a_{jj} - \sum_{k=1}^{j-1} l_{jk}^2)^{\frac{1}{2}}$$

$$l_{ij} = (a_{ij} - \sum_{k=1}^{j-1} l_{ik} l_{jk})/l_{jj}, \quad i = j+1, j+2, \cdots, n; j = 1, 2, \cdots, n$$

这种分解方法称为**对称正定矩阵 A 的 Cholesky 分解.**

利用 Cholesky 分解求解线性方程组 $\boldsymbol{Ax}=\boldsymbol{b}$,即 $\boldsymbol{LL}^{\mathrm{T}}\boldsymbol{x}=\boldsymbol{b}$,等价于 $\begin{cases}\boldsymbol{Ly}=\boldsymbol{b}\\ \boldsymbol{L}^{\mathrm{T}}\boldsymbol{x}=\boldsymbol{y}\end{cases}$,计算公式为

$$y_1 = b_1/l_{11}, y_i = (b_i - \sum_{k=1}^{i-1} l_{ik} y_k)/l_{ii}, \quad i = 2, 3, \cdots, n$$

$$x_n = y_n/l_{nn}, x_i = (y_i - \sum_{k=i+1}^{n} l_{ki} x_k)/l_{ii}, \quad i = n-1, n-2, \cdots, 1$$

称此计算过程为 **Cholesky 方法**,或称**平方根法.**

三、三对角矩阵的三角分解

设

$$\begin{pmatrix} b_1 & c_1 & & & \\ a_2 & b_2 & c_2 & & \\ & \ddots & \ddots & \ddots & \\ & & a_{n-1} & b_{n-1} & c_{n-1} \\ & & & a_n & b_n \end{pmatrix} = \begin{pmatrix} 1 & & & & \\ l_2 & 1 & & & \\ & l_3 & \ddots & & \\ & & \ddots & 1 & \\ & & & l_n & 1 \end{pmatrix} \begin{pmatrix} u_1 & d_1 & & & \\ & u_2 & d_2 & & \\ & & \ddots & \ddots & \\ & & & u_{n-1} & d_{n-1} \\ & & & & u_n \end{pmatrix}$$

比较等式两端对应元素得计算公式如下

$$\begin{cases} d_i = c_i, & i=1,2,\cdots,n-1 \\ u_1 = b_1, & \\ l_i = a_i/u_{i-1}, & i=2,3,\cdots,n \\ u_i = b_i - l_i c_{i-1}, & i=2,3,\cdots,n \end{cases}$$

计算次序是 $d_i=c_i, i=1,2,\cdots,n-1$,然后 $u_1 \to l_2 \to u_2 \to l_3 \to u_3 \to \cdots \to l_n \to u_n$.

原方程组 $\boldsymbol{Ax}=\boldsymbol{f}$ 的解是通过求解下述两个具有两条对角线元素的方程组实现的

$$\begin{cases}\boldsymbol{Ly}=\boldsymbol{f}\\ \boldsymbol{Ux}=\boldsymbol{y}\end{cases}$$

计算公式为

$$y_1 = f_1, y_i = f_i - l_i y_{i-1}, \quad i=2,3,\cdots,n$$

$$x_n = y_n/u_n, x_i = (y_i - c_i x_{i+1})/u_i, \quad i=n-1, n-2, \cdots, 1$$

称该计算公式为**求解三对角方程组的追赶法.** 若三对角矩阵满足如下三个条件,则可使用追赶法求解.

(1) $|b_1| > |c_1| > 0$;

(2) $|b_n| > |a_n| > 0$;

(3) $|b_i| \geqslant |a_i| + |c_i|, a_i c_i \neq 0, i=2,3,\cdots,n-1$.

四、条件数与方程组的性态

若线性方程组 $\boldsymbol{Ax}=\boldsymbol{b}$ 中，$\boldsymbol{A}$ 或 $\boldsymbol{b}$ 的元素的微小变化，会引起方程组解的巨大变化，则称方程组为“病态”方程组，矩阵 $\boldsymbol{A}$ 称为“病态”矩阵. 否则称方程组为“良态”方程组，矩阵 $\boldsymbol{A}$ 称为“良态”矩阵.

方程组的性态通常由条件数来刻画. 设 $\boldsymbol{A}$ 为非奇异矩阵，$\|\cdot\|$为矩阵的算子范数，则称

$$\mathrm{cond}(\boldsymbol{A})=\|\boldsymbol{A}\|\|\boldsymbol{A}^{-1}\|$$

为**矩阵 $\boldsymbol{A}$ 的条件数**. 常用的条件数为

$$\mathrm{cond}_\infty(\boldsymbol{A})=\|\boldsymbol{A}\|_\infty\|\boldsymbol{A}^{-1}\|_\infty$$

$$\mathrm{cond}_1(\boldsymbol{A})=\|\boldsymbol{A}\|_1\|\boldsymbol{A}^{-1}\|_1$$

$$\mathrm{cond}_2(\boldsymbol{A})=\|\boldsymbol{A}\|_2\|\boldsymbol{A}^{-1}\|_2=\sqrt{\frac{\lambda_{\max}(\boldsymbol{A}^{\mathrm{H}}\boldsymbol{A})}{\lambda_{\min}(\boldsymbol{A}^{\mathrm{H}}\boldsymbol{A})}}$$

分别称为**矩阵 $\boldsymbol{A}$ 的∞-条件数**、**1-条件数**和 **2-条件数**.

矩阵的条件数具有如下性质：

(1)$\mathrm{cond}(\boldsymbol{A})\geqslant 1$；

(2)$\mathrm{cond}(\boldsymbol{A})=\mathrm{cond}(\boldsymbol{A}^{-1})$；

(3)$\mathrm{cond}(\alpha\boldsymbol{A})=\mathrm{cond}(\boldsymbol{A})$，$\alpha\neq 0$，$\alpha\in\mathbf{R}$；

(4)若 $\boldsymbol{U}$ 为正交矩阵，则

$$\mathrm{cond}_2(\boldsymbol{U})=1,\mathrm{cond}_2(\boldsymbol{UA})=\mathrm{cond}_2(\boldsymbol{AU})=\mathrm{cond}_2(\boldsymbol{A})$$

$\boldsymbol{A}$ 为非奇异矩阵，$\boldsymbol{b}$ 为非零向量且 $\boldsymbol{A}$ 和 $\boldsymbol{b}$ 均有扰动. 若 $\boldsymbol{A}$ 的扰动 $\delta\boldsymbol{A}$ 非常小，使得$\|\boldsymbol{A}^{-1}\|\|\delta\boldsymbol{A}\|<1$，这时扰动对解的影响可由下式给出

$$\frac{\|\delta\boldsymbol{x}\|}{\|\boldsymbol{x}\|}\leqslant\frac{\mathrm{cond}(\boldsymbol{A})}{1-\mathrm{cond}(\boldsymbol{A})\dfrac{\|\delta\boldsymbol{A}\|}{\|\boldsymbol{A}\|}}\left(\frac{\|\delta\boldsymbol{A}\|}{\|\boldsymbol{A}\|}+\frac{\|\delta\boldsymbol{b}\|}{\|\boldsymbol{b}\|}\right)$$

$\mathrm{cond}(\boldsymbol{A})$越大，解的相对误差$\dfrac{\|\delta\boldsymbol{x}\|}{\|\boldsymbol{x}\|}$可能越大，$\boldsymbol{A}$ 对求解线性方程组来说就越可能呈现病态.

五、矩阵的 *QR* 分解

若方阵 $\boldsymbol{A}\in\mathbf{R}^{n\times n}$ 且 $\mathrm{rank}(\boldsymbol{A})=n$，则存在正交矩阵 $\boldsymbol{Q}$ 和对角元都大于零的上三角矩阵 $\boldsymbol{R}$，使得 $\boldsymbol{A}=\boldsymbol{QR}$. 矩阵的这种分解方式称为**矩阵 $\boldsymbol{A}$ 的 $\boldsymbol{QR}$ 分解.**

矩阵的 $\boldsymbol{QR}$ 分解可通过 Householder 矩阵来实现. 设 $\boldsymbol{\omega}\in\mathbf{R}^n$，$\boldsymbol{\omega}\neq\mathbf{0}$，称

$$\boldsymbol{H}(\boldsymbol{\omega})=\boldsymbol{I}-\frac{2}{\boldsymbol{\omega}^{\mathrm{T}}\boldsymbol{\omega}}\boldsymbol{\omega}\boldsymbol{\omega}^{\mathrm{T}}$$

为 Householder **矩阵**(简称 H 阵)，或称 Householder **变换矩阵**.

该矩阵具有如下性质：

(1)$\boldsymbol{H}(\boldsymbol{\omega})^{\mathrm{T}}=\boldsymbol{H}(\boldsymbol{\omega})$，即 H 阵为对称矩阵；

(2)$\boldsymbol{H}(\boldsymbol{\omega})^{\mathrm{T}}\boldsymbol{H}(\boldsymbol{\omega})=\boldsymbol{I}$，即 H 阵为正交矩阵；

(3)若 $\boldsymbol{H}(\boldsymbol{\omega})\boldsymbol{x}=\boldsymbol{y}$，则$\|\boldsymbol{y}\|_2=\|\boldsymbol{x}\|_2$；反之，对于任意两个向量 $\boldsymbol{x},\boldsymbol{y}\in\mathbf{R}^n$，若$\|\boldsymbol{y}\|_2=$

$\|\boldsymbol{x}\|_2$，且 $\boldsymbol{x}\neq\boldsymbol{y}$，则必存在 Householder 矩阵 $\boldsymbol{H}$，使得 $\boldsymbol{y}=\boldsymbol{H}\boldsymbol{x}$；

(4)设 $\boldsymbol{x}=(x_1,x_2,\cdots,x_n)^{\mathrm{T}}\in\mathbf{R}^n$ 且 $\boldsymbol{x}\neq\boldsymbol{0}$，取 $\boldsymbol{\omega}=\boldsymbol{x}\pm\|\boldsymbol{x}\|_2\boldsymbol{e}_1$，则

$$\boldsymbol{H}(\boldsymbol{\omega})\boldsymbol{x}=\boldsymbol{H}(\boldsymbol{x}\pm\|\boldsymbol{x}\|_2\boldsymbol{e}_1)\boldsymbol{x}=\pm\|\boldsymbol{x}\|_2\boldsymbol{e}_1=\pm\|\boldsymbol{x}\|_2(1,0,\cdots,0)^{\mathrm{T}}$$

矩阵的 $\boldsymbol{QR}$ 分解可通过多次 Householder 变换来实现.

2.1.2　特殊矩阵的特征系统

(Schur 定理)　设 $\boldsymbol{A}\in\mathbf{C}^{n\times n}$，则存在酉矩阵 $\boldsymbol{U}\in\mathbf{C}^{n\times n}$ 使得 $\boldsymbol{A}=\boldsymbol{URU}^{\mathrm{H}}$，其中 $\boldsymbol{R}\in\mathbf{C}^{n\times n}$ 为上三角矩阵. 称 $\boldsymbol{A}=\boldsymbol{URU}^{\mathrm{H}}$ 为**矩阵的 Schur 分解**.

设 $\boldsymbol{A}\in\mathbf{C}^{n\times n}$，若 $\boldsymbol{A}^{\mathrm{H}}\boldsymbol{A}=\boldsymbol{A}\boldsymbol{A}^{\mathrm{H}}$，则称矩阵 $\boldsymbol{A}$ 为**正规矩阵**.

常见的 Hermite 矩阵($\boldsymbol{A}^{\mathrm{H}}=\boldsymbol{A}$)、实对称矩阵($\boldsymbol{A}^{\mathrm{T}}=\boldsymbol{A}$)、斜 Hermite 矩阵($\boldsymbol{A}^{\mathrm{H}}=-\boldsymbol{A}$)、实反对称矩阵($\boldsymbol{A}^{\mathrm{T}}=-\boldsymbol{A}$)、酉矩阵($\boldsymbol{A}^{\mathrm{H}}\boldsymbol{A}=\boldsymbol{A}\boldsymbol{A}^{\mathrm{H}}=\boldsymbol{I}$)和正交矩阵($\boldsymbol{A}^{\mathrm{T}}\boldsymbol{A}=\boldsymbol{A}\boldsymbol{A}^{\mathrm{T}}=\boldsymbol{I}$)等均为正规矩阵.

关于正规矩阵，下面结论成立：

(1)设 $\boldsymbol{A}$ 为 n 阶方阵，则 $\boldsymbol{A}$ 为正规矩阵的充分必要条件是存在 n 阶酉矩阵 $\boldsymbol{U}$，使得 $\boldsymbol{A}=\boldsymbol{UDU}^{\mathrm{H}}$，其中 $\boldsymbol{D}$ 为 n 阶对角矩阵.

(2)设 $\boldsymbol{A}\in\mathbf{C}^{n\times n}$，则 $\boldsymbol{A}$ 为 Hermite 矩阵的充分必要条件为存在酉矩阵 $\boldsymbol{U}\in\mathbf{C}^{n\times n}$，使得 $\boldsymbol{A}=\boldsymbol{UDU}^{\mathrm{H}}$，其中 $\boldsymbol{D}\in\mathbf{R}^{n\times n}$ 为对角矩阵.

(3)设 $\boldsymbol{A}\in\mathbf{C}^{n\times n}$，则 $\boldsymbol{A}$ 为反 Hermite 矩阵的充分必要条件为存在酉矩阵 $\boldsymbol{U}\in\mathbf{C}^{n\times n}$，使得 $\boldsymbol{A}=\boldsymbol{UDU}^{\mathrm{H}}$，其中 $\boldsymbol{D}\in\mathbf{C}^{n\times n}$ 为对角矩阵，其对角元为零或纯虚数.

(4)设 $\boldsymbol{A}\in\mathbf{C}^{n\times n}$，则 $\boldsymbol{A}$ 为酉矩阵的充分必要条件为存在酉矩阵 $\boldsymbol{U}\in\mathbf{C}^{n\times n}$，使得 $\boldsymbol{A}=\boldsymbol{UDU}^{\mathrm{H}}$，其中 $\boldsymbol{D}$ 为 n 阶对角矩阵，其对角元的模均为 1.

2.1.3　矩阵的 Jordan 分解介绍

设 $\boldsymbol{A}$ 为 n 阶方阵，则存在 n 阶可逆矩阵 $\boldsymbol{T}$ 使得 $\boldsymbol{A}=\boldsymbol{TJT}^{-1}$，其中

$$\boldsymbol{J}=\mathrm{diag}(\boldsymbol{J}_{n_1}(\lambda_1),\boldsymbol{J}_{n_2}(\lambda_2),\cdots,\boldsymbol{J}_{n_k}(\lambda_k)),\qquad n_1+n_2+\cdots+n_k=n$$

称 $\boldsymbol{A}=\boldsymbol{TJT}^{-1}$ 为矩阵 $\boldsymbol{A}$ 的 **Jordan 分解**，Jordan 阵 $\boldsymbol{J}$ 称为 $\boldsymbol{A}$ 的 **Jordan 标准型**，$\boldsymbol{T}$ 称为**变换矩阵**，这里 $\boldsymbol{J}_{n_i}(\lambda_i)$表示以 λ_i 为特征值、阶数为 n_i 的 Jordan 块.

Jordan 标准型的确定：

设 $\boldsymbol{A}$ 为 n 阶方阵，λ_i 为其特征值，则 $\boldsymbol{A}$ 的 Jordan 标准型 $\boldsymbol{J}$ 中以 λ_i 为特征值、阶数为 l 的 Jordan 块的个数为

$$r_{l+1}+r_{l-1}-2r_l$$

其中 $r_l=\mathrm{rank}(\lambda_i\boldsymbol{I}-\boldsymbol{A})^l$.

变换矩阵的求法：

由 $\boldsymbol{A}=\boldsymbol{TJT}^{-1}$或 $\boldsymbol{AT}=\boldsymbol{TJ}$. 将 $\boldsymbol{T}$ 按 $\boldsymbol{J}$ 的对角线上的 Jordan 块相应地分块为

$$\boldsymbol{T}=(\boldsymbol{T}_1,\boldsymbol{T}_2,\cdots,\boldsymbol{T}_k)$$

其中 $\boldsymbol{T}_i$ 为 $n\times n_i$ 型矩阵. 则

$$\boldsymbol{A}(\boldsymbol{T}_1,\boldsymbol{T}_2,\cdots,\boldsymbol{T}_k)=(\boldsymbol{T}_1,\boldsymbol{T}_2,\cdots,\boldsymbol{T}_k)\begin{bmatrix}\boldsymbol{J}_{n_1}(\lambda_1) & & & \\ & \boldsymbol{J}_{n_2}(\lambda_2) & & \\ & & \ddots & \\ & & & \boldsymbol{J}_{n_k}(\lambda_k)\end{bmatrix}$$

显然，$\lambda_1,\lambda_2,\cdots,\lambda_k$ 中可能有相同者. 注意到 $\boldsymbol{A}\boldsymbol{T}_i=\boldsymbol{T}_i\boldsymbol{J}_{n_i}(\lambda_i)$，如果记 $\boldsymbol{T}_i=(\boldsymbol{t}_1^i,\boldsymbol{t}_2^i,\cdots,\boldsymbol{t}_{n_i}^i)$，于是得到

$$\boldsymbol{A}(\boldsymbol{t}_1^i,\boldsymbol{t}_2^i,\cdots,\boldsymbol{t}_{n_i}^i)=(\boldsymbol{t}_1^i,\boldsymbol{t}_2^i,\cdots,\boldsymbol{t}_{n_i}^i)\begin{bmatrix}\lambda_i & 1 & & \\ & \lambda_i & \ddots & \\ & & \ddots & 1 \\ & & & \lambda_i\end{bmatrix}$$

即

$$\begin{cases}\boldsymbol{A}\boldsymbol{t}_1^i=\lambda_i\boldsymbol{t}_1^i \\ \boldsymbol{A}\boldsymbol{t}_2^i=\lambda_i\boldsymbol{t}_2^i+\boldsymbol{t}_1^i \\ \quad\vdots \\ \boldsymbol{A}\boldsymbol{t}_{n_i}^i=\lambda_i\boldsymbol{t}_{n_i}^i+\boldsymbol{t}_{n_i-1}^i\end{cases}$$

通过方程组的求解即可得到变换矩阵 $\boldsymbol{T}$.

利用 Jordan 标准型可以给出下面定理.

(Hamilton-Cayley 定理) 设 $\mathbf{A}\in\mathbf{C}^{n\times n}$，$\psi(\lambda)=\det(\lambda\boldsymbol{I}-\mathbf{A})$，则 $\psi(\mathbf{A})=\mathbf{0}$.

2.1.4 矩阵的奇异值分解

设 $\mathbf{A}\in\mathbf{C}^{m\times n}$，$k=\min\{m,n\}$，Hermite 半正定矩阵 $\mathbf{A}^{\mathrm{H}}\mathbf{A}$ 的特征值为 $\lambda_1\geqslant\lambda_2\geqslant\cdots\geqslant\lambda_k\geqslant 0$，称非负实数

$$\sigma_i(\mathbf{A})=\sqrt{\lambda_i},\quad i=1,2,\cdots,k$$

为**矩阵 A 的奇异值**. 设 $\operatorname{rank}(\mathbf{A})=r$，则存在 m 阶、n 阶酉矩阵 $\boldsymbol{U},\boldsymbol{V}$ 使得

$$\mathbf{A}=\boldsymbol{U}\begin{pmatrix}\boldsymbol{\Sigma} & \mathbf{0}\\ \mathbf{0} & \mathbf{0}\end{pmatrix}\boldsymbol{V}^{\mathrm{H}}$$

其中 $\boldsymbol{\Sigma}=\operatorname{diag}(\sigma_1,\sigma_2,\cdots,\sigma_r)$，$\sigma_i(i=1,2,\cdots,r)$ 为矩阵 $\mathbf{A}$ 的非零奇异值.

应用奇异值分解可证明如下结论：

(1)矩阵 **A** 的非零奇异值的个数恰为矩阵 **A** 的秩.

(2)$R(\mathbf{A})=\operatorname{span}\{\boldsymbol{u}_1,\boldsymbol{u}_2,\cdots,\boldsymbol{u}_r\}$，$N(\mathbf{A})=\operatorname{span}\{\boldsymbol{v}_{r+1},\boldsymbol{v}_{r+2},\cdots,\boldsymbol{v}_n\}$，其中 $R(\mathbf{A})$ 为由 $\mathbf{A}$ 的列向量生成的子空间，称为 $\mathbf{A}$ 的值域或像空间，即

$$R(\mathbf{A})=\operatorname{span}\{\boldsymbol{a}_1,\boldsymbol{a}_2,\cdots,\boldsymbol{a}_r\}$$

$N(\mathbf{A})$ 称为 $\mathbf{A}$ 的零空间或核，即 $N(\mathbf{A})=\{\boldsymbol{x}\mid\mathbf{A}\boldsymbol{x}=\mathbf{0}\}$.

(3)设 $\sigma_1\geqslant\sigma_2\geqslant\cdots\geqslant\sigma_r>0$，则 $\|\mathbf{A}\|_2=\sigma_1$，$\|\mathbf{A}\|_{\mathrm{F}}=\sqrt{\sigma_1^2+\sigma_2^2+\cdots+\sigma_r^2}$.

(4)若 **A** 为 Hermite 矩阵，则 **A** 的奇异值即为 **A** 的特征值的绝对值.

(5) 若 $\mathbf{A}$ 为 n 阶方阵，则 $|\det(\mathbf{A})|=\prod_{i=1}^{n}\sigma_i$.

(6)秩为 r 的 $m\times n$ 矩阵 $\boldsymbol{A}$ 可以表示为 r 个秩为 1 的矩阵的和

$$\boldsymbol{A}=\sigma_1\boldsymbol{u}_1\boldsymbol{v}_1^{\mathrm{H}}+\sigma_2\boldsymbol{u}_2\boldsymbol{v}_2^{\mathrm{H}}+\cdots+\sigma_r\boldsymbol{u}_r\boldsymbol{v}_r^{\mathrm{H}}$$

2.2 思考题及解答

1. *LU* 分解的条件是什么?

答:假设 $\boldsymbol{A}$ 为 n 阶方阵,则要求矩阵 $\boldsymbol{A}$ 的顺序主子式 $D_k\neq 0, k=1,2,\cdots,n-1$,这里不必要求矩阵的行列式不等于零.

2. 方阵可以进行 *LU* 分解,则分解一定唯一,是否正确?

答:不正确,有的矩阵可以进行 ***LU*** 分解,但不一定唯一,例如

$$\boldsymbol{A}=\begin{pmatrix}1&1&0\\0&0&1\\0&0&1\end{pmatrix}$$

显然矩阵 $\boldsymbol{A}$ 有两种 ***LU*** 分解形式,即

$$\begin{pmatrix}1&1&0\\0&0&1\\0&0&1\end{pmatrix}=\begin{pmatrix}1&0&0\\0&1&0\\0&0&1\end{pmatrix}\begin{pmatrix}1&1&0\\0&0&1\\0&0&1\end{pmatrix},\begin{pmatrix}1&1&0\\0&0&1\\0&0&1\end{pmatrix}=\begin{pmatrix}1&0&0\\0&1&0\\0&1&1\end{pmatrix}\begin{pmatrix}1&1&0\\0&0&1\\0&0&0\end{pmatrix}$$

3. 用 Gauss 消去法为什么要选主元?

答:Gauss 消去过程中需要用主元作除数,所以如果出现主元素等于零,那么消去过程将无法进行,而且其实主元比较小,尽管消去过程可以继续,但也会导致其他元素数量级的严重增长和舍入误差的严重累积,最后导致计算结果也不可靠,因此用 Gauss 消去法需要选主元.

4. 任何方阵都可以进行列主元的 *LU* 分解,该结论是否正确?

答:正确.

5. Cholesky 分解的条件是什么?

答:要求矩阵 $\boldsymbol{A}$ 是对称正定的.

6. Cholesky 分解与 *LU* 分解相比,有什么优点?

答:当 $\boldsymbol{A}$ 为对称正定矩阵时,可以进行 Cholesky 分解. 与 ***LU*** 分解相比,Cholesky 分解具有数值稳定,计算量小,数存储量小的优点.

7. 为什么说平方根法计算稳定?

答:根据计算公式

$$a_{jj}=\sum_{k=1}^{j}l_{jk}^2\Rightarrow|l_{jk}|\leqslant\sqrt{a_{jj}}$$

分解过程当中,$\boldsymbol{L}$ 的元素的数量级不会增长,所以不选主元的平方根法是一个数值稳定的

方法.

8. 什么样的线性方程组可以用追赶法求解,并能保证计算稳定?

答:当系数矩阵为对角占优的三对角矩阵时,可以用追赶法求解,由追赶法的计算公式可以看出,计算过程不会出现中间结果数量级的巨大增长和舍入误差的严重累积,所以追赶法是数值稳定的.

9. 如何判断线性方程组是病态的?

答:当 $\boldsymbol{A}$ 的条件数相对较大,条件数远远大于 1,线性方程组是病态的,当 $\boldsymbol{A}$ 的条件数相对较小时,线性方程组是良态的,$\boldsymbol{A}$ 的条件数越大,线性方程组的病态程度越严重.

10. $\boldsymbol{QR}$ 分解的优点是什么?

答:对矩阵 $\boldsymbol{A}$ 进行 $\boldsymbol{QR}$ 分解,那么矩阵 $\boldsymbol{A}$ 与矩阵 $\boldsymbol{R}$ 的条件数不变,该计算过程具有数值稳定性.

11. 常见的正规矩阵有哪些? 它们对应的 Schur 标准型是什么样的?

答:常见的正规矩阵有 Hermite 矩阵,实对称矩阵,斜 Hermite 矩阵,实反对称矩阵,酉矩阵和正交矩阵.

正规矩阵对应的 Schur 标准型为对角矩阵,Hermite 矩阵(实对称矩阵)对应实对角矩阵;斜 Hermite 矩阵(实反对称矩阵)对应对角元为零或纯虚数的对角矩阵;酉矩阵(正交矩阵)对应对角元的模为 1 的对角矩阵.

12. Jordan 分解中代数重复度和几何重复度有什么作用?

答:特征值 λ 的代数重复度等于 Jordan 标准形中,对角元 λ 的个数. 而几何重复度,可以用来判断以 λ 为特征值的 Jordan 块的个数.

13. Jordan 分解是否唯一?

答:不唯一,首先 Jordan 标准型不唯一,但若不计 Jordan 块的排列次序,则标准形是唯一确定的. 其次变换矩阵不唯一,即使 Jordan 标准型是一致的.

2.3 经典例题分析

【例 2-1】 用 Gauss 消去法求下列方程组

$$\begin{cases} 2x_1+x_2+x_3=4 \\ x_1+3x_2+2x_3=6 \\ x_1+2x_2+2x_3=5 \end{cases}$$

的解,写出系数矩阵 $\boldsymbol{A}$ 的三角分解式,并计算 $\det \boldsymbol{A}$.

解 方程组的增广矩阵为

$$(\boldsymbol{A}|\boldsymbol{b})=\left(\begin{array}{ccc|c}2&1&1&4\\1&3&2&6\\1&2&2&5\end{array}\right)\xrightarrow[r_3-r_1/2]{r_2-r_1/2}\left(\begin{array}{ccc|c}2&1&1&4\\0&\frac{5}{2}&\frac{3}{2}&4\\0&\frac{3}{2}&\frac{3}{2}&3\end{array}\right)\xrightarrow{r_3-r_2\times 3/5}\left(\begin{array}{ccc|c}2&1&1&4\\0&\frac{5}{2}&\frac{3}{2}&4\\0&0&\frac{3}{5}&\frac{3}{5}\end{array}\right)$$

回代得 $x_3=1, x_2=1, x_1=1$. 第一次消元相当于左乘了矩阵

$$\boldsymbol{L}_1=\begin{pmatrix}1&0&0\\-\frac{1}{2}&1&0\\-\frac{1}{2}&0&1\end{pmatrix}$$

第二次消元相当于左乘了矩阵

$$\boldsymbol{L}_2=\begin{pmatrix}1&0&0\\0&1&0\\0&-\frac{3}{5}&1\end{pmatrix}$$

因此 $\boldsymbol{A}=\boldsymbol{LU}$,其中

$$\boldsymbol{L}=(\boldsymbol{L}_2\boldsymbol{L}_1)^{-1}=\boldsymbol{L}_1^{-1}\boldsymbol{L}_2^{-1}=\begin{pmatrix}1&0&0\\\frac{1}{2}&1&0\\\frac{1}{2}&\frac{3}{5}&1\end{pmatrix},\boldsymbol{U}=\begin{pmatrix}2&1&1\\0&\frac{5}{2}&\frac{3}{2}\\0&0&\frac{3}{5}\end{pmatrix}$$

行列式 $\det \boldsymbol{A}=\det \boldsymbol{U}=2\times\frac{5}{2}\times\frac{3}{5}=3$.

【例 2-2】 设 $\boldsymbol{A}$ 是对称矩阵且 $a_{11}\neq 0$,经过一步 Gauss 消去法后,$\boldsymbol{A}$ 约化为 $\begin{pmatrix}a_{11}&\boldsymbol{a}_1^{\mathrm{T}}\\\boldsymbol{0}&\boldsymbol{A}_2\end{pmatrix}$,证明:$\boldsymbol{A}_2$ 是对称矩阵.

证明 由消元公式及 $\boldsymbol{A}$ 的对称性得

$$a_{ij}^{(2)}=a_{ij}-\frac{a_{i1}}{a_{11}}a_{1j}=a_{ji}-\frac{a_{j1}}{a_{11}}a_{1i}=a_{ji}^{(2)},\quad i,j=2,3,\cdots,n$$

故 $\boldsymbol{A}_2$ 对称.

【例 2-3】 设 $\boldsymbol{A}=(a_{ij})_{n\times n}$ 是对称正定矩阵,经过一步 Gauss 消去法后,$\boldsymbol{A}$ 约化为 $\begin{pmatrix}a_{11}&\boldsymbol{a}_1^{\mathrm{T}}\\\boldsymbol{0}&\boldsymbol{A}_2\end{pmatrix}$,其中 $\boldsymbol{A}_2=(a_{ij}^{(2)})_{(n-1)\times(n-1)}$,证明:

(1)$\boldsymbol{A}$ 的对角元 $a_{ii}>0, i=1,2,\cdots,n$;

(2)$\boldsymbol{A}_2$ 是对称正定矩阵.

证明 (1)由于 $\boldsymbol{A}$ 对称正定,故

$$a_{ii}=(\boldsymbol{A}\boldsymbol{e}_i,\boldsymbol{e}_i)>0,\quad i=1,2,\cdots,n$$

其中 $\boldsymbol{e}_i=(0,\cdots,0,1,0,\cdots,0)^{\mathrm{T}}$ 为第 i 个单位向量.

(2)由 $\boldsymbol{A}$ 的对称性及消元公式得

$$a_{ij}^{(2)}=a_{ij}-\frac{a_{i1}}{a_{11}}a_{1j}=a_{ji}-\frac{a_{j1}}{a_{11}}a_{1i}=a_{ji}^{(2)},\quad i,j=2,3,\cdots,n$$

故 $\boldsymbol{A}_2$ 对称. 又

$$\begin{pmatrix} a_{11} & \boldsymbol{a}_1^{\mathrm{T}} \\ \boldsymbol{0} & \boldsymbol{A}_2 \end{pmatrix}=\boldsymbol{L}_1\boldsymbol{A}$$

其中

$$\boldsymbol{L}_1=\begin{pmatrix} 1 & & \\ -\frac{a_{21}}{a_{11}} & \ddots & \\ \vdots & & \\ -\frac{a_{n1}}{a_{11}} & \cdots & 1 \end{pmatrix}$$

由于 $\det \boldsymbol{L}_1=1\neq 0$,所以 $\boldsymbol{L}_1$ 非奇异,从而对任意的 $\boldsymbol{x}\neq\boldsymbol{0}$,有

$$\boldsymbol{L}_1^{\mathrm{T}}\boldsymbol{x}\neq\boldsymbol{0},(\boldsymbol{x},\boldsymbol{L}_1\boldsymbol{A}\boldsymbol{L}_1^{\mathrm{T}}\boldsymbol{x})=(\boldsymbol{L}_1^{\mathrm{T}}\boldsymbol{x},\boldsymbol{A}\boldsymbol{L}_1^{\mathrm{T}}\boldsymbol{x})>0$$

故 $\boldsymbol{L}_1\boldsymbol{A}\boldsymbol{L}_1^{\mathrm{T}}$ 正定. 又 $\boldsymbol{L}_1\boldsymbol{A}\boldsymbol{L}_1^{\mathrm{T}}=\begin{pmatrix} a_{11} & \boldsymbol{0} \\ \boldsymbol{0} & \boldsymbol{A}_2 \end{pmatrix}$,而 $a_{11}>0$,$\boldsymbol{A}_2$ 是对称正定矩阵.

【例 2-4】 给出矩阵

$$\boldsymbol{A}=\begin{pmatrix} 0.5 & 1 & 0 \\ 2 & 1.5 & 1 \\ 0.2 & 1 & 2.5 \end{pmatrix}$$

的 $\boldsymbol{PA}=\boldsymbol{LU}$ 的分解形式.

解

$$\boldsymbol{A}=\begin{pmatrix} 0.5 & 1 & 0 \\ 2 & 1.5 & 1 \\ 0.2 & 1 & 2.5 \end{pmatrix}\xrightarrow{r_1\leftrightarrow r_2}\begin{pmatrix} 2 & 1.5 & 1 \\ 0.5 & 1 & 0 \\ 0.2 & 1 & 2.5 \end{pmatrix}\xrightarrow[r_3-0.1r_1]{r_2-0.25r_1}\begin{pmatrix} 2 & 1.5 & 1 \\ 0 & 0.625 & -0.25 \\ 0 & 0.85 & 2.4 \end{pmatrix}$$

$$\xrightarrow{r_2\leftrightarrow r_3}\begin{pmatrix} 2 & 1.5 & 1 \\ 0 & 0.85 & 2.4 \\ 0 & 0.625 & -0.25 \end{pmatrix}\xrightarrow{r_3-25/34r_2}\begin{pmatrix} 2 & 1.5 & 1 \\ 0 & 0.85 & 2.4 \\ 0 & 0 & -\frac{137}{68} \end{pmatrix}$$

$$=\boldsymbol{U}$$

上述过程可写为 $\boldsymbol{L}_2\boldsymbol{P}_2\boldsymbol{L}_1\boldsymbol{P}_1\boldsymbol{A}=\boldsymbol{U}$,其中

$$\boldsymbol{P}_1=\begin{pmatrix}0&1&0\\1&0&0\\0&0&1\end{pmatrix},\boldsymbol{L}_1=\begin{pmatrix}1&0&0\\-0.25&1&0\\-0.1&0&1\end{pmatrix},\boldsymbol{P}_2=\begin{pmatrix}1&0&0\\0&0&1\\0&1&0\end{pmatrix},\boldsymbol{L}_2=\begin{pmatrix}1&0&0\\0&1&0\\0&-\dfrac{25}{34}&1\end{pmatrix}$$

取

$$\widetilde{\boldsymbol{L}}_1=\boldsymbol{P}_2\boldsymbol{L}_1\boldsymbol{P}_2^{-1}=\begin{pmatrix}1&0&0\\-0.1&1&0\\-0.25&0&1\end{pmatrix},\boldsymbol{P}=\boldsymbol{P}_2\boldsymbol{P}_1=\begin{pmatrix}0&1&0\\0&0&1\\1&0&0\end{pmatrix}$$

则有 $\boldsymbol{PA}=\boldsymbol{LU}$,其中

$$\boldsymbol{L}=(\boldsymbol{L}_2\widetilde{\boldsymbol{L}}_1)^{-1}=\begin{pmatrix}1&0&0\\0.1&1&0\\0.25&\dfrac{25}{34}&1\end{pmatrix}$$

【例 2-5】 设 $\boldsymbol{P}_{ij}$ 表示单位矩阵交换第 i 行与第 j 行后得到的初等置换矩阵,$\boldsymbol{L}_k$ 表示如下形式的单位下三角矩阵

$$\boldsymbol{L}_k=\begin{pmatrix}1&&&&&\\&\ddots&&&&\\&&1&&&\\&&l_{k+1,k}&1&&\\&&\vdots&&\ddots&\\&&l_{n,k}&&&1\end{pmatrix}\quad(\text{第 }k\text{ 列})$$

证明:当 $i,j>k$ 时,$\widetilde{\boldsymbol{L}}_k=\boldsymbol{P}_{ij}\boldsymbol{L}_k\boldsymbol{P}_{ij}$ 是一个与 $\boldsymbol{L}_k$ 形状相同的单位下三角矩阵.

证明　根据初等置换矩阵的定义及性质知,$\boldsymbol{P}_{ij}\boldsymbol{L}_k$ 相当于交换 $\boldsymbol{L}_k$ 的第 i 行与第 j 行后得到的矩阵,因此当 $i,j>k$ 时

$$\boldsymbol{P}_{ij}\boldsymbol{L}_k=\begin{pmatrix}1&&&&&&\\&\ddots&&&&&\\&&1&&&&\\&&l_{k+1,k}&&&&\\&&\vdots&\ddots&&&\\&&l_{j,k}&\cdots&0&\cdots&1&&\\&&\vdots&&\vdots&\ddots&\vdots&&\\&&l_{i,k}&\cdots&1&\cdots&0&&\\&&\vdots&&\vdots&&\vdots&\ddots&\\&&l_{n,k}&\cdots&0&\cdots&0&\cdots&1\end{pmatrix}\begin{matrix}\\\\\\\\\\i\\\\j\\\\\\\end{matrix}$$

（第 i 列、第 j 列）

$\widetilde{\boldsymbol{L}}_k=\boldsymbol{P}_{ij}\boldsymbol{L}_k\boldsymbol{P}_{ij}$ 相当于交换 $\boldsymbol{P}_{ij}\boldsymbol{L}_k$ 的第 i 列与第 j 列后得到的矩阵,因此

$$
\boldsymbol{P}_{ij}\boldsymbol{L}_k\boldsymbol{P}_{ij}=\begin{pmatrix}
1 & & & & & & & \\
 & \ddots & & & & & & \\
 & & 1 & & & & & \\
 & & l_{k+1,k} & & & & & \\
 & & \vdots & \ddots & & & & \\
 & & l_{j,k} & \cdots & 1 & \cdots & 0 & \\
 & & \vdots & & \vdots & \ddots & \vdots & \\
 & & l_{i,k} & \cdots & 0 & \cdots & 1 & \\
 & & \vdots & & \vdots & & \vdots & \ddots \\
 & & l_{n,k} & \cdots & 0 & \cdots & 0 & \cdots & 1
\end{pmatrix}\begin{matrix} \\ \\ \\ \\ \\ i \\ \\ j \\ \\ \\ \end{matrix}
$$

$$\qquad\qquad\qquad\qquad i \qquad\qquad j$$

故结论成立.

【例 2-6】 求矩阵

$$
\boldsymbol{A}=\begin{pmatrix} 2 & 5 & -6 \\ 4 & 13 & -19 \\ -6 & -3 & -6 \end{pmatrix}
$$

的 Doolittle 分解.

解 根据 Doolittle 分解的计算公式有

$$
\begin{gathered}
u_{11}=a_{11}=2, u_{12}=a_{12}=5, u_{13}=a_{13}=-6 \\
l_{21}=a_{21}/u_{11}=2, l_{31}=a_{31}/u_{11}=-3 \\
u_{22}=a_{22}-l_{21}u_{12}=3, u_{23}=a_{23}-l_{21}u_{13}=-7 \\
l_{32}=(a_{32}-l_{31}u_{12})/u_{22}=4, u_{33}=a_{33}-(l_{31}u_{13}+l_{32}u_{23})=4
\end{gathered}
$$

则 $\boldsymbol{A}$ 的 Doolittle 分解为

$$
\boldsymbol{A}=\boldsymbol{L}\boldsymbol{U}=\begin{pmatrix} 1 & & \\ 2 & 1 & \\ -3 & 4 & 1 \end{pmatrix}\begin{pmatrix} 2 & 5 & -6 \\ & 3 & -7 \\ & & 4 \end{pmatrix}
$$

【例 2-7】 利用 $\boldsymbol{LU}$ 分解求矩阵

$$
\boldsymbol{A}=\begin{pmatrix} 2 & 5 & -6 \\ 4 & 13 & -19 \\ -6 & -3 & -6 \end{pmatrix}
$$

的逆矩阵.

解 设其逆矩阵为 $\boldsymbol{X}=\boldsymbol{A}^{-1}=(x_{ij})_{3\times 3}=(\boldsymbol{X}_1,\boldsymbol{X}_2,\boldsymbol{X}_3)$，则显然有 $\boldsymbol{AX}=\boldsymbol{I}$. 由上题的结果可知 $\boldsymbol{A}$ 有如下的 $\boldsymbol{LU}$ 分解

$$
\boldsymbol{A}=\boldsymbol{L}\boldsymbol{U}=\begin{pmatrix} 1 & & \\ 2 & 1 & \\ -3 & 4 & 1 \end{pmatrix}\begin{pmatrix} 2 & 5 & -6 \\ & 3 & -7 \\ & & 4 \end{pmatrix}
$$

从而 $\boldsymbol{LU}(\boldsymbol{X}_1,\boldsymbol{X}_2,\boldsymbol{X}_3)=\boldsymbol{I}=(\boldsymbol{e}_1,\boldsymbol{e}_2,\boldsymbol{e}_3)$. 这样只需要求解如下的方程组：

(1)$\boldsymbol{LY}_1=\boldsymbol{e}_1$，$\boldsymbol{UX}_1=\boldsymbol{Y}_1$，有 $\boldsymbol{Y}_1=(1,-2,11)^{\mathrm{T}}$，$\boldsymbol{X}_1=\left(-\frac{45}{8},\frac{23}{4},\frac{11}{4}\right)^{\mathrm{T}}$；

(2)$\boldsymbol{LY}_2=\boldsymbol{e}_2$，$\boldsymbol{UX}_2=\boldsymbol{Y}_2$，有 $\boldsymbol{Y}_2=(0,1,-4)^{\mathrm{T}}$，$\boldsymbol{X}_2=(2,-2,-1)^{\mathrm{T}}$；

(3)$\boldsymbol{LY}_3=\boldsymbol{e}_3$，$\boldsymbol{UX}_3=\boldsymbol{Y}_3$，有 $\boldsymbol{Y}_3=(0,0,1)^{\mathrm{T}}$，$\boldsymbol{X}_3=\left(-\frac{17}{24},\frac{7}{12},\frac{1}{4}\right)^{\mathrm{T}}$.

因此

$$\boldsymbol{A}^{-1}=\begin{pmatrix}-\frac{45}{8} & 2 & -\frac{17}{24}\\ \frac{23}{4} & -2 & \frac{7}{12}\\ \frac{11}{4} & -1 & \frac{1}{4}\end{pmatrix}$$

【例 2-8】 已知矩阵 $\boldsymbol{A}=\begin{pmatrix}4 & -1 & 1\\ -1 & 2 & -2\\ 1 & -2 & 3\end{pmatrix}$，求矩阵 $\boldsymbol{A}$ 的 Cholesky 分解.

解 $l_{11}=\sqrt{a_{11}}=2$，$l_{21}=\frac{a_{21}}{l_{11}}=-\frac{1}{2}$，$l_{31}=\frac{a_{31}}{l_{11}}=\frac{1}{2}$

$$l_{22}=\sqrt{a_{22}-l_{21}^2}=\frac{\sqrt{7}}{2},l_{32}=(a_{32}-l_{31}l_{21})/l_{22}=-\frac{\sqrt{7}}{2},l_{33}=\sqrt{a_{33}-l_{31}^2-l_{32}^2}=1$$

故 $\boldsymbol{A}$ 的 Cholesky 分解为

$$\begin{pmatrix}2 & 0 & 0\\ -\frac{1}{2} & \frac{\sqrt{7}}{2} & 0\\ \frac{1}{2} & -\frac{\sqrt{7}}{2} & 1\end{pmatrix}\begin{pmatrix}2 & -\frac{1}{2} & \frac{1}{2}\\ 0 & \frac{\sqrt{7}}{2} & -\frac{\sqrt{7}}{2}\\ 0 & 0 & 1\end{pmatrix}$$

【例 2-9】 用追赶法解三对角方程组

$$\begin{pmatrix}2 & -1 & 0 & 0 & 0\\ -1 & 2 & -1 & 0 & 0\\ 0 & -1 & 2 & -1 & 0\\ 0 & 0 & -1 & 2 & -1\\ 0 & 0 & 0 & -1 & 2\end{pmatrix}\begin{pmatrix}x_1\\ x_2\\ x_3\\ x_4\\ x_5\end{pmatrix}=\begin{pmatrix}1\\ 0\\ 0\\ 0\\ 0\end{pmatrix}$$

解 根据三对角矩阵的分解公式可得

$$d_1=d_2=d_3=d_4=-1,u_1=2,l_2=-\frac{1}{2},u_2=\frac{3}{2},l_3=-\frac{2}{3}$$

$$u_3=\frac{4}{3},l_4=-\frac{3}{4},u_4=\frac{5}{4},l_5=-\frac{4}{5},u_5=\frac{6}{5}$$

这样便得

$$L=\begin{pmatrix}1&&&&\\-\frac{1}{2}&1&&&\\&-\frac{2}{3}&1&&\\&&-\frac{3}{4}&1&\\&&&-\frac{4}{5}&1\end{pmatrix},U=\begin{pmatrix}2&-1&&&\\&\frac{3}{2}&-1&&\\&&\frac{4}{3}&-1&\\&&&\frac{5}{4}&-1\\&&&&\frac{6}{5}\end{pmatrix}$$

用回代法求 $\boldsymbol{Ly}=\boldsymbol{b}$ 可得

$$y_1=1,y_2=\frac{1}{2},y_3=\frac{1}{3},y_4=\frac{1}{4},y_5=\frac{1}{5}$$

再求解 $\boldsymbol{Ux}=\boldsymbol{y}$ 可得

$$x_5=\frac{1}{6},x_4=\frac{1}{3},x_3=\frac{1}{2},x_2=\frac{2}{3},x_1=\frac{5}{6}$$

所以方程组的解为 $\boldsymbol{x}=\left(\frac{5}{6},\frac{2}{3},\frac{1}{2},\frac{1}{3},\frac{1}{6}\right)^{\mathrm{T}}$.

【例 2-10】 已知 $\boldsymbol{A}=\begin{pmatrix}1&1\\-5&1\end{pmatrix},\boldsymbol{B}=\begin{pmatrix}2&-1&0\\-1&2&-1\\0&-1&2\end{pmatrix}$,试求 $\mathrm{cond}_\infty(\boldsymbol{A})$ 和 $\mathrm{cond}_\infty(\boldsymbol{B})$.

解 容易求出 $\boldsymbol{A}^{-1}=\begin{pmatrix}\frac{1}{6}&-\frac{1}{6}\\\frac{5}{6}&\frac{1}{6}\end{pmatrix},\boldsymbol{B}^{-1}=\begin{pmatrix}\frac{3}{4}&\frac{1}{2}&\frac{1}{4}\\\frac{1}{2}&1&\frac{1}{2}\\\frac{1}{4}&\frac{1}{2}&\frac{3}{4}\end{pmatrix}$. 从而有

$$\|\boldsymbol{A}\|_\infty=6,\|\boldsymbol{A}^{-1}\|_\infty=1,\|\boldsymbol{B}\|_\infty=4,\|\boldsymbol{B}^{-1}\|_\infty=2$$

则 $\mathrm{cond}_\infty(\boldsymbol{A})=6,\mathrm{cond}_\infty(\boldsymbol{B})=8$.

【例 2-11】 求解下面两个方程组,分别利用扰动定理和直接利用计算结果估计 $\frac{\|\delta\boldsymbol{x}\|_\infty}{\|\boldsymbol{x}\|_\infty}$,并进行比较.

(1) $\begin{pmatrix}240&-319\\-179&240\end{pmatrix}\begin{pmatrix}x_1\\x_2\end{pmatrix}=\begin{pmatrix}3\\4\end{pmatrix}$,即 $\boldsymbol{Ax}=\boldsymbol{b}$.

(2) $\begin{pmatrix}240&-319.5\\-179.5&240\end{pmatrix}\begin{pmatrix}x_1\\x_2\end{pmatrix}=\begin{pmatrix}3\\4\end{pmatrix}$,即 $(\boldsymbol{A}+\delta\boldsymbol{A})(\boldsymbol{x}+\delta\boldsymbol{x})=\boldsymbol{b}$.

解 容易计算

$$\boldsymbol{A}^{-1}=\begin{pmatrix}\frac{240}{499}&\frac{319}{499}\\\frac{179}{499}&\frac{240}{499}\end{pmatrix},\boldsymbol{x}=(4,3)^{\mathrm{T}},\boldsymbol{x}+\delta\boldsymbol{x}=(8,6)^{\mathrm{T}}$$

$$\|\boldsymbol{A}\|_\infty=559,\|\boldsymbol{A}^{-1}\|_\infty=\frac{559}{499}$$

从而有

$$\text{cond}_\infty(\boldsymbol{A})=\frac{559^2}{499},\|\delta\boldsymbol{x}\|_\infty=\|(4,3)^{\mathrm{T}}\|_\infty=4,\|\boldsymbol{x}\|_\infty=4$$

$$\|\boldsymbol{b}\|_\infty=4,\|\delta\boldsymbol{b}\|_\infty=0,\|\delta\boldsymbol{A}\|_\infty=0.5$$

这样便有$\dfrac{\|\delta\boldsymbol{x}\|_\infty}{\|\boldsymbol{x}\|_\infty}=1$.而根据扰动定理有

$$\frac{\|\delta\boldsymbol{x}\|_\infty}{\|\boldsymbol{x}\|_\infty}\leqslant\frac{\text{cond}_\infty(\boldsymbol{A})}{1-\text{cond}_\infty(\boldsymbol{A})\dfrac{\|\delta\boldsymbol{A}\|_\infty}{\|\boldsymbol{A}\|_\infty}}\left(\frac{\|\delta\boldsymbol{A}\|_\infty}{\|\boldsymbol{A}\|_\infty}+\frac{\|\delta\boldsymbol{b}\|_\infty}{\|\boldsymbol{b}\|_\infty}\right)$$

$$=\frac{559^2}{499-559^2\times\dfrac{0.5}{559}}\left(\frac{0.5}{559}+0\right)=\frac{559}{439}$$

从实际计算结果和估计结果比较看,扰动定理的确给出了扰动项的一个很好的估计.

【例 2-12】 给定线性方程组

$$\begin{pmatrix}1 & 0.99\\0.99 & 0.98\end{pmatrix}\begin{pmatrix}x_1\\x_2\end{pmatrix}=\begin{pmatrix}1\\1\end{pmatrix}$$

其准确解 $x_1=100,x_2=-100$,计算条件数 $\text{cond}_\infty(\boldsymbol{A})$,分别对猜测解 $x_1=1,x_2=0$ 和 $x_1=100.5,x_2=-99.5$ 计算余量,解释出现的现象.

解 容易计算 $\boldsymbol{A}^{-1}=\begin{pmatrix}-9\,800 & 9\,900\\9\,900 & -10\,000\end{pmatrix}$,则

$$\|\boldsymbol{A}\|_\infty=1.99,\|\boldsymbol{A}^{-1}\|_\infty=19\,900,\text{cond}_\infty(\boldsymbol{A})=39\,601$$

对第一组猜测值其余量为

$$\|\boldsymbol{b}-\boldsymbol{A}\tilde{\boldsymbol{x}}\|_\infty=0.01$$

对第二组猜测值其余量为

$$\|\boldsymbol{b}-\boldsymbol{A}\tilde{\boldsymbol{x}}\|_\infty=0.995$$

通过比较容易发现尽管第一个猜测值余量非常小,但计算结果与准确值相差非常大,主要原因是系数矩阵的条件数非常大,会造成计算结果的不稳定.

【例 2-13】 设 $\boldsymbol{Ax}=\boldsymbol{b}$,其中 $\boldsymbol{A}\in\mathbf{R}^{n\times n}$ 为非奇异矩阵,证明:

(1)$\boldsymbol{A}^{\mathrm{T}}\boldsymbol{A}$ 为对称正定矩阵;

(2)$\text{cond}_2(\boldsymbol{A}^{\mathrm{T}}\boldsymbol{A})=[\text{cond}_2(\boldsymbol{A})]^2$.

解 (1)根据

$$(\boldsymbol{A}^{\mathrm{T}}\boldsymbol{A})^{\mathrm{T}}=\boldsymbol{A}^{\mathrm{T}}(\boldsymbol{A}^{\mathrm{T}})^{\mathrm{T}}=\boldsymbol{A}^{\mathrm{T}}\boldsymbol{A}$$

故 $\boldsymbol{A}^{\mathrm{T}}\boldsymbol{A}$ 为对称矩阵.又 $\boldsymbol{A}$ 非奇异,故对任意向量 $\boldsymbol{x}\neq\boldsymbol{0}$,有 $\boldsymbol{Ax}\neq\boldsymbol{0}$,则

$$\boldsymbol{x}^{\mathrm{T}}\boldsymbol{A}^{\mathrm{T}}\boldsymbol{Ax}=(\boldsymbol{Ax})^{\mathrm{T}}(\boldsymbol{Ax})>0$$

即 $\boldsymbol{A}^{\mathrm{T}}\boldsymbol{A}$ 为对称正定矩阵.

(2)$\text{cond}_2(\boldsymbol{A}^{\mathrm{T}}\boldsymbol{A})=\|(\boldsymbol{A}^{\mathrm{T}}\boldsymbol{A})^{-1}\|_2\|(\boldsymbol{A}^{\mathrm{T}}\boldsymbol{A})\|_2$

$$=\sqrt{\lambda_{\max}[((\boldsymbol{A}^{\mathrm{T}}\boldsymbol{A})^{-1})^{\mathrm{T}}(\boldsymbol{A}^{\mathrm{T}}\boldsymbol{A})^{-1}]}\sqrt{\lambda_{\max}[(\boldsymbol{A}^{\mathrm{T}}\boldsymbol{A})^{\mathrm{T}}(\boldsymbol{A}^{\mathrm{T}}\boldsymbol{A})]}$$

$$
\begin{aligned}
&=\sqrt{\lambda_{\max}[((\boldsymbol{A}^{\mathrm{T}}\boldsymbol{A})^{-1})^2]}\sqrt{\lambda_{\max}[(\boldsymbol{A}^{\mathrm{T}}\boldsymbol{A})^2]}\\
&=\sqrt{\lambda_{\max}^2(\boldsymbol{A}^{\mathrm{T}}\boldsymbol{A})^{-1}}\sqrt{\lambda_{\max}^2(\boldsymbol{A}^{\mathrm{T}}\boldsymbol{A})}\\
&=\sqrt{[\lambda_{\max}(\boldsymbol{A}^{\mathrm{T}}\boldsymbol{A})^{-1}]^2}\sqrt{[\lambda_{\max}(\boldsymbol{A}^{\mathrm{T}}\boldsymbol{A})]^2}\\
&=\|(\boldsymbol{A}^{\mathrm{T}})^{-1}\|_2^2\|\boldsymbol{A}\|_2^2=\|\boldsymbol{A}^{-1}\|_2^2\|\boldsymbol{A}\|_2^2=[\mathrm{cond}_2(\boldsymbol{A})]^2.
\end{aligned}
$$

【例 2-14】 求矩阵 $\boldsymbol{A}=\begin{pmatrix}4&4&0\\3&3&-1\\0&1&1\end{pmatrix}$ 的 $\boldsymbol{QR}$ 分解，使 $\boldsymbol{R}$ 的对角元为正数.

解 将 $\boldsymbol{A}$ 按列分块为 $\boldsymbol{A}=(\boldsymbol{a}_1,\boldsymbol{a}_2,\boldsymbol{a}_3)$，其中 $\boldsymbol{a}_1=(4,3,0)^{\mathrm{T}}$，$\|\boldsymbol{a}_1\|_2=5$，取

$$\boldsymbol{\omega}_1=\boldsymbol{a}_1-\|\boldsymbol{a}_1\|_2\boldsymbol{e}_1=(-1,3,0)^{\mathrm{T}}$$

则令

$$\boldsymbol{Q}_1=\boldsymbol{H}(\boldsymbol{\omega}_1)=\boldsymbol{I}-\frac{2}{\boldsymbol{\omega}_1^{\mathrm{T}}\boldsymbol{\omega}_1}\boldsymbol{\omega}_1\boldsymbol{\omega}_1^{\mathrm{T}}=\begin{pmatrix}\frac{4}{5}&\frac{3}{5}&0\\\frac{3}{5}&-\frac{4}{5}&0\\0&0&1\end{pmatrix}$$

$$\boldsymbol{H}(\boldsymbol{\omega}_1)\boldsymbol{A}=\begin{pmatrix}5&5&-\frac{3}{5}\\0&0&\frac{4}{5}\\0&1&1\end{pmatrix}=\begin{pmatrix}5&\boldsymbol{b}^{\mathrm{T}}\\\boldsymbol{0}&\boldsymbol{A}_2\end{pmatrix}$$

其中

$$\boldsymbol{b}=\left(5,-\frac{3}{5}\right)^{\mathrm{T}},\ \boldsymbol{A}_2=\begin{pmatrix}0&\frac{4}{5}\\1&1\end{pmatrix}=(\tilde{\boldsymbol{a}}_1,\tilde{\boldsymbol{a}}_2),\tilde{\boldsymbol{a}}_1=(0,1)^{\mathrm{T}},\tilde{\boldsymbol{a}}_2=\left(\frac{4}{5},1\right)^{\mathrm{T}},\|\tilde{\boldsymbol{a}}_1\|_2=1$$

取

$$\boldsymbol{\omega}_2=\tilde{\boldsymbol{a}}_1-\|\tilde{\boldsymbol{a}}_1\|_2\boldsymbol{e}_1=(-1,1)^{\mathrm{T}},\boldsymbol{H}(\boldsymbol{\omega}_2)=\boldsymbol{I}-\frac{2}{\boldsymbol{\omega}_2^{\mathrm{T}}\boldsymbol{\omega}_2}\boldsymbol{\omega}_2\boldsymbol{\omega}_2^{\mathrm{T}}=\begin{pmatrix}0&1\\1&0\end{pmatrix}$$

$$\boldsymbol{H}(\boldsymbol{\omega}_2)\boldsymbol{A}_2=\begin{pmatrix}1&1\\0&\frac{4}{5}\end{pmatrix}$$

令 $\boldsymbol{Q}_2=\begin{pmatrix}1&\boldsymbol{0}^{\mathrm{T}}\\\boldsymbol{0}&\boldsymbol{H}(\boldsymbol{\omega}_2)\end{pmatrix}=\begin{pmatrix}1&0&0\\0&0&1\\0&1&0\end{pmatrix}$，则

$$\boldsymbol{Q}_2\boldsymbol{Q}_1\boldsymbol{A}=\begin{pmatrix}1&\boldsymbol{0}^{\mathrm{T}}\\\boldsymbol{0}&\boldsymbol{H}(\boldsymbol{\omega}_2)\end{pmatrix}\begin{pmatrix}5&\boldsymbol{b}^{\mathrm{T}}\\\boldsymbol{0}&\boldsymbol{A}_2\end{pmatrix}=\begin{pmatrix}5&\boldsymbol{b}^{\mathrm{T}}\\\boldsymbol{0}&\boldsymbol{H}(\boldsymbol{\omega}_2)\boldsymbol{A}_2\end{pmatrix}=\begin{pmatrix}5&5&-\frac{3}{5}\\0&1&1\\0&0&\frac{4}{5}\end{pmatrix}=\boldsymbol{R}$$

$$
\boldsymbol{Q}^{\mathrm{T}}=\boldsymbol{Q}_2\boldsymbol{Q}_1=\begin{pmatrix}1&0&0\\0&0&1\\0&1&0\end{pmatrix}\begin{pmatrix}\frac{4}{5}&\frac{3}{5}&0\\\frac{3}{5}&-\frac{4}{5}&0\\0&0&1\end{pmatrix}=\begin{pmatrix}\frac{4}{5}&\frac{3}{5}&0\\0&0&1\\\frac{3}{5}&-\frac{4}{5}&0\end{pmatrix}
$$

则 $\boldsymbol{A}=\boldsymbol{QR}$.

【例 2-15】 设 $\boldsymbol{A}=\begin{pmatrix}0&1&0\\-4&4&0\\-2&1&2\end{pmatrix}$，求 $\boldsymbol{T}$ 使 $\boldsymbol{T}^{-1}\boldsymbol{AT}$ 为 Jordan 标准形.

解 因为

$$
|\lambda\boldsymbol{I}-\boldsymbol{A}|=\begin{vmatrix}\lambda&-1&0\\4&\lambda-4&0\\2&-1&\lambda-2\end{vmatrix}=(\lambda-2)^3
$$

所以 $\boldsymbol{A}$ 的特征值为 $\lambda_1=2$，代数重复度为 3，故以 $\lambda_1=2$ 为特征值的 Jordan 块阶数的和为 3. 而

$$
\lambda_1\boldsymbol{I}-\boldsymbol{A}=\begin{pmatrix}2&-1&0\\4&-2&0\\2&-1&0\end{pmatrix}\rightarrow\begin{pmatrix}2&-1&0\\0&0&0\\0&0&0\end{pmatrix}
$$

显然 $\operatorname{rank}(\lambda_1\boldsymbol{I}-\boldsymbol{A})=1$，故 $\lambda_1=2$ 的几何重复度为 $3-\operatorname{rank}(\lambda_1\boldsymbol{I}-\boldsymbol{A})=2$，即以 $\lambda_1=2$ 为特征值的 Jordan 块的个数为 2，因此 $\boldsymbol{A}$ 的 Jordan 标准形为

$$
\boldsymbol{J}=\begin{pmatrix}2&0&0\\0&2&1\\0&0&2\end{pmatrix}
$$

设 $\boldsymbol{T}=(\boldsymbol{t}_1,\boldsymbol{t}_2,\boldsymbol{t}_3)$，由 $\boldsymbol{T}^{-1}\boldsymbol{AT}=\boldsymbol{J}$ 可得 $\boldsymbol{AT}=\boldsymbol{TJ}$，即

$$
\begin{cases}(2\boldsymbol{I}-\boldsymbol{A})\boldsymbol{t}_1=\boldsymbol{0}\\(2\boldsymbol{I}-\boldsymbol{A})\boldsymbol{t}_2=\boldsymbol{0}\\(2\boldsymbol{I}-\boldsymbol{A})\boldsymbol{t}_3=-\boldsymbol{t}_2\end{cases}
$$

由于

$$
\lambda_1\boldsymbol{I}-\boldsymbol{A}=\begin{pmatrix}2&-1&0\\4&-2&0\\2&-1&0\end{pmatrix}\rightarrow\begin{pmatrix}2&-1&0\\0&0&0\\0&0&0\end{pmatrix}
$$

所以 $\lambda_1=2$ 的两个线性无关的特征向量选为 $\boldsymbol{\xi}_1=(1,2,0)^{\mathrm{T}}$，$\boldsymbol{\xi}_2=(0,0,1)^{\mathrm{T}}$. 取 $\boldsymbol{t}_2=k_1\boldsymbol{\xi}_1+k_2\boldsymbol{\xi}_2$，因为

$$
(2\boldsymbol{I}-\boldsymbol{A},-\boldsymbol{t}_2)=\begin{pmatrix}2&-1&0&-k_1\\4&-2&0&-2k_2\\2&-1&0&-k_2\end{pmatrix}\rightarrow\begin{pmatrix}2&-1&0&-k_1\\0&0&0&k_1-k_2\\0&0&0&0\end{pmatrix}
$$

所以当 $k_1=k_2$ 时方程组有解. 不妨取 $k_1=1$,这样便可得 $\boldsymbol{t}_2=(1,2,1)^{\mathrm{T}}$. 通过求解上面的方程组可得其中一个解 $\boldsymbol{t}_3=(0,1,0)^{\mathrm{T}}$. 最后选取 $\boldsymbol{t}_1=\boldsymbol{\xi}_2=(0,0,1)^{\mathrm{T}}$ 以使得其与 $\boldsymbol{t}_2$ 线性无关. 这样便可得

$$\boldsymbol{T}=(\boldsymbol{t}_1,\boldsymbol{t}_2,\boldsymbol{t}_3)=\begin{pmatrix}0&0&1\\0&2&1\\1&1&0\end{pmatrix}$$

且 $\boldsymbol{T}^{-1}\boldsymbol{A}\boldsymbol{T}=\boldsymbol{J}$.

【例 2-16】 设三阶方阵 $\boldsymbol{A}$ 的特征值为 1,1,0. 试将 $\boldsymbol{A}^n$ 表示为 $\boldsymbol{A}$ 的二次多项式.

解 $\boldsymbol{A}$ 的特征多项式为 $f(\lambda)=(\lambda-1)^2\lambda$. 令 $g(\lambda)=\lambda^n$,则 $\boldsymbol{A}^n=g(\boldsymbol{A})$. 设

$$g(\lambda)=f(\lambda)q(\lambda)+r(\lambda)$$

其中 $r(\lambda)=a\lambda^2+b\lambda+c$. 因为 $f(1)=f'(1)=f(0)=0$,所以

$$\begin{cases}g(1)=r(1)\\g'(1)=r'(1)\\g(0)=r(0)\end{cases}$$

即

$$\begin{cases}a+b+c=1\\2a+b=n\\c=0\end{cases}$$

解得

$$\begin{cases}a=n-1\\b=2-n\\c=0\end{cases}$$

故

$$\boldsymbol{A}^n=(n-1)\boldsymbol{A}^2+(2-n)\boldsymbol{A}$$

【例 2-17】 求矩阵 $\boldsymbol{A}=\begin{pmatrix}1&0&1\\1&1&0\end{pmatrix}$ 的奇异值分解.

解 因为

$$\boldsymbol{A}^{\mathrm{H}}\boldsymbol{A}=\begin{pmatrix}2&1&1\\1&1&0\\1&0&1\end{pmatrix}$$

所以 $\boldsymbol{A}^{\mathrm{H}}\boldsymbol{A}$ 的特征值为 $\lambda_1=3,\lambda_2=1,\lambda_3=0$,对应的特征向量为

$$\boldsymbol{p}_1=\begin{pmatrix}2\\1\\1\end{pmatrix},\boldsymbol{p}_2=\begin{pmatrix}0\\-1\\1\end{pmatrix},\boldsymbol{p}_3=\begin{pmatrix}-1\\1\\1\end{pmatrix}$$

标准化得

$$V=\begin{pmatrix}\frac{2}{\sqrt{6}} & 0 & -\frac{1}{\sqrt{3}}\\ \frac{1}{\sqrt{6}} & -\frac{1}{\sqrt{2}} & \frac{1}{\sqrt{3}}\\ \frac{1}{\sqrt{6}} & \frac{1}{\sqrt{2}} & \frac{1}{\sqrt{3}}\end{pmatrix}$$

使得

$$V^{\mathrm{H}}A^{\mathrm{H}}AV=\begin{pmatrix}3 & & \\ & 1 & \\ & & 0\end{pmatrix}=\begin{pmatrix}\boldsymbol{\Sigma}^2 & \\ & 0\end{pmatrix}$$

因 $\mathrm{rank}(A)=2$，故有 $V_1=\begin{pmatrix}\frac{2}{\sqrt{6}} & 0\\ \frac{1}{\sqrt{6}} & -\frac{1}{\sqrt{2}}\\ \frac{1}{\sqrt{6}} & \frac{1}{\sqrt{2}}\end{pmatrix}$. 计算得

$$U_1=AV_1\boldsymbol{\Sigma}^{-1}=\begin{pmatrix}1 & 0 & 1\\ 1 & 1 & 0\end{pmatrix}\begin{pmatrix}\frac{2}{\sqrt{6}} & 0\\ \frac{1}{\sqrt{6}} & -\frac{1}{\sqrt{2}}\\ \frac{1}{\sqrt{6}} & \frac{1}{\sqrt{2}}\end{pmatrix}\begin{pmatrix}\frac{1}{\sqrt{3}} & 0\\ 0 & 1\end{pmatrix}=\begin{pmatrix}\frac{1}{\sqrt{2}} & \frac{1}{\sqrt{2}}\\ \frac{1}{\sqrt{2}} & -\frac{1}{\sqrt{2}}\end{pmatrix}$$

则 $U=U_1$ 是酉矩阵. 故 A 的奇异值分解为

$$A=U(\boldsymbol{\Sigma}\quad \boldsymbol{0})V^{\mathrm{H}}=\begin{pmatrix}\frac{1}{\sqrt{2}} & \frac{1}{\sqrt{2}}\\ \frac{1}{\sqrt{2}} & -\frac{1}{\sqrt{2}}\end{pmatrix}\begin{pmatrix}\sqrt{3} & 0 & 0\\ 0 & 1 & 0\end{pmatrix}\begin{pmatrix}\frac{2}{\sqrt{6}} & \frac{1}{\sqrt{6}} & \frac{1}{\sqrt{6}}\\ 0 & -\frac{1}{\sqrt{2}} & \frac{1}{\sqrt{2}}\\ -\frac{1}{\sqrt{3}} & \frac{1}{\sqrt{3}} & \frac{1}{\sqrt{3}}\end{pmatrix}$$

习题 2

1. 填空题

(1) $A=\begin{pmatrix}1+a & 2\\ 2 & 1\end{pmatrix}$，当 a 满足条件________时，A 可作 LU 分解.

(2) $A=\begin{pmatrix}2 & -2\\ -2 & a\end{pmatrix}$，当 a 满足条件________时，A 可作 LL^{T} 分解，其中 L 是对角元为正的下三角矩阵，则 $L=$________.

(3) $\boldsymbol{A}=\begin{pmatrix} 2 & -1 & 0 \\ -1 & 2 & -1 \\ 0 & -1 & 2 \end{pmatrix}$，则 $\mathrm{cond}_2(\boldsymbol{A})=$ ________.

(4) 设 $\boldsymbol{s}\neq\boldsymbol{0},\boldsymbol{s}\in\mathbf{C}^n$，则 $\left\|\dfrac{\boldsymbol{s}\boldsymbol{s}^{\mathrm{T}}}{(\boldsymbol{s},\boldsymbol{s})}\right\|_2=$ ________.

(5) $\boldsymbol{A}=\begin{pmatrix} 2 & 1 \\ -4 & 2 \end{pmatrix}$ 的 $\boldsymbol{PA}=\boldsymbol{LU}$ 分解中的 $\boldsymbol{L}=$ ________.

(6) 设 $\boldsymbol{A}=\begin{pmatrix} 1 & 0 & 0 \\ 1 & 1 & 0 \\ 2 & 3 & 2 \end{pmatrix}$，则 $\boldsymbol{A}$ 的 Jordan 分解 $\boldsymbol{J}=$ ________.

(7) 设 $\boldsymbol{A}\in\mathbf{C}^{n\times n}$，其 Schur 分解为 $\boldsymbol{A}=\boldsymbol{URU}^{\mathrm{H}}$，其中 $\boldsymbol{U}\in\mathbf{C}^{n\times n}$ 为酉矩阵，$\boldsymbol{R}\in\mathbf{C}^{n\times n}$ 为上三角矩阵. 特别地，当 $\boldsymbol{A}$ 为正规矩阵时，$\boldsymbol{R}$ 为________矩阵，$\boldsymbol{A}$ 的特征值为________，$\boldsymbol{A}$ 的特征向量为________；当 $\boldsymbol{A}$ 为 Hermite 矩阵时，$\boldsymbol{R}$ 为________矩阵；当 $\boldsymbol{A}$ 为斜 Hermite 矩阵时，$\boldsymbol{R}$ 为________矩阵.

2. 下述矩阵能否作 Doolittle 分解，若能分解，分解式是否唯一？

$$\boldsymbol{A}=\begin{pmatrix} 1 & 2 & 3 \\ 2 & 4 & 1 \\ 4 & 6 & 7 \end{pmatrix},\boldsymbol{B}=\begin{pmatrix} 1 & 1 & 1 \\ 2 & 2 & 1 \\ 3 & 3 & 1 \end{pmatrix},\boldsymbol{C}=\begin{pmatrix} 1 & 2 & 6 \\ 2 & 5 & 15 \\ 6 & 15 & 46 \end{pmatrix}$$

3. 设 $\boldsymbol{A}=\begin{pmatrix} 2 & 4 & -2 \\ 1 & -1 & 5 \\ 4 & 1 & -2 \end{pmatrix}$，求出 $\boldsymbol{A}$ 的 Doolittle 分解、Crout 分解和 $\boldsymbol{LDU}$ 分解.

4. 用 Gauss 列主元法求解方程组

$$\begin{cases} 12x_1-3x_2+3x_3=15 \\ -18x_1+3x_2-x_3=-15 \\ x_1+x_2+3x_3=6 \end{cases}$$

并求出系数矩阵 $\boldsymbol{A}$ 的行列式 $\det\boldsymbol{A}$ 的值.

5. 利用(1)Gauss 消去法，(2)Gauss 列主元法求解方程组

$$\begin{pmatrix} 1 & 2 & 1 & -2 \\ 2 & 5 & 3 & -2 \\ -2 & -2 & 3 & 5 \\ 1 & 3 & 2 & 3 \end{pmatrix}\begin{pmatrix} x_1 \\ x_2 \\ x_3 \\ x_4 \end{pmatrix}=\begin{pmatrix} 4 \\ 7 \\ -1 \\ 0 \end{pmatrix}$$

6. 利用 Doolittle 分解法，Cholesky 分解法和三对角追赶法三种方法求解线性方程组

$$\begin{pmatrix} 4 & 1 & 0 \\ 1 & 5 & 2 \\ 0 & 2 & 8 \end{pmatrix}\begin{pmatrix} x_1 \\ x_2 \\ x_3 \end{pmatrix}=\begin{pmatrix} 5 \\ 8 \\ 10 \end{pmatrix}$$

7. 设 $\boldsymbol{A}=\begin{pmatrix}-1 & 8 & -2\\ -6 & 49 & -10\\ -4 & 34 & -5\end{pmatrix}$.(1)利用消去法求 $\boldsymbol{A}^{-1}$;(2)先求 $\boldsymbol{A}$ 的 Doolittle 分解,再利用所得到的分解求 $\boldsymbol{A}^{-1}$.

8. 设 $\boldsymbol{A}=\begin{pmatrix}0 & 4 & 1\\ 1 & 1 & 1\\ 0 & 3 & 2\end{pmatrix}$,求 $\boldsymbol{A}$ 的 $\boldsymbol{QR}$ 分解.

9. 确定将向量 $\boldsymbol{x}=(5,1,12)^{\mathrm{T}}$ 变换为向量 $\boldsymbol{y}=(0,1,t)^{\mathrm{T}}$ 的正数 t 和 Householder 矩阵 $\boldsymbol{H}$.

10. 设 $\boldsymbol{A},\boldsymbol{B}$ 都是 n 阶非奇异方阵,试证:$\mathrm{cond}(\boldsymbol{AB})\leqslant\mathrm{cond}(\boldsymbol{A})\cdot\mathrm{cond}(\boldsymbol{B})$.

11. 证明:Schur不等式 $\sum\limits_{i=1}^{n}|\lambda_i|^2\leqslant\sum\limits_{i=1}^{n}\sum\limits_{j=1}^{n}|a_{ij}|^2$,其中 λ_i 为 $\boldsymbol{A}=(a_{ij})_{n\times n}$ 的特征值,并证明 Schur 不等式等号成立的充分必要条件是 $\boldsymbol{A}$ 为正规矩阵.

12. 求矩阵 $\boldsymbol{A}=\begin{pmatrix}4 & -1 & -1 & 0\\ 4 & 0 & -2 & 0\\ 0 & 0 & 2 & 0\\ 0 & 0 & 6 & 1\end{pmatrix}$ 的 Jordan 分解.

13. 设 $\boldsymbol{M}\in\mathbf{C}^{4\times 4}$,特征值 $\lambda=2$ 的代数重复度为 4,已知 $r_1=2,r_2=0$,其中 $r_l=\mathrm{rank}(\boldsymbol{M}-2\boldsymbol{I})^l$,求 $\boldsymbol{M}$ 的 Jordan 标准型.

14. 利用矩阵的 Jordan 分解证明 Schur 定理.

15. 设 $\boldsymbol{A}=\begin{pmatrix}1 & 0 & -1\\ 0 & \omega & \mathrm{i}\\ 0 & 0 & \omega^2\end{pmatrix}$,其中 $\omega=\dfrac{-1+\sqrt{3}\mathrm{i}}{2}$,试用 Hamilton-Cayley 定理计算 $\boldsymbol{A}^{100}$.

16. 证明:矩阵 $\boldsymbol{A}$ 的非零奇异值的个数恰为矩阵 $\boldsymbol{A}$ 的秩.

17. 证明:正规矩阵的奇异值是其特征值的模.

18. 证明:当 $\boldsymbol{A}$ 为非奇异矩阵时,$\|\boldsymbol{A}^{-1}\|_2=\dfrac{1}{\sigma_n}$,其中 σ_n 为 $\boldsymbol{A}$ 的最小奇异值.

19. 设 $\boldsymbol{A}$ 的奇异值分解为

$$\boldsymbol{A}=\begin{pmatrix}\frac{3}{5} & -\frac{4}{5} & 0\\ \frac{4}{5} & \frac{3}{5} & 0\\ 0 & 0 & 1\end{pmatrix}\begin{pmatrix}8 & 0 & 0\\ 0 & 6 & 0\\ 0 & 0 & 2\end{pmatrix}\begin{pmatrix}\frac{4}{5} & -\frac{3}{5} & 0\\ \frac{3}{5} & \frac{4}{5} & 0\\ 0 & 0 & -1\end{pmatrix}$$

求 $\|\boldsymbol{A}\|_2,\|\boldsymbol{A}^{-1}\|_2,\mathrm{cond}_2(\boldsymbol{A}),\|\boldsymbol{A}\|_{\mathrm{F}}$.

20. 求下列矩阵的奇异值分解.

(1)$\boldsymbol{A}=\begin{pmatrix}1 & 0 & 0\\ 2 & 0 & 0\end{pmatrix}$;　(2)$\boldsymbol{A}=\begin{pmatrix}1 & 0\\ 0 & 1\\ 1 & 1\end{pmatrix}$.

第3章　矩阵分析基础

基本要求

(1)掌握矩阵序列的极限定义、计算方法、收敛的充分必要条件及性质等.

(2)掌握矩阵级数的定义、收敛和发散的定义、矩阵级数的性质、绝对收敛的概念等.

(3)会判断矩阵幂级数的收敛性,会用 Jordan 分解和有限待定系数法计算矩阵函数.

(4)掌握初等矩阵函数的基本的性质.

(5)掌握相对于数量变量的微分和积分的定义、计算方法以及一些简单的性质.

(6)掌握多元函数关于矩阵变量的微分的概念,对于一些简单的多元函数会计算微分.

(7)了解矩阵在微分方程中的应用.

3.1　内容提要

3.1.1　矩阵序列与矩阵级数

一、矩阵序列的极限

设$\{\boldsymbol{A}_k\}_{k=1}^{\infty}$为$\mathbf{C}^{m\times n}$中的矩阵序列，其中$\boldsymbol{A}_k=(a_{ij}^{(k)})$. 若$\lim\limits_{k\to\infty}a_{ij}^{(k)}=a_{ij}$对$i=1,2,\cdots,m$,$j=1,2,\cdots,n$均成立,则称矩阵序列$\{\boldsymbol{A}_k\}_{k=1}^{\infty}$收敛,而$\boldsymbol{A}=(a_{ij})$称为矩阵序列$\{\boldsymbol{A}_k\}_{k=1}^{\infty}$的极限,记为$\lim\limits_{k\to\infty}\boldsymbol{A}_k=\boldsymbol{A}$. 不收敛的矩阵序列称为发散的.

矩阵序列收敛可用矩阵范数判断. 设$\|\cdot\|$为$\mathbf{C}^{m\times n}$中的一种矩阵范数,则矩阵序列$\{\boldsymbol{A}_k\}_{k=1}^{\infty}$收敛于矩阵$\boldsymbol{A}$的充分必要条件是$\|\boldsymbol{A}_k-\boldsymbol{A}\|$收敛于零.

关于矩阵序列的一些性质(以下假定矩阵的运算都有意义):

(1) $\lim\limits_{k\to\infty}\boldsymbol{A}_k=\boldsymbol{A}$，则 $\lim\limits_{k\to\infty}\|\boldsymbol{A}_k\|=\|\boldsymbol{A}\|$.

(2) $\lim\limits_{k\to\infty}\boldsymbol{A}_k=\boldsymbol{A}$，$\lim\limits_{k\to\infty}\boldsymbol{B}_k=\boldsymbol{B}$，则 $\lim\limits_{k\to\infty}(\alpha\boldsymbol{A}_k+\beta\boldsymbol{B}_k)=\alpha\boldsymbol{A}+\beta\boldsymbol{B}$，$\forall\alpha,\beta\in\mathbf{C}$.

(3) $\lim\limits_{k\to\infty}\boldsymbol{A}_k=\boldsymbol{A}$，$\lim\limits_{k\to\infty}\boldsymbol{B}_k=\boldsymbol{B}$，则 $\lim\limits_{k\to\infty}\boldsymbol{A}_k\boldsymbol{B}_k=\boldsymbol{AB}$.

(4) $\lim\limits_{k\to\infty}\boldsymbol{A}_k=\boldsymbol{A}$ 并且 $\boldsymbol{A}_k(k=1,2,\cdots)$ 和 $\boldsymbol{A}$ 均为可逆的，则 $\lim\limits_{k\to\infty}\boldsymbol{A}_k^{-1}=\boldsymbol{A}^{-1}$.

(5) $\lim\limits_{k\to\infty}\boldsymbol{A}^k=\boldsymbol{0}$ 的充分必要条件是 $\rho(\boldsymbol{A})<1$.

二、矩阵级数

设 $\{\boldsymbol{A}_k\}_{k=1}^{\infty}$ 为 $\mathbf{C}^{m\times n}$ 中的矩阵序列，称 $\boldsymbol{A}_1+\boldsymbol{A}_2+\cdots+\boldsymbol{A}_k+\cdots$ 为由矩阵序列 $\{\boldsymbol{A}_k\}_{k=1}^{\infty}$ 构成的矩阵级数，记为 $\sum\limits_{k=1}^{\infty}\boldsymbol{A}_k$. 称 $\boldsymbol{S}_k=\sum\limits_{i=1}^{k}\boldsymbol{A}_i$ 为矩阵级数 $\sum\limits_{i=1}^{\infty}\boldsymbol{A}_i$ 的前 k 项部分和. 若矩阵序列 $\{\boldsymbol{S}_k\}_{k=1}^{\infty}$ 收敛且 $\lim\limits_{k\to\infty}\boldsymbol{S}_k=\boldsymbol{S}$，则称矩阵级数 $\sum\limits_{i=1}^{\infty}\boldsymbol{A}_i$ 收敛，而矩阵 $\boldsymbol{S}$ 称为矩阵级数的和矩阵，记为 $\boldsymbol{S}=\sum\limits_{i=1}^{\infty}\boldsymbol{A}_i$. 不收敛的矩阵级数称为发散的.

关于矩阵级数的一些性质(以下假定矩阵的运算都有意义)：

(1) 矩阵级数 $\boldsymbol{I}+\boldsymbol{A}+\boldsymbol{A}^2+\cdots+\boldsymbol{A}^k+\cdots$ 收敛的充分必要条件是 $\rho(\boldsymbol{A})<1$. 收敛时有 $\sum\limits_{k=0}^{\infty}\boldsymbol{A}^k=(\boldsymbol{I}-\boldsymbol{A})^{-1}$.

(2) 若对 $\mathbf{C}^{n\times n}$ 上的某种范数 $\|\cdot\|$，有 $\|\boldsymbol{A}\|<1$，则 $\lim\limits_{k\to\infty}\boldsymbol{A}^k=\boldsymbol{0}$.

(3) 设 $\sum\limits_{k=1}^{\infty}\boldsymbol{A}_k=\boldsymbol{A}$ 和 $\sum\limits_{k=1}^{\infty}\boldsymbol{B}_k=\boldsymbol{B}$，则

$$\sum_{k=1}^{\infty}(\alpha\boldsymbol{A}_k+\beta\boldsymbol{B}_k)=\alpha\sum_{k=1}^{\infty}\boldsymbol{A}_k+\beta\sum_{k=1}^{\infty}\boldsymbol{B}_k,\quad\forall\alpha,\beta\in\mathbf{C}$$

(4) 若矩阵级数 $\sum\limits_{k=1}^{\infty}\boldsymbol{A}_k$ 绝对收敛，则它一定是收敛的，并且任意调换各项的顺序所得到的级数还是收敛的，且级数和不变.

(5) 矩阵级数 $\sum\limits_{k=1}^{\infty}\boldsymbol{A}_k$ 为绝对收敛的充分必要条件是正项级数 $\sum\limits_{k=1}^{\infty}\|\boldsymbol{A}_k\|$ 收敛.

(6) 设 $\sum\limits_{k=1}^{\infty}\boldsymbol{A}_k$ 为 $\mathbf{C}^{m\times n}$ 中的绝对收敛的级数，$\sum\limits_{k=1}^{\infty}\boldsymbol{B}_k$ 为 $\mathbf{C}^{n\times l}$ 中的绝对收敛的级数，并且 $\boldsymbol{A}=\sum\limits_{k=1}^{\infty}\boldsymbol{A}_k$，$\boldsymbol{B}=\sum\limits_{k=1}^{\infty}\boldsymbol{B}_k$，则 $\sum\limits_{k=1}^{\infty}\boldsymbol{A}_k\sum\limits_{k=1}^{\infty}\boldsymbol{B}_k$ 按任何方式排列得到的级数也是绝对收敛的，且和均为 $\boldsymbol{AB}$.

(7) 设 $\boldsymbol{P}\in\mathbf{C}^{p\times m}$ 和 $\boldsymbol{Q}\in\mathbf{C}^{n\times q}$ 为给定矩阵，若 $m\times n$ 型矩阵级数 $\sum\limits_{k=0}^{\infty}\boldsymbol{A}_k$ 收敛(或绝对收敛)，则 $p\times q$ 矩阵级数 $\sum\limits_{k=0}^{\infty}\boldsymbol{PA}_k\boldsymbol{Q}$ 也收敛(或绝对收敛)，且有等式

$$\sum_{k=0}^{\infty}\boldsymbol{PA}_k\boldsymbol{Q}=\boldsymbol{P}\Big(\sum_{k=0}^{\infty}\boldsymbol{A}_k\Big)\boldsymbol{Q}$$

3.1.2 矩阵幂级数

设 $\sum_{k=0}^{\infty} a_k (z-z_0)^k$ 为收敛半径为 r 的幂级数，$\boldsymbol{A}$ 为 n 阶方阵，若 $\boldsymbol{A}$ 的特征值均落在收敛圆内，即 $|\lambda - z_0| < r$，其中 λ 为 $\boldsymbol{A}$ 的任意特征值，则矩阵幂级数 $\sum_{k=0}^{\infty} a_k (\boldsymbol{A} - z_0 \boldsymbol{I})^k$ 绝对收敛；若有某个 λ_{i_0} 使得 $|\lambda_{i_0} - z_0| > r$，则幂级数 $\sum_{k=0}^{\infty} a_k (\boldsymbol{A} - z_0 \boldsymbol{I})^k$ 发散.

设 $f(z) = \sum_{k=0}^{\infty} a_k z^k$ 是收敛半径为 r 的幂级数，$\boldsymbol{A}$ 为 n 阶方阵，$\boldsymbol{A} = \boldsymbol{T}\boldsymbol{J}\boldsymbol{T}^{-1}$ 为其 Jordan 分解，$\boldsymbol{J} = \mathrm{diag}(\boldsymbol{J}_1, \boldsymbol{J}_2, \cdots, \boldsymbol{J}_s)$. 当 $\boldsymbol{A}$ 的特征值均落在收敛圆内时，即 $|\lambda| < r$，其中 λ 为 $\boldsymbol{A}$ 的任意特征值，则矩阵幂级数 $\sum_{k=0}^{\infty} a_k \boldsymbol{A}^k$ 绝对收敛，并且和矩阵为

$$f(\boldsymbol{A}) = \boldsymbol{T}\mathrm{diag}(f(\boldsymbol{J}_1), f(\boldsymbol{J}_2), \cdots, f(\boldsymbol{J}_s))\boldsymbol{T}^{-1}$$

这里 $\boldsymbol{J}_i$ 是特征值为 λ_i 的 n_i 阶 Jordan 块阵，且

$$f(\boldsymbol{J}_i) = \begin{pmatrix} f(\lambda_i) & f'(\lambda_i) & \cdots & \dfrac{f^{(n_i-1)}(\lambda_i)}{(n_i-1)!} \\ & f(\lambda_i) & \ddots & \vdots \\ & & \ddots & f'(\lambda_i) \\ & & & f(\lambda_i) \end{pmatrix}$$

矩阵函数的一些性质.

(1) $\forall \boldsymbol{A} \in \mathbf{C}^{n\times n}$，总有：

①$\sin(-\boldsymbol{A}) = -\sin \boldsymbol{A}$，$\cos(-\boldsymbol{A}) = \cos \boldsymbol{A}$；

②$\mathrm{e}^{\mathrm{i}\boldsymbol{A}} = \cos \boldsymbol{A} + \mathrm{i}\sin \boldsymbol{A}$，$\cos \boldsymbol{A} = \frac{1}{2}(\mathrm{e}^{\mathrm{i}\boldsymbol{A}} + \mathrm{e}^{-\mathrm{i}\boldsymbol{A}})$，$\sin \boldsymbol{A} = \frac{1}{2\mathrm{i}}(\mathrm{e}^{\mathrm{i}\boldsymbol{A}} - \mathrm{e}^{-\mathrm{i}\boldsymbol{A}})$ $(\mathrm{i} = \sqrt{-1})$.

(2) $\boldsymbol{A}, \boldsymbol{B} \in \mathbf{C}^{n\times n}$，且 $\boldsymbol{AB} = \boldsymbol{BA}$，则：

①$\sin(\boldsymbol{A} + \boldsymbol{B}) = \sin \boldsymbol{A}\cos \boldsymbol{B} + \cos \boldsymbol{A}\sin \boldsymbol{B}$；

②$\cos(\boldsymbol{A} + \boldsymbol{B}) = \cos \boldsymbol{A}\cos \boldsymbol{B} - \sin \boldsymbol{A}\sin \boldsymbol{B}$；

③$\mathrm{e}^{\boldsymbol{A}}\mathrm{e}^{\boldsymbol{B}} = \mathrm{e}^{\boldsymbol{B}}\mathrm{e}^{\boldsymbol{A}} = \mathrm{e}^{\boldsymbol{A}+\boldsymbol{B}}$.

若 $\boldsymbol{A} = \boldsymbol{B}$，则有

$$\cos 2\boldsymbol{A} = \cos^2 \boldsymbol{A} - \sin^2 \boldsymbol{A}, \quad \sin 2\boldsymbol{A} = 2\sin \boldsymbol{A}\cos \boldsymbol{A}$$

3.1.3 矩阵的微积分

若矩阵 $\boldsymbol{A}(t) = (a_{ij}(t))_{m\times n}$ 的每一个元素 $a_{ij}(t)$ 均为变量 t 的可微函数，则称 $\boldsymbol{A}(t)$ 可微，且导数定义为

$$\boldsymbol{A}'(t) = \frac{\mathrm{d}}{\mathrm{d}t}\boldsymbol{A}(t) = \left(\frac{\mathrm{d}}{\mathrm{d}t}a_{ij}(t)\right)_{m\times n}$$

设 $\boldsymbol{A}(t),\boldsymbol{B}(t)$ 是可进行运算的两个可微矩阵，则以下的运算规则成立：

(1) $\dfrac{\mathrm{d}}{\mathrm{d}t}(\boldsymbol{A}(t)+\boldsymbol{B}(t))=\dfrac{\mathrm{d}}{\mathrm{d}t}\boldsymbol{A}(t)+\dfrac{\mathrm{d}}{\mathrm{d}t}\boldsymbol{B}(t)$；

(2) $\dfrac{\mathrm{d}}{\mathrm{d}t}(\boldsymbol{A}(t)\boldsymbol{B}(t))=\left(\dfrac{\mathrm{d}}{\mathrm{d}t}\boldsymbol{A}(t)\right)\boldsymbol{B}(t)+\boldsymbol{A}(t)\left(\dfrac{\mathrm{d}}{\mathrm{d}t}\boldsymbol{B}(t)\right)$；

(3) $\dfrac{\mathrm{d}}{\mathrm{d}t}(\alpha\boldsymbol{A}(t))=\alpha\dfrac{\mathrm{d}}{\mathrm{d}t}\boldsymbol{A}(t)$，其中 α 为任意常数；

(4) 当 $u=f(t)$ 关于 t 可微时，有

$$\frac{\mathrm{d}}{\mathrm{d}t}(\boldsymbol{A}(u))=f'(t)\frac{\mathrm{d}}{\mathrm{d}u}\boldsymbol{A}(u)$$

(5) 当 $\boldsymbol{A}^{-1}(t)$ 为可微矩阵时，有

$$\frac{\mathrm{d}}{\mathrm{d}t}(\boldsymbol{A}^{-1}(t))=-\boldsymbol{A}^{-1}(t)\left(\frac{\mathrm{d}}{\mathrm{d}t}\boldsymbol{A}(t)\right)\boldsymbol{A}^{-1}(t)$$

特别地，设 n 阶方阵 $\boldsymbol{A}$ 与 t 无关，则有：

(6) $\dfrac{\mathrm{d}}{\mathrm{d}t}\mathrm{e}^{t\boldsymbol{A}}=\boldsymbol{A}\mathrm{e}^{t\boldsymbol{A}}=\mathrm{e}^{t\boldsymbol{A}}\boldsymbol{A}$；

(7) $\dfrac{\mathrm{d}}{\mathrm{d}t}\sin(t\boldsymbol{A})=A\cos(t\boldsymbol{A})=\cos(t\boldsymbol{A})\boldsymbol{A}$；

(8) $\dfrac{\mathrm{d}}{\mathrm{d}t}\cos(t\boldsymbol{A})=-\boldsymbol{A}\sin(t\boldsymbol{A})=-\sin(t\boldsymbol{A})\boldsymbol{A}$.

由于 $\dfrac{\mathrm{d}}{\mathrm{d}t}(\boldsymbol{A}(t))$ 仍是函数矩阵，若它仍是可导函数矩阵，则可定义其二阶导数. 不难给出函数矩阵的高阶导数

$$\frac{\mathrm{d}^k}{\mathrm{d}t^k}(\boldsymbol{A}(t))=\frac{\mathrm{d}}{\mathrm{d}t}\left(\frac{\mathrm{d}^{k-1}}{\mathrm{d}t^{k-1}}(\boldsymbol{A}(t))\right)$$

若矩阵 $\boldsymbol{A}(t)=(a_{ij}(t))_{m\times n}$ 的每一个元素 $a_{ij}(t)$ 都是区间 $[t_0,t_1]$ 上的可积函数，则定义 $\boldsymbol{A}(t)$ 在区间 $[t_0,t_1]$ 上的积分为

$$\int_{t_0}^{t_1}\boldsymbol{A}(t)\mathrm{d}t=\left(\int_{t_0}^{t_1}a_{ij}(t)\mathrm{d}t\right)_{m\times n}$$

容易验证如下运算法则成立：

(1) $\displaystyle\int_{t_0}^{t_1}(\boldsymbol{A}(t)+\boldsymbol{B}(t))\mathrm{d}t=\int_{t_0}^{t_1}\boldsymbol{A}(t)\mathrm{d}t+\int_{t_0}^{t_1}\boldsymbol{B}(t)\mathrm{d}t$；

(2) $\displaystyle\int_{t_0}^{t_1}\boldsymbol{A}(t)\boldsymbol{B}\mathrm{d}t=\left(\int_{t_0}^{t_1}\boldsymbol{A}(t)\mathrm{d}t\right)\boldsymbol{B}$，其中 $\boldsymbol{B}$ 为常数矩阵；

$\displaystyle\int_{t_0}^{t_1}\boldsymbol{A}\boldsymbol{B}(t)\mathrm{d}t=\boldsymbol{A}\int_{t_0}^{t_1}\boldsymbol{B}(t)\mathrm{d}t$，其中 $\boldsymbol{A}$ 为常数矩阵.

设 $\boldsymbol{X}=(x_{ij})_{m\times n}$，函数

$$f(\boldsymbol{X})=f(x_{11},x_{12},\cdots,x_{1n},x_{21},\cdots,x_{mn})$$

为 mn 元的多元函数，定义 $f(\boldsymbol{X})$ 对矩阵 $\boldsymbol{X}$ 的导数为

$$\frac{\mathrm{d}}{\mathrm{d}\boldsymbol{X}}f(\boldsymbol{X})=\left(\frac{\partial f}{\partial x_{ij}}\right)_{m\times n}=\begin{pmatrix}\frac{\partial f}{\partial x_{11}} & \cdots & \frac{\partial f}{\partial x_{1n}}\\ \vdots & & \vdots\\ \frac{\partial f}{\partial x_{m1}} & \cdots & \frac{\partial f}{\partial x_{mn}}\end{pmatrix}$$

3.2 思考题及解答

1. 给出两种判断矩阵序列收敛的方法.

答:方法一,根据定义,只需要判断矩阵对应的元素序列都收敛即可,可以用初等分析的方法来研究,但比较烦琐.

方法二,判断$\|\boldsymbol{A}_k-\boldsymbol{A}\|$是否收敛于零,若收敛于零,则矩阵序列收敛,否则矩阵序列发散.

2. 矩阵序列收敛其对应的范数也收敛,是否正确?反之是否正确?

答:第一句话正确,反之不成立,例如

$$\boldsymbol{A}_k=\begin{pmatrix}1 & 0\\ 0 & (-1)^k\end{pmatrix},\quad k=1,2,\cdots$$

容易验证

$$\lim_{k\to\infty}\|\boldsymbol{A}_k\|_{\mathrm{F}}=\sqrt{2}$$

但矩阵序列$\{\boldsymbol{A}_k\}$发散.

3. 矩阵 $\boldsymbol{A},\boldsymbol{B}$ 为方阵,下列等式或说法正确的有(   ).

A. $\sin(\boldsymbol{A}+\boldsymbol{B})=\sin\boldsymbol{A}\cos\boldsymbol{B}+\cos\boldsymbol{A}\sin\boldsymbol{B}$

B. $\cos(\boldsymbol{A}+\boldsymbol{B})=\cos\boldsymbol{A}\cos\boldsymbol{B}-\sin\boldsymbol{A}\sin\boldsymbol{B}$

C. $\mathrm{e}^{\boldsymbol{A}}\mathrm{e}^{\boldsymbol{B}}=\mathrm{e}^{\boldsymbol{A}+\boldsymbol{B}}$

D. $\cos 2\boldsymbol{A}=\cos^2\boldsymbol{A}-\sin^2\boldsymbol{A}$

E. 对于任意的方阵 $\boldsymbol{A}$,$\cos\boldsymbol{A}$ 和 $\sin\boldsymbol{A}$ 一定可逆

F. 对于任意的方阵 $\boldsymbol{A}$,$\mathrm{e}^{\boldsymbol{A}}$ 一定可逆

答:正确的是 D 和 F. A,B,C 成立的前提是 $\boldsymbol{A}$ 和 $\boldsymbol{B}$ 可交换. 对于任意的方阵 $\boldsymbol{A}$,$\cos\boldsymbol{A}$ 和 $\sin\boldsymbol{A}$ 不一定可逆,例如

$$\boldsymbol{A}=\begin{pmatrix}\frac{\pi}{2} & 0\\ 0 & \pi\end{pmatrix},\cos\boldsymbol{A}=\begin{pmatrix}0 & 0\\ 0 & -1\end{pmatrix},\sin\boldsymbol{A}=\begin{pmatrix}1 & 0\\ 0 & 0\end{pmatrix}$$

4. 请说出 $\boldsymbol{A}^k$ 收敛的两个条件.

答:(1)$\rho(\boldsymbol{A})<1$;(2)存在某种范数$\|\cdot\|$使得$\|\boldsymbol{A}\|<1$. 这两个条件均为充分必要条件,但应注意第二个是指存在性,不是所有的矩阵范数都满足小于 1.

3.3　经典例题分析

【例 3-1】 已知四阶矩阵 $\boldsymbol{A}$ 的特征值分别为 $\pi,-\pi,0,0$，求 $\sin\boldsymbol{A},\cos\boldsymbol{A}$.

解　由于 $\det(\lambda\boldsymbol{I}-\boldsymbol{A})=\lambda^2(\lambda-\pi)(\lambda+\pi)=\lambda^4-\pi^2\lambda^2$，所以根据 Hamilton-Cayley 定理可得 $\boldsymbol{A}^4-\pi^2\boldsymbol{A}^2=\boldsymbol{O}$，从而有

$$\boldsymbol{A}^{2k}=\pi^2\boldsymbol{A}^{2k-2}=\cdots=\pi^{2k-2}\boldsymbol{A}^2$$

$$\boldsymbol{A}^{2k+1}=\boldsymbol{A}^{2k}\boldsymbol{A}=\cdots=\pi^{2k-2}\boldsymbol{A}^3,\quad k=2,3,\cdots$$

因此

$$\begin{aligned}\sin\boldsymbol{A}&=\sum_{k=0}^{\infty}\frac{(-1)^k}{(2k+1)!}\boldsymbol{A}^{2k+1}=\boldsymbol{A}-\frac{1}{3!}\boldsymbol{A}^3+\sum_{k=2}^{\infty}\frac{(-1)^k}{(2k+1)!}\boldsymbol{A}^{2k+1}\\&=\boldsymbol{A}-\frac{1}{3!}\boldsymbol{A}^3+\sum_{k=2}^{\infty}\frac{(-1)^k}{(2k+1)!}\pi^{2k-2}\boldsymbol{A}^3\\&=\boldsymbol{A}-\frac{1}{3!}\boldsymbol{A}^3+\frac{1}{\pi^3}\left(\sum_{k=2}^{\infty}\frac{(-1)^k}{(2k+1)!}\pi^{2k+1}\right)\boldsymbol{A}^3\\&=\boldsymbol{A}-\frac{1}{3!}\boldsymbol{A}^3+\frac{1}{\pi^3}\left(\sin\pi-\pi+\frac{\pi^3}{3!}\right)\boldsymbol{A}^3\\&=\boldsymbol{A}+\frac{1}{\pi^3}(\sin\pi-\pi)\boldsymbol{A}^3=\boldsymbol{A}-\frac{1}{\pi^2}\boldsymbol{A}^3\end{aligned}$$

$$\begin{aligned}\cos\boldsymbol{A}&=\sum_{k=0}^{\infty}\frac{(-1)^k}{(2k)!}\boldsymbol{A}^{2k}=\boldsymbol{I}-\frac{\boldsymbol{A}^2}{2!}+\sum_{k=2}^{\infty}\frac{(-1)^k}{(2k)!}\boldsymbol{A}^{2k}\\&=\boldsymbol{I}-\frac{\boldsymbol{A}^2}{2!}+\sum_{k=2}^{\infty}\frac{(-1)^k}{(2k)!}\pi^{2k-2}\boldsymbol{A}^2\\&=\boldsymbol{I}-\frac{\boldsymbol{A}^2}{2!}+\frac{1}{\pi^2}\left(\cos\pi-1+\frac{\pi^2}{2!}\right)\boldsymbol{A}^2\\&=\boldsymbol{I}+\frac{1}{\pi^2}(\cos\pi-1)\boldsymbol{A}^2=\boldsymbol{I}-\frac{2}{\pi^2}\boldsymbol{A}^2\end{aligned}$$

【例 3-2】 已知 $\boldsymbol{A}=\begin{pmatrix}-2&3&-3\\-4&5&-3\\-4&4&-2\end{pmatrix}$，求 $\mathrm{e}^{\boldsymbol{A}t},\sin\boldsymbol{A}$.

解　由于 $\det(\lambda\boldsymbol{I}-\boldsymbol{A})=(\lambda-1)(\lambda-2)(\lambda+2)$，容易求得变换矩阵

$$\boldsymbol{P}=\begin{pmatrix}1&0&1\\1&1&1\\0&1&1\end{pmatrix},\boldsymbol{P}^{-1}=\begin{pmatrix}0&1&-1\\-1&1&0\\1&-1&1\end{pmatrix}$$

使得 $\boldsymbol{P}^{-1}\boldsymbol{A}\boldsymbol{P}=\mathrm{diag}(1,2,-2)$，因此有

$$\mathrm{e}^{\boldsymbol{A}t}=\boldsymbol{P}\begin{pmatrix}\mathrm{e}^{t}&&\\&\mathrm{e}^{2t}&\\&&\mathrm{e}^{-2t}\end{pmatrix}\boldsymbol{P}^{-1}$$

$$=\begin{pmatrix} e^{-2t} & e^{t}-e^{-2t} & -e^{t}+e^{-2t} \\ -e^{2t}+e^{-2t} & e^{t}+e^{2t}-e^{-2t} & -e^{t}+e^{-2t} \\ -e^{2t}+e^{-2t} & e^{2t}-e^{-2t} & e^{-2t} \end{pmatrix}$$

$$\sin \boldsymbol{A}=\boldsymbol{P}\begin{pmatrix} \sin 1 & & \\ & \sin 2 & \\ & & -\sin 2 \end{pmatrix}\boldsymbol{P}^{-1}$$

$$=\begin{pmatrix} -\sin 2 & \sin 1+\sin 2 & -\sin 1-\sin 2 \\ -2\sin 2 & \sin 1+2\sin 2 & -\sin 1-\sin 2 \\ -2\sin 2 & 2\sin 2 & -\sin 2 \end{pmatrix}$$

【例 3-3】 已知 $\boldsymbol{A}=\begin{pmatrix} 2 & 0 & 0 \\ 1 & 1 & 1 \\ 1 & -1 & 3 \end{pmatrix}$，求 $e^{\boldsymbol{A}}$，$\sin \boldsymbol{A}$.

解 根据 Jordan 标准型及变换矩阵的求法可求得矩阵

$$\boldsymbol{P}=\begin{pmatrix} 0 & 1 & 1 \\ 1 & 0 & 0 \\ 1 & 0 & -1 \end{pmatrix},\boldsymbol{P}^{-1}=\begin{pmatrix} 0 & 1 & 0 \\ 1 & -1 & 1 \\ 0 & 1 & -1 \end{pmatrix}$$

使得

$$\boldsymbol{A}=\boldsymbol{P}\boldsymbol{J}\boldsymbol{P}^{-1}=\boldsymbol{P}\begin{pmatrix} 2 & 1 & 0 \\ 0 & 2 & 0 \\ 0 & 0 & 2 \end{pmatrix}\boldsymbol{P}^{-1}$$

因此

$$e^{\boldsymbol{A}}=\boldsymbol{P}\begin{pmatrix} e^2 & e^2 & 0 \\ 0 & e^2 & 0 \\ 0 & 0 & e^2 \end{pmatrix}\boldsymbol{P}^{-1}=\begin{pmatrix} e^2 & 0 & 0 \\ e^2 & 0 & e^2 \\ e^2 & -e^2 & 2e^2 \end{pmatrix}$$

$$\sin \boldsymbol{A}=\boldsymbol{P}\begin{pmatrix} \sin 2 & \cos 2 & 0 \\ 0 & \sin 2 & 0 \\ 0 & 0 & \sin 2 \end{pmatrix}\boldsymbol{P}^{-1}=\begin{pmatrix} \sin 2 & 0 & 0 \\ \cos 2 & \sin 2-\cos 2 & \cos 2 \\ \cos 2 & -\cos 2 & \cos 2+\sin 2 \end{pmatrix}$$

【例 3-4】 已知 $\boldsymbol{A}=\begin{pmatrix} 2 & 0 & 0 \\ 1 & 1 & 1 \\ 1 & -1 & 3 \end{pmatrix}$，用待定系数法求 $e^{\boldsymbol{A}t}$，$\sin \boldsymbol{A}$.

解 由于 $\det(\lambda \boldsymbol{I}-\boldsymbol{A})=(\lambda-2)^3$. 假设

$$q(\lambda)=a_2\lambda^2+a_1\lambda+a_0$$

则有

$$\begin{cases} q(2)=4a_2+2a_1+a_0=e^{2t} \\ q'(2)=4a_2+a_1=te^{2t} \\ q''(2)=2a_2=t^2e^{2t} \end{cases}$$

求解得到

$$\begin{cases} a_0 = e^{2t} - 2te^{2t} + 2t^2 e^{2t} \\ a_1 = te^{2t} - 2t^2 e^{2t} \\ a_2 = \dfrac{1}{2} t^2 e^{2t} \end{cases}$$

因此

$$e^{\boldsymbol{A}t} = a_2 \boldsymbol{A}^2 + a_1 \boldsymbol{A} + a_0 \boldsymbol{I} = \begin{pmatrix} e^{2t} & 0 & 0 \\ te^{2t} & e^{2t} - te^{2t} & te^{2t} \\ te^{2t} & -te^{2t} & e^{2t} + te^{2t} \end{pmatrix}$$

下面求 $\sin \boldsymbol{A}$. 由

$$\begin{cases} q(2) = 4a_2 + 2a_1 + a_0 = \sin 2 \\ q'(2) = 4a_2 + a_1 = \cos 2 \\ q''(2) = 2a_2 = -\sin 2 \end{cases}$$

求解得到

$$\begin{cases} a_0 = -2\cos 2 - \sin 2 \\ a_1 = 2\sin 2 + \cos 2 \\ a_2 = -\dfrac{1}{2}\sin 2 \end{cases}$$

因此

$$\sin \boldsymbol{A} = a_2 \boldsymbol{A}^2 + a_1 \boldsymbol{A} + a_0 \boldsymbol{I} = \begin{pmatrix} \sin 2 & 0 & 0 \\ \cos 2 & \sin 2 - \cos 2 & \cos 2 \\ \cos 2 & -\cos 2 & \cos 2 + \sin 2 \end{pmatrix}$$

【例 3-5】 令 $\boldsymbol{A}(t) = \begin{pmatrix} \sin 2t & e^t \cos t \\ t^2 + 3 & \cos t \end{pmatrix}$，求 $\dfrac{d}{dt}\boldsymbol{A}(t)$，$\int_0^{\pi} \boldsymbol{A}(t)dt$.

解 $$\frac{d}{dt}\boldsymbol{A}(t) = \begin{pmatrix} \dfrac{d}{dt}\sin 2t & \dfrac{d}{dt}(e^t \cos t) \\ \dfrac{d}{dt}(t^2+3) & \dfrac{d}{dt}\cos t \end{pmatrix} = \begin{pmatrix} 2\cos 2t & e^t \cos t - e^t \sin t \\ 2t & -\sin t \end{pmatrix}$$

$$\int_0^{\pi} \boldsymbol{A}(t)dt = \begin{pmatrix} \int_0^{\pi} \sin 2t dt & \int_0^{\pi} e^t \cos t dt \\ \int_0^{\pi} (t^2 + 3) dt & \int_0^{\pi} \cos t dt \end{pmatrix} = \begin{pmatrix} 0 & -\dfrac{1}{2}(e^{\pi} + 1) \\ \dfrac{1}{3}\pi^3 + 3\pi & 0 \end{pmatrix}$$

【例 3-6】 已知

$$e^{\boldsymbol{A}t} = \begin{pmatrix} 3e^{2t} - 2e^t & 2e^{2t} - 2e^t & e^{2t} - e^t \\ 4e^{2t} - 4e^t & 2e^{2t} - e^t & -2e^{2t} + 2e^t \\ -e^{2t} + e^t & -3e^{2t} + 3e^t & 3e^{2t} - 2e^t \end{pmatrix}$$

求 $\boldsymbol{A}$.

解 由于

$$\frac{\mathrm{d}}{\mathrm{d}t}\mathrm{e}^{\boldsymbol{A}t}=\begin{bmatrix}6\mathrm{e}^{2t}-2\mathrm{e}^{t} & 4\mathrm{e}^{2t}-2\mathrm{e}^{t} & 2\mathrm{e}^{2t}-\mathrm{e}^{t}\\ 8\mathrm{e}^{2t}-4\mathrm{e}^{t} & 4\mathrm{e}^{2t}-\mathrm{e}^{t} & -4\mathrm{e}^{2t}+2\mathrm{e}^{t}\\ -2\mathrm{e}^{2t}+\mathrm{e}^{t} & -6\mathrm{e}^{2t}+3\mathrm{e}^{t} & 6\mathrm{e}^{2t}-2\mathrm{e}^{t}\end{bmatrix}=\mathrm{e}^{\boldsymbol{A}t}\boldsymbol{A}$$

令 $t=0$ 并注意到 $\mathrm{e}^{0}=\boldsymbol{I}$,则

$$\boldsymbol{A}=\begin{bmatrix}4 & 2 & 1\\ 4 & 3 & -2\\ -1 & -3 & 4\end{bmatrix}$$

【例 3-7】 设 $\boldsymbol{A}=\begin{pmatrix}\cos u & -\sin u\\ \sin u & \cos u\end{pmatrix}$,求:

(1)$\frac{\mathrm{d}}{\mathrm{d}u}(\mathrm{e}^{u}\boldsymbol{A})$,$\frac{\mathrm{d}}{\mathrm{d}u}(\boldsymbol{A}^{-1}(u))$;

(2)若 $u=\mathrm{e}^{2t}$,求$\frac{\mathrm{d}}{\mathrm{d}t}\boldsymbol{A}(u)$.

解 (1)容易求得 $\boldsymbol{A}^{-1}=\begin{pmatrix}\cos u & \sin u\\ -\sin u & \cos u\end{pmatrix}$,因此

$$\begin{aligned}\frac{\mathrm{d}}{\mathrm{d}u}(\mathrm{e}^{u}\boldsymbol{A})&=\boldsymbol{A}\frac{\mathrm{d}\mathrm{e}^{u}}{\mathrm{d}u}+\mathrm{e}^{u}\left(\frac{\mathrm{d}}{\mathrm{d}u}\boldsymbol{A}(u)\right)\\ &=\mathrm{e}^{u}\begin{pmatrix}\cos u & -\sin u\\ \sin u & \cos u\end{pmatrix}+\mathrm{e}^{u}\begin{pmatrix}-\sin u & -\cos u\\ \cos u & -\sin u\end{pmatrix}\\ &=\begin{pmatrix}\mathrm{e}^{u}(\cos u-\sin u) & \mathrm{e}^{u}(-\sin u-\cos u)\\ \mathrm{e}^{u}(\sin u+\cos u) & \mathrm{e}^{u}(\cos u-\sin u)\end{pmatrix}\end{aligned}$$

$$\begin{aligned}\frac{\mathrm{d}}{\mathrm{d}u}(\boldsymbol{A}^{-1}(u))&=-\boldsymbol{A}^{-1}(u)\left(\frac{\mathrm{d}}{\mathrm{d}u}\boldsymbol{A}(u)\right)\boldsymbol{A}^{-1}(u)\\ &=-\begin{pmatrix}\cos u & \sin u\\ -\sin u & \cos u\end{pmatrix}\begin{pmatrix}-\sin u & -\cos u\\ \cos u & -\sin u\end{pmatrix}\begin{pmatrix}\cos u & \sin u\\ -\sin u & \cos u\end{pmatrix}\\ &=\begin{pmatrix}-\sin u & \cos u\\ -\cos u & -\sin u\end{pmatrix}\end{aligned}$$

$$\begin{aligned}(2)\ \frac{\mathrm{d}}{\mathrm{d}t}\boldsymbol{A}(u)&=\frac{\mathrm{d}}{\mathrm{d}t}(\mathrm{e}^{2t})\frac{\mathrm{d}}{\mathrm{d}u}\boldsymbol{A}(u)=2\mathrm{e}^{2t}\begin{pmatrix}-\sin u & -\cos u\\ \cos u & -\sin u\end{pmatrix}\\ &=\begin{pmatrix}-2\mathrm{e}^{2t}\sin \mathrm{e}^{2t} & -2\mathrm{e}^{2t}\cos \mathrm{e}^{2t}\\ 2\mathrm{e}^{2t}\cos \mathrm{e}^{2t} & -2\mathrm{e}^{2t}\sin \mathrm{e}^{2t}\end{pmatrix}\end{aligned}$$

【例 3-8】 设 $\boldsymbol{X}=(x_{ij})_{n\times n}$,求$\frac{\mathrm{d}}{\mathrm{d}\boldsymbol{X}}\mathrm{tr}(\boldsymbol{X})$,$\frac{\mathrm{d}}{\mathrm{d}\boldsymbol{X}}\det(\boldsymbol{X})$.

解 由于 $\mathrm{tr}(\boldsymbol{X})=\sum_{i=1}^{n}x_{ii}$,因此有

$$\frac{\partial}{\partial x_{ij}}\mathrm{tr}(\boldsymbol{X})=\begin{cases}1, & i=j\\ 0, & i\neq j\end{cases}$$

从而$\frac{\mathrm{d}}{\mathrm{d}\boldsymbol{X}}\mathrm{tr}(\boldsymbol{X})=\boldsymbol{I}_{n\times n}$. 由于 $\det(\boldsymbol{X})=\sum_{j=1}^{n}x_{ij}X_{ij}$,其中 X_{ij} 为 x_{ij} 的代数余子式. 因此有

$\frac{\partial}{\partial x_{ij}}\det(\boldsymbol{X}) = X_{ij}$，从而

$$\frac{\mathrm{d}}{\mathrm{d}\boldsymbol{X}}\det(\boldsymbol{X}) = \begin{bmatrix} X_{11} & \cdots & X_{1n} \\ \vdots & & \vdots \\ X_{n1} & \cdots & X_{nn} \end{bmatrix} = (\boldsymbol{A}^*)^{\mathrm{T}}$$

式中 $\boldsymbol{A}^*$ 为矩阵 $\boldsymbol{A}$ 的伴随矩阵.

【例 3-9】 设 $\boldsymbol{A} \in \mathbf{R}^{n\times n}, \boldsymbol{B} \in \mathbf{R}^{m\times n}, \boldsymbol{X} \in \mathbf{R}^{n\times m}$，证明：

(1) $\frac{\mathrm{d}}{\mathrm{d}\boldsymbol{X}}\mathrm{tr}(\boldsymbol{BX}) = \frac{\mathrm{d}}{\mathrm{d}\boldsymbol{X}}\mathrm{tr}(\boldsymbol{X}^{\mathrm{T}}\boldsymbol{B}^{\mathrm{T}}) = \boldsymbol{B}^{\mathrm{T}}$；

(2) $\frac{\mathrm{d}}{\mathrm{d}\boldsymbol{X}}\mathrm{tr}(\boldsymbol{X}^{\mathrm{T}}\boldsymbol{AX}) = (\boldsymbol{A} + \boldsymbol{A}^{\mathrm{T}})\boldsymbol{X}$.

证明　(1) 设 $\boldsymbol{B} = (b_{ij})_{m\times n}, \boldsymbol{X} = (x_{ij})_{n\times m}$，则

$$\mathrm{tr}(\boldsymbol{BX}) = \sum_{i=1}^{m}\sum_{j=1}^{n} b_{ij}x_{ji}$$

从而有

$$\frac{\partial}{\partial x_{ij}}\mathrm{tr}(\boldsymbol{BX}) = b_{ji}$$

由此可得

$$\frac{\mathrm{d}}{\mathrm{d}\boldsymbol{X}}\mathrm{tr}(\boldsymbol{BX}) = \boldsymbol{B}^{\mathrm{T}}$$

同理可得

$$\frac{\mathrm{d}}{\mathrm{d}\boldsymbol{X}}\mathrm{tr}(\boldsymbol{X}^{\mathrm{T}}\boldsymbol{B}^{\mathrm{T}}) = \boldsymbol{B}^{\mathrm{T}}$$

(2) 设 $\boldsymbol{A} = (a_{ij})_{n\times n}, \boldsymbol{X} = (x_{ij})_{n\times m}, \boldsymbol{X} = (\boldsymbol{x}_1, \boldsymbol{x}_2, \cdots, \boldsymbol{x}_m)$，$\boldsymbol{x}_j$ 表示 $\boldsymbol{X}$ 的第 j 列，$\boldsymbol{e}_j$ 表示第 j 个元素为 1，其他元素为 0 的 m 元列向量，那么 $\boldsymbol{X}^{\mathrm{T}}\boldsymbol{AX}$ 的第 j 个对角元可表示为

$$\boldsymbol{e}_j^{\mathrm{T}}\boldsymbol{X}^{\mathrm{T}}\boldsymbol{AX}\boldsymbol{e}_j = (\boldsymbol{X}\boldsymbol{e}_j)^{\mathrm{T}}\boldsymbol{A}(\boldsymbol{X}\boldsymbol{e}_j) = \boldsymbol{x}_j^{\mathrm{T}}\boldsymbol{A}\boldsymbol{x}_j$$

因此

$$\mathrm{tr}(\boldsymbol{X}^{\mathrm{T}}\boldsymbol{AX}) = \sum_{j=1}^{m}(\boldsymbol{x}_j^{\mathrm{T}}\boldsymbol{A}\boldsymbol{x}_j)$$

进而有

$$\frac{\partial}{\partial \boldsymbol{x}_j}\mathrm{tr}(\boldsymbol{X}^{\mathrm{T}}\boldsymbol{AX}) = \frac{\partial}{\partial \boldsymbol{x}_j}\boldsymbol{x}_j^{\mathrm{T}}\boldsymbol{A}\boldsymbol{x}_j = (\boldsymbol{A} + \boldsymbol{A}^{\mathrm{T}})\boldsymbol{x}_j$$

所以

$$\frac{\mathrm{d}}{\mathrm{d}\boldsymbol{X}}\mathrm{tr}(\boldsymbol{X}^{\mathrm{T}}\boldsymbol{AX}) = (\boldsymbol{A} + \boldsymbol{A}^{\mathrm{T}})\boldsymbol{X}$$

习题 3

1. 选择、填空和判断正误题

(1) 设 $\|\boldsymbol{A}\| < 1$，则矩阵幂级数 $\sum_{k=1}^{\infty} k^2\boldsymbol{A}^k$(　　).

A. 发散　　B. 收敛但不绝对收敛

C. 绝对收敛　　D. 无法判定敛散性

(2) 设 $\boldsymbol{A}=\begin{pmatrix}0 & 0\\1 & 0\end{pmatrix}$,则 $\mathrm{e}^{\boldsymbol{A}}=($　　$)$.

A. $\begin{pmatrix}1 & 0\\1 & 1\end{pmatrix}$　　B. $\begin{pmatrix}1 & 1\\0 & 1\end{pmatrix}$　　C. $\begin{bmatrix}\mathrm{e}^{-1} & 0\\\mathrm{e}^{-1} & \mathrm{e}^{-1}\end{bmatrix}$

(3) 当 $\rho(\boldsymbol{A})$________时,矩阵幂级数 $\sum\limits_{k=0}^{\infty}2^k\boldsymbol{A}^k$ 绝对收敛.

(4) $\boldsymbol{A}=\begin{bmatrix}a & 10\\0 & \dfrac{1}{2}\end{bmatrix}$,要使 $\lim\limits_{k\to\infty}\boldsymbol{A}^k=\boldsymbol{0}$,$a$ 应满足________.

(5) 设 n 阶矩阵 $\boldsymbol{A}$ 不可逆,则 $\cos\boldsymbol{A}$ 亦不可逆.(　　)

(6) 设 $\boldsymbol{A}$ 是 n 阶 Householder 矩阵,则 $\cos(2\pi\boldsymbol{A})=$________.

(7) 设 n 阶矩阵 $\boldsymbol{A}$ 可逆,则 $\int_0^1\mathrm{e}^{\boldsymbol{A}t}\,\mathrm{d}t=$ ________.

2. 判断对下列矩阵是否有 $\lim\limits_{k\to\infty}\boldsymbol{A}^k=\boldsymbol{0}$.

(1) $\boldsymbol{A}=\dfrac{1}{6}\begin{pmatrix}1 & -8\\-2 & 1\end{pmatrix}$;　　(2) $\boldsymbol{A}=\begin{bmatrix}0.2 & 0.1 & 0.2\\0.5 & 0.5 & 0.4\\0.1 & 0.3 & 0.2\end{bmatrix}$.

3. 设 $\boldsymbol{A}=\begin{pmatrix}0.8 & 0\\0.4 & 0.5\end{pmatrix}$,证明:$\sum\limits_{k=0}^{\infty}\boldsymbol{A}^k$ 必收敛,并求 $\sum\limits_{k=0}^{\infty}\boldsymbol{A}^k$.

4. 设 $\boldsymbol{A}=\boldsymbol{x}\boldsymbol{x}^{\mathrm{H}}$,其中 $\boldsymbol{x}\in\mathbf{C}^n$ 且 $\boldsymbol{x}\neq\boldsymbol{0}$,判断矩阵序列 $\left\{\left(\dfrac{\boldsymbol{A}}{\rho(\boldsymbol{A})}\right)^k\right\}_{k=1}^{\infty}$ 的敛散性.

5. 证明:$\rho(\boldsymbol{A})<1$ 时,$\sum\limits_{k=1}^{\infty}k\boldsymbol{A}^k=\boldsymbol{A}(\boldsymbol{I}-\boldsymbol{A})^{-2}$.

6. 证明:

(1) $\det(\mathrm{e}^{\boldsymbol{A}})=\mathrm{e}^{\mathrm{tr}\,\boldsymbol{A}}$;　(2) $(\mathrm{e}^{\boldsymbol{A}})^{-1}=\mathrm{e}^{-\boldsymbol{A}}$;　(3) $\|\mathrm{e}^{\boldsymbol{A}}\|\leqslant\mathrm{e}^{\|\boldsymbol{A}\|}$;

(4) 若 $\boldsymbol{A}$ 为 Hermite 矩阵,则 $\mathrm{e}^{\mathrm{i}\boldsymbol{A}}$ 是酉矩阵;(5) 若 $\boldsymbol{A}$ 为实反对称矩阵,则 $\mathrm{e}^{\boldsymbol{A}}$ 是正交矩阵,其中 $\mathrm{tr}\,\boldsymbol{A}$ 表示 n 阶方阵 $\boldsymbol{A}$ 的迹.

7. 证明:$f(\boldsymbol{A}^{\mathrm{T}})=[f(\boldsymbol{A})]^{\mathrm{T}}$,利用结果计算 $\mathrm{e}^{\boldsymbol{A}t}$,$\sin\boldsymbol{A}t$,其中 $\boldsymbol{A}=\begin{bmatrix}1 & 0 & 0 & 0\\1 & 1 & 0 & 0\\0 & 1 & 1 & 0\\0 & 0 & 1 & 1\end{bmatrix}$.

8. 已知 $\boldsymbol{A}=\begin{bmatrix}2 & 1 & 0 & 0 & 0\\0 & 2 & 0 & 0 & 0\\0 & 0 & 3 & 1 & 0\\0 & 0 & 0 & 3 & 1\\0 & 0 & 0 & 0 & 3\end{bmatrix}$,$f(z)=6z^3+z+4$,求 $f(\boldsymbol{A})$.

9. 已知 $\boldsymbol{A}=\begin{pmatrix}2&2&1\\1&3&1\\1&1&3\end{pmatrix}$，$\boldsymbol{B}=\begin{pmatrix}2&0&0&0\\0&2&1&0\\0&0&2&1\\0&0&0&2\end{pmatrix}$，试求：$\cos\boldsymbol{A}$，$\mathrm{e}^{\boldsymbol{B}t}$.

10. 试用有限待定系数法计算第 9 题.

11. 证明：$\sin^2\boldsymbol{A}+\cos^2\boldsymbol{A}=\boldsymbol{I}_n$，其中 $\boldsymbol{A}$ 为 n 阶方阵.

12. 已知 $\boldsymbol{A}\in\mathbf{R}^{m\times n}$，$\boldsymbol{b}\in\mathbf{R}^{m}$. 对于矛盾方程组 $\boldsymbol{A}\boldsymbol{x}=\boldsymbol{b}$，使得 $f(\boldsymbol{x})=\|\boldsymbol{A}\boldsymbol{x}-\boldsymbol{b}\|_2^2$ 为最小的向量 $\boldsymbol{x}^{(0)}$ 称为最小二乘解. 导出最小二乘解所满足的方程组.

13. 设 $\boldsymbol{A}(x)=\begin{pmatrix}x&\sin\pi x\\1&-x\end{pmatrix}$，求 $\int_0^1\boldsymbol{A}(x)\mathrm{d}x$.

14. 设 $\boldsymbol{A}(x)=\begin{pmatrix}\sin x&-\cos x\\\cos x&\sin x\end{pmatrix}$，求 $\dfrac{\mathrm{d}\int_0^{t^2}\boldsymbol{A}(x)\mathrm{d}x}{\mathrm{d}t}$.

15. 求微分方程组 $\begin{cases}\dfrac{\mathrm{d}x_1}{\mathrm{d}t}=2x_1\\\dfrac{\mathrm{d}x_2}{\mathrm{d}t}=x_1+x_2+x_3\\\dfrac{\mathrm{d}x_3}{\mathrm{d}t}=x_1-x_2+3x_3\end{cases}$，满足初始条件 $\boldsymbol{X}(0)=(1,1,1)^{\mathrm{T}}$ 的解.

16. 求微分方程组 $\begin{cases}\dfrac{\mathrm{d}x_1}{\mathrm{d}t}=-2x_1+x_2+1\\\dfrac{\mathrm{d}x_2}{\mathrm{d}t}=-4x_1+2x_2+2\\\dfrac{\mathrm{d}x_3}{\mathrm{d}t}=x_1+x_3+\mathrm{e}^t-1\end{cases}$，满足初始条件 $\boldsymbol{X}(0)=(1,1,-1)^{\mathrm{T}}$ 的解.

第4章 逐次逼近法

基本要求

(1)掌握求解线性方程组的迭代法的求解过程.
(2)掌握迭代法的收敛性判断法则并会应用.
(3)掌握 Jacobi 迭代法和 Gauss-Seidel 迭代法的分量形式和矩阵形式.
(4)掌握非线性方程的迭代解法的求解格式、收敛性判断、收敛阶的概念以及如何判断.
(5)掌握 Newton 迭代法及其各种变形形式.
(6)了解多根区间上的逐次逼近法.
(7)了解求解矩阵特征值问题的幂法和反幂法.
(8)了解迭代法加速的一些基本技巧,包括松弛法和 Aitken 加速.
(9)掌握求解线性方程组的共轭梯度法,了解其适用范围.

4.1 内容提要

4.1.1 解线性方程组的迭代法

一、迭代法的一般理论

设线性方程组 $\boldsymbol{A}\boldsymbol{x}=\boldsymbol{b}$,其中 $\boldsymbol{A}\in\mathbf{R}^{n\times n}$,$\boldsymbol{b}\in\mathbf{R}^n$,$\boldsymbol{x}\in\mathbf{R}^n$,可写成等价的形式 $\boldsymbol{x}=\boldsymbol{B}\boldsymbol{x}+\boldsymbol{f}$,其中 $\boldsymbol{B}\in\mathbf{R}^{n\times n}$,$\boldsymbol{f}\in\mathbf{R}^n$,$\boldsymbol{x}\in\mathbf{R}^n$. 由此可构造出解线性方程组的迭代法

$$\boldsymbol{x}^{(k+1)}=\boldsymbol{B}\boldsymbol{x}^{(k)}+\boldsymbol{f},\quad k=0,1,2,\cdots$$

矩阵 $\boldsymbol{B}$ 称为**迭代矩阵**.

若对任意 $\boldsymbol{x}^{(0)}$ 都有

$$\lim_{k\to\infty}\boldsymbol{x}^{(k)}=\boldsymbol{x}^*，即\lim_{k\to\infty}x_i^{(k)}=x_i^*,\quad i=1,2,\cdots,n$$

其中 $\boldsymbol{x}^{(k)}=(x_1^{(k)},x_2^{(k)},\cdots,x_n^{(k)})^{\mathrm{T}}$，$\boldsymbol{x}^*=(x_1^*,x_2^*,\cdots,x_n^*)^{\mathrm{T}}$，则称该**迭代法收敛**，否则称**迭代法发散**. 若迭代法收敛，则一定收敛到方程组 $\boldsymbol{x}=\boldsymbol{Bx}+\boldsymbol{f}$ 的解，从而也是 $\boldsymbol{Ax}=\boldsymbol{b}$ 的解. 因此，使用迭代法求解就是求向量序列 $\boldsymbol{x}^{(0)},\boldsymbol{x}^{(1)},\boldsymbol{x}^{(2)},\cdots$的极限向量 $\boldsymbol{x}^*$.

二、迭代法的收敛性及其收敛速度

关于迭代法的收敛性及其收敛速度有以下结论：

(1) 迭代法 $\boldsymbol{x}^{(k+1)}=\boldsymbol{Bx}^{(k)}+\boldsymbol{f}$ 对任意 $\boldsymbol{x}^{(0)}$ 和 $\boldsymbol{f}$ 均收敛的充分必要条件为 $\rho(\boldsymbol{B})<1$.

(2)（充分条件）设 $\boldsymbol{x}^*$ 是方程组 $\boldsymbol{Ax}=\boldsymbol{b}$ 的唯一解，$\|\cdot\|$是一种向量范数，与之相容的算子范数 $\|\boldsymbol{B}\|<1$，则迭代法 $\boldsymbol{x}^{(k+1)}=\boldsymbol{Bx}^{(k)}+\boldsymbol{f}$ 收敛，且有误差估计

$$\|\boldsymbol{x}^{(k)}-\boldsymbol{x}^*\|\leqslant\frac{\|\boldsymbol{B}\|}{1-\|\boldsymbol{B}\|}\|\boldsymbol{x}^{(k)}-\boldsymbol{x}^{(k-1)}\|$$

$$\|\boldsymbol{x}^{(k)}-\boldsymbol{x}^*\|\leqslant\frac{\|\boldsymbol{B}\|^k}{1-\|\boldsymbol{B}\|}\|\boldsymbol{x}^{(1)}-\boldsymbol{x}^{(0)}\|$$

三、Jacobi 迭代法与 Gauss-Seidel 迭代法及其收敛性

设线性方程组的一般形式为

$$\begin{cases}a_{11}x_1+a_{12}x_2+\cdots+a_{1n}x_n=b_1\\ a_{21}x_1+a_{22}x_2+\cdots+a_{2n}x_n=b_2\\ \qquad\vdots\\ a_{n1}x_1+a_{n2}x_2+\cdots+a_{nn}x_n=b_n\end{cases}$$

其中矩阵 $\boldsymbol{A}=(a_{ij})_{n\times n}$ 为非奇异，且 $a_{ii}\neq0(i=1,2,\cdots,n)$. Jacobi 迭代法的分量形式可写为

$$x_i^{(k+1)}=\frac{1}{a_{ii}}\Big(b_i-\sum_{\substack{j=1\\ j\neq i}}^{n}a_{ij}x_j^{(k)}\Big),\quad i=1,2,\cdots,n$$

或

$$\begin{cases}x_i^{(k+1)}=x_i^{(k)}+\Delta x_i\\ \Delta x_i=\dfrac{1}{a_{ii}}\Big(b_i-\sum\limits_{\substack{j=1\\ j\neq i}}^{n}a_{ij}x_j^{(k)}\Big)\end{cases},\quad i=1,2,\cdots,n$$

Gauss-Seidel 迭代法的分量形式可写为

$$x_i^{(k+1)}=\frac{1}{a_{ii}}\Big(b_i-\sum_{j=1}^{i-1}a_{ij}x_j^{(k+1)}-\sum_{j=i+1}^{n}a_{ij}x_j^{(k)}\Big),\quad k=0,1,2,\cdots;i=1,2,\cdots,n$$

若将上述线性方程的系数矩阵记为 $\boldsymbol{A}=(a_{ij})_{n\times n}$，可将 $\boldsymbol{A}$ 分解为 $\boldsymbol{A}=\boldsymbol{D}-\boldsymbol{L}-\boldsymbol{U}$，其中

$$\boldsymbol{D}=\mathrm{diag}(a_{11},a_{22},\cdots,a_{nn})$$

$$\boldsymbol{L}=\begin{pmatrix}0&&&&&\\ -a_{21}&0&&&\boldsymbol{0}&\\ \vdots&\ddots&\ddots&&&\\ -a_{j1}&\cdots&-a_{j,j-1}&0&&\\ \vdots&&\vdots&\ddots&\ddots&\\ -a_{n1}&\cdots&-a_{n,j-1}&\cdots&-a_{n,n-1}&0\end{pmatrix},\boldsymbol{U}=\begin{pmatrix}0&-a_{12}&\cdots&-a_{1j}&\cdots&-a_{1n}\\ &\ddots&\ddots&\vdots&&\vdots\\ &&0&-a_{j-1,j}&\cdots&-a_{j-1,n}\\ &&&\ddots&\ddots&\vdots\\ &\boldsymbol{0}&&&0&-a_{n-1,n}\\ &&&&&0\end{pmatrix}$$

则解方程组 $\boldsymbol{Ax}=\boldsymbol{b}$ 的 Jacobi 迭代法的矩阵表达形式为

$$\boldsymbol{x}^{(k+1)}=\boldsymbol{B}_{\mathrm{J}}\boldsymbol{x}^{(k)}+\boldsymbol{f},\quad k=0,1,\cdots$$

其中 $\boldsymbol{B}_{\mathrm{J}}=\boldsymbol{D}^{-1}(\boldsymbol{L}+\boldsymbol{U})$（迭代矩阵），$\boldsymbol{f}=\boldsymbol{D}^{-1}\boldsymbol{b}$.

Gauss-Seidel 迭代法（简称 G-S 法）的矩阵表达形式为

$$\boldsymbol{x}^{(k+1)}=\boldsymbol{B}_{\mathrm{G}}\boldsymbol{x}^{(k)}+\boldsymbol{f}_{\mathrm{G}},\quad k=0,1,\cdots$$

其中 $\boldsymbol{B}_{\mathrm{G}}=(\boldsymbol{D}-\boldsymbol{L})^{-1}\boldsymbol{U}$（迭代矩阵），$\boldsymbol{f}_{\mathrm{G}}=(\boldsymbol{D}-\boldsymbol{L})^{-1}\boldsymbol{b}$.

关于这两类迭代法的收敛判断相关结论有：

(1)若线性方程组 $\boldsymbol{Ax}=\boldsymbol{b}$ 中的 $\boldsymbol{A}$ 为严格对角占优矩阵，则 Jacobi 迭代法和 Gauss-Seidel 迭代法均收敛.

(2)若线性方程组 $\boldsymbol{Ax}=\boldsymbol{b}$ 中的 $\boldsymbol{A}$ 为对称正定矩阵，则 Gauss-Seidel 迭代法收敛.

(3)若线性方程组 $\boldsymbol{Ax}=\boldsymbol{b}$ 中的 $\boldsymbol{A}$ 为对称矩阵且 $a_{ii}>0,i=1,2,\cdots,n$，则 Jacobi 迭代法收敛的充分必要条件是 $\boldsymbol{A}$ 及 $2\boldsymbol{D}-\boldsymbol{A}$ 均正定，其中 $\boldsymbol{D}=\mathrm{diag}(a_{11},a_{22},\cdots,a_{nn})$.

四、超松弛法（SOR 法）及其收敛性

解线性方程组 $\boldsymbol{Ax}=\boldsymbol{b}$ 的 SOR 法的分量形式的计算公式为

$$x_i^{(k+1)}=(1-\omega)x_i^{(k)}+\frac{\omega}{a_{ii}}\Big(b_i-\sum_{j=1}^{i-1}a_{ij}x_j^{(k+1)}-\sum_{j=i+1}^{n}a_{ij}x_j^{(k+1)}\Big),\quad k=0,1,2,\cdots,n;i=1,2,\cdots$$

其中 ω 称为**松弛因子**.

SOR 法的收敛速度与 ω 的取值有关，当 $\omega=1$ 时，它就是 Gauss-Seidel 迭代法.

解线性方程组 $\boldsymbol{Ax}=\boldsymbol{b}$ 的 SOR 法的矩阵表达形式为

$$\boldsymbol{x}^{(k+1)}=\boldsymbol{L}_\omega\boldsymbol{x}^{(k)}+\boldsymbol{f}_\omega$$

其中

$$\boldsymbol{L}_\omega=(\boldsymbol{D}-\omega\boldsymbol{L})^{-1}[(1-\omega)\boldsymbol{D}+\omega\boldsymbol{U}],\boldsymbol{f}_\omega=\omega(\boldsymbol{D}-\omega\boldsymbol{L})^{-1}\boldsymbol{b}$$

关于 SOR 法收敛的判别条件有：

(1)SOR 法收敛的必要条件是松弛因子 ω 满足 $0<\omega<2$.

(2)SOR 法收敛的充分必要条件是其迭代矩阵 $\boldsymbol{L}_\omega$ 满足 $\rho(\boldsymbol{L}_\omega)<1$.

(3)若 $\boldsymbol{A}$ 是对称正定矩阵，且满足 $0<\omega<2$，则对任意初始向量 $\boldsymbol{x}^{(0)}$，SOR 法收敛.

4.1.2 非线性方程的迭代解法

一、迭代法的一般理论

设非线性方程 $f(x)=0$，求非线性方程的根是求数 α，使 $f(\alpha)=0$，称 α 为方程 $f(x)=0$的根，或称函数 $f(x)$的零点.

非线性方程的迭代解法首先将方程 $f(x)=0$ 化为一个与它同解的方程 $x=\varphi(x)$，其中 $\varphi(x)$为 x 的连续函数，则迭代过程可写为

$$x_{k+1}=\varphi(x_k),\quad k=0,1,2,\cdots$$

称上式为求解非线性方程的**简单（不动点）迭代法**，$\varphi(x)$ 称为**迭代函数**. 若由迭代格式产生的数列收敛，即$\lim\limits_{k\to\infty}x_k=\alpha$，则称**迭代法收敛**，此时应有 $\alpha=\varphi(\alpha)$成立，这时也称 α 为 $\varphi(x)$ 的**不动点**；若迭代数列不收敛，则称**迭代法发散**.

二、不动点的存在性及迭代法的收敛

设迭代函数 $\varphi(x)$ 满足：

(1)当 $x\in[a,b]$ 时，$a\leqslant\varphi(x)\leqslant b$；

(2)存在正数 $0<L<1$，对任意 $x\in[a,b]$ 均有 $|\varphi'(x)|\leqslant L$，则 $x=\varphi(x)$ 在 $[a,b]$ 上存在唯一根 α，且对任意初始值 $x_0\in[a,b]$，迭代法

$$x_{k+1}=\varphi(x_k),\quad k=0,1,2,\cdots$$

收敛于 α，且：

① $|x_k-\alpha|\leqslant\dfrac{L}{1-L}|x_k-x_{k-1}|$；

② $|x_k-\alpha|\leqslant\dfrac{L^k}{1-L}|x_1-x_0|$.

注：条件(2)可以减弱为：对任意 $x,y\in[a,b]$，存在常数 $L\in(0,1)$，使 $|\varphi(x)-\varphi(y)|\leqslant L|x-y|$.

上面的条件需要在较大区间 $[a,b]$ 上加以验证，实际比较困难，可仅在根附近验证即可. 设迭代函数 $\varphi(x)$ 在区间 $[a,b]$ 上有不动点 α，若存在 α 的一个邻域 $S:|x-\alpha|\leqslant\delta$，若 $\varphi'(x)$ 在 $S:|x-\alpha|\leqslant\delta$ 上连续，且 $|\varphi'(\alpha)|<1$，任取初始值 $x_0\in S$，迭代序列 $\{x_k\}\in S$ 且收敛于 α，则称此迭代法**局部收敛**.

三、迭代法的收敛阶

收敛阶可以用来判断迭代法收敛的快慢. 设迭代格式 $x_{k+1}=\varphi(x_k)$，当 $k\to\infty$ 时，$x_{k+1}\to\alpha$，并记 $e_k=x_k-\alpha$. 若存在实数 $p\geqslant1$ 和 $c>0$ 满足

$$\lim_{k\to\infty}\frac{|e_{k+1}|}{|e_k|^p}=c$$

则称迭代法是 p 阶收敛，c 称为渐近误差常数. 当 $p=1$ 且 $0<c<1$ 时称为线性收敛；当 $p>1$ 时称为超线性收敛；当 $p=2$ 时称为平方收敛；若 $c=0$，则称为超 p 阶收敛.

收敛阶的判断可按下面方法进行.

若 $x=\varphi(x)$ 中的迭代函数 $\varphi(x)$ 在根 α 附近满足：

(1) $\varphi(x)$ 存在 p 阶导数且连续；

(2) $\varphi'(\alpha)=\varphi''(\alpha)=\cdots=\varphi^{(p-1)}(\alpha)=0,\varphi^{(p)}(\alpha)\neq0$.

则迭代法 $x_{k+1}=\varphi(x_k)$ 是 p 阶收敛，且有

$$\lim_{k\to\infty}\frac{|e_{k+1}|}{|e_k|^p}=\frac{|\varphi^{(p)}(\alpha)|}{p!}$$

四、Newton 迭代法及其变形

设方程 $f(x)=0$ 的根为 α，且 $f'(\alpha)\neq0$，则 Newton 迭代法表示如下

$$x_{k+1}=x_k-\frac{f(x_k)}{f'(x_k)},\quad k=0,1,2,\cdots$$

Newton 迭代法至少是平方收敛，且若假定 f 在 $S:|x-\alpha|\leqslant\delta$ 上具有二阶连续导数，则

$$\lim_{k\to\infty}\frac{|e_{k+1}|}{|e_k|^2}=\frac{1}{2}\frac{|f''(\alpha)|}{|f(\alpha)|}$$

在导数不易求时可采用均差替代导数的办法，迭代格式改为

$$x_{k+1}=x_k-\frac{f(x_k)}{f(x_k)-f(x_{k-1})}(x_k-x_{k-1})$$

此方法称为**弦截法**，它的收敛阶为 $p=\frac{1+\sqrt{5}}{2}\approx 1.618$.

若 α 为方程 $f(x)=0$ 的 m 重根，则 Newton 迭代法可改为

$$x_{k+1}=x_k-m\frac{f(x_k)}{f'(x_k)},f'(x_k)\neq 0$$

则由此产生的迭代序列 $\{x_k\}$ 至少二阶收敛.

在使用 Newton 迭代法时，为了防止迭代发散，我们在迭代格式中附加一个条件

$$|f(x_{k+1})|<|f(x_k)|$$

即要求 $|f(x_k)|$ 的值单调下降. Newton 迭代法相应的改为如下格式

$$x_{k+1}=x_k-\lambda\frac{f(x_k)}{f'(x_k)},\quad 0<\lambda\leqslant 1$$

其中 λ 称为**下山因子**，通过调整下山因子使得 $|f(x_{k+1})|<|f(x_k)|$ 成立，这种迭代法称为 **Newton 下山法**. 下山因子的选择一般采用试算法.

五、二分法

在单根区间 $[c,d]$ 上求 $f(x)=0$ 的近似根的二分法的基本思想：

将区间 $[c,d]$ 对分，设对分点(即区间中点)为 $x_0=\frac{1}{2}(c+d)$，计算 $f(x_0)$ 的值，如果 $f(x_0)$ 与 $f(c)$ 同号，说明方程的根 α 在 x_0 的右侧，此时令 $x_0=c_1,d=d_1$，否则令 $c=c_1$，$x_0=d_1$. 不管是哪种情况，新的有根区间为 $[c_1,d_1]$，其长度为原来区间 $[c,d]$ 的一半. 用同样方法可将有根区间的长度再压缩一半. 如此继续下去，得到区间套

$$[c,d]\supset[c_1,d_1]\supset\cdots\supset[c_n,d_n]$$

且可使有根区间为 $[c_n,d_n]$，其长度为

$$d_n-c_n=\frac{1}{2^n}(d-c)$$

只要 n 足够大，有根区间 $[c_n,d_n]$ 的长度就足够小，当 d_n-c_n 达到根的精度要求时，取

$$x_n=\frac{1}{2}(d_n+c_n)$$

就可作为根 α 的近似值. 这种搜索根的方法称为**二分法**.

如果发现用二分法求根的过程中，有根区间趋于零的速度较慢，此时，可以从某个区间 $[c_i,d_i]$ 开始使用其他迭代法求解，将 c_i 或 d_i 作为迭代法的初始值.

4.1.3 计算矩阵特征问题的幂法

若矩阵 $\boldsymbol{A}$ 具有 n 个线性无关的特征向量

$$\boldsymbol{x}^{(1)},\boldsymbol{x}^{(2)},\cdots,\boldsymbol{x}^{(n)}$$

且对应的特征值满足 $|\lambda_1|>|\lambda_2|\geqslant|\lambda_3|\geqslant\cdots\geqslant|\lambda_n|$，则矩阵 $\boldsymbol{A}$ 绝对值最大的特征值称为**主特征值**. 求主特征值可采用幂法迭代得到，具体算法如下：

(1)取$\boldsymbol{v}^{(0)}\neq\boldsymbol{0}$且$\alpha_1\neq 0$,并令$\boldsymbol{u}^{(0)}=\boldsymbol{v}^{(0)}$;

$$(2)\begin{cases}\boldsymbol{v}^{(k)}=\boldsymbol{A}\boldsymbol{u}^{(k-1)}=\dfrac{\boldsymbol{A}^k\boldsymbol{v}^{(0)}}{\max(\boldsymbol{A}^{k-1}\boldsymbol{v}^{(0)})}\\ \boldsymbol{u}^{(k)}=\dfrac{\boldsymbol{v}^{(k)}}{\max(\boldsymbol{v}^{(k)})}=\dfrac{\boldsymbol{A}^k\boldsymbol{v}^{(0)}}{\max(\boldsymbol{A}^k\boldsymbol{v}^{(0)})}\end{cases},\quad k=1,2,\cdots$$

当k足够大时,$\boldsymbol{u}^{(k)}\approx\dfrac{\boldsymbol{x}^{(1)}}{\max(\boldsymbol{x}^{(1)})}$为主特征值对应的特征向量的近似向量. $\max(\boldsymbol{v}^{(k)})\approx\lambda_1$为主特征值的近似值.

$\boldsymbol{A}$的绝对值最小的特征值的倒数为$\boldsymbol{A}^{-1}$的主特征值. 因此,我们可以对$\boldsymbol{A}^{-1}$用幂法求$\boldsymbol{A}$的绝对值最小的特征值,简称最小特征值,此方法称为**反幂法**. 直接套用幂法需要求$\boldsymbol{A}^{-1}$,为了避免求$\boldsymbol{A}^{-1}$,可以采用解线性方程组的方法. 假设$\boldsymbol{A}$有三角分解$\boldsymbol{A}=\boldsymbol{LU}$,则反幂法可写为:

取初始向量$\boldsymbol{u}^{(0)}\neq\boldsymbol{0}$,且

$$\begin{cases}\boldsymbol{L}\boldsymbol{y}^{(k)}=\boldsymbol{u}^{(k-1)}\\ \boldsymbol{U}\boldsymbol{v}^{(k)}=\boldsymbol{y}^{(k)}\\ \boldsymbol{u}^{(k)}=\dfrac{\boldsymbol{v}^{(k)}}{\max(\boldsymbol{v}^{(k)})}\end{cases},\quad k=1,2,\cdots$$

当非奇异矩阵$\boldsymbol{A}$有n个线性无关的特征向量$\boldsymbol{x}^{(1)},\boldsymbol{x}^{(2)},\cdots,\boldsymbol{x}^{(n)}$,且对应的特征值满足

$$|\lambda_1|\geqslant|\lambda_2|\geqslant\cdots\geqslant|\lambda_{n-1}|>|\lambda_n|>0$$

则对于非零初始向量$\boldsymbol{v}^{(0)}=\boldsymbol{u}^{(0)}\neq\boldsymbol{0}\,(\alpha_n\neq 0)$,由反幂法求出$\boldsymbol{v}^{(k)},\boldsymbol{u}^{(k)}$,当$k$足够大时

$$\boldsymbol{u}^{(k)}\approx\frac{\boldsymbol{x}^{(n)}}{\max(\boldsymbol{x}^{(n)})}$$

$$\lambda_n\approx\frac{1}{\max(\boldsymbol{v}^{(k)})}$$

其中$\dfrac{1}{\max(\boldsymbol{v}^{(k)})}$和$\boldsymbol{v}^{(k)}$分别为$\boldsymbol{A}$的最小特征值和对应的特征向量的计算值.

如果知道矩阵$\boldsymbol{A}$的某个特征值λ_i的近似值p,那么$\dfrac{1}{\lambda_i-p}$是$(\boldsymbol{A}-p\boldsymbol{I})^{-1}$的主特征值. 于是使用反幂法可求出特征值$\lambda_i$,计算格式如下

$$\boldsymbol{A}-p\boldsymbol{I}=\boldsymbol{LU}$$

$$\begin{cases}\boldsymbol{L}\boldsymbol{y}^{(k)}=\boldsymbol{u}^{(k-1)}\\ \boldsymbol{U}\boldsymbol{v}^{(k)}=\boldsymbol{y}^{(k)}\\ \boldsymbol{u}^{(k)}=\dfrac{\boldsymbol{v}^{(k)}}{\max(\boldsymbol{v}^{(k)})}\end{cases},\quad k=1,2,\cdots$$

4.1.4　Aitken 加速法

若数列$x_k\to\alpha$的收敛速度较慢,可采用 Aitken 加速法进行加速. 假设$\{x_k\}$为线性收敛,即

$$\frac{x_k-\alpha}{x_{k+1}-\alpha}\approx c,\quad c\text{ 为常数}$$

这时 Aitken 加速法可写为

$$\bar{x}_k=x_{k+1}-\frac{(x_{k+1}-x_k)^2}{x_{k-1}-2x_k+x_{k+1}}$$

一般加速后的数列收敛速度比原数列快.

若数列是由迭代法 $x_k=\varphi(x_{k-1})$ 给出，且只是线性收敛，甚至不收敛时，可采用 Aitken 加速法进行加速，具体格式如下

$$x_k=\varphi(x_{k-1}),\quad k=1,2,\cdots$$

其中迭代函数为

$$x_{k+1}=\varphi(\varphi(x_k))-\frac{[\varphi(\varphi(x_k))-\varphi(x_k)]^2}{\varphi(\varphi(x_k))-2\varphi(x_k)+x_k}$$

这种加速后的迭代法称为 **Steffensen 迭代法**.

幂法求主特征值也可用 Aitken 加速法，特别是当收敛速度比较慢时.

(1)任取初始向量 $\boldsymbol{v}^{(0)}$；

(2)$\boldsymbol{v}^{(k)}=\boldsymbol{A}^k\boldsymbol{v}^{(0)}/\max(\boldsymbol{A}^{k-1}\boldsymbol{v}^{(0)})$，$k=1,2,\cdots$，且令 $m_k=\max(\boldsymbol{v}^{(k)})$；

(3)Aitken 加速法，即

$$\bar{m}_k=m_{k+2}-\frac{(m_{k+2}-m_{k+1})^2}{m_{k+2}-2m_{k+1}+m_k}$$

4.1.5 共轭梯度法

$\boldsymbol{A}$ 为 n 阶对称正定矩阵，$\boldsymbol{b}\in\mathbf{R}^n$，设二次函数 $\varphi(\boldsymbol{x}):\mathbf{R}^n\to\mathbf{R}$

$$\varphi(\boldsymbol{x})=\frac{1}{2}(\boldsymbol{A}\boldsymbol{x},\boldsymbol{x})-(\boldsymbol{b},\boldsymbol{x})=\frac{1}{2}\sum_{i=1}^{n}\sum_{j=1}^{n}a_{ij}x_ix_j-\sum_{j=1}^{n}b_jx_j$$

则 $\boldsymbol{A}\boldsymbol{x}=\boldsymbol{b}$ 与最小值问题 $\varphi(\boldsymbol{x}^*)=\min\limits_{\boldsymbol{x}\in\mathbf{R}^n}\varphi(\boldsymbol{x})$ 同解，这样解线性方程组问题转化为求最小值问题.

最速下降法求解. 取初始向量 $\boldsymbol{x}_0$

$$\begin{cases}\boldsymbol{r}_k=\boldsymbol{b}-\boldsymbol{A}\boldsymbol{x}_k\\ \alpha_k=\dfrac{(\boldsymbol{r}_k,\boldsymbol{r}_k)}{(\boldsymbol{A}\boldsymbol{r}_k,\boldsymbol{r}_k)}\\ \boldsymbol{x}_{k+1}=\boldsymbol{x}_k+\alpha_k\boldsymbol{r}_k\end{cases}$$

可以证明

$$(\boldsymbol{r}_{k+1},\boldsymbol{r}_k)=0,\quad k=0,1,2,\cdots$$

$$\|\boldsymbol{x}_k-\boldsymbol{x}^*\|_A\leqslant\left(\frac{\lambda_1-\lambda_n}{\lambda_1+\lambda_n}\right)^k\|\boldsymbol{x}_0-\boldsymbol{x}^*\|_A$$

当 λ_1 与 λ_n 相差很大时，$\{\boldsymbol{x}_k\}$ 收敛很慢，而且当 $\|\boldsymbol{r}_k\|$ 很小时，由于舍入误差的影响，计

算将出现不稳定现象，所以在实际计算中很少使用最速下降法.

共轭梯度法(简称 CG 法)求解.

(1)任取 $\boldsymbol{x}_0 \in \mathbf{R}^n$；

(2)$\boldsymbol{r}_0 = \boldsymbol{b} - \boldsymbol{A}\boldsymbol{x}_0$，取 $\boldsymbol{p}_0 = \boldsymbol{r}_0$；

(3)对 $k=0,1,\cdots$，有

$$\alpha_k = \frac{(\boldsymbol{r}_k, \boldsymbol{r}_k)}{(\boldsymbol{p}_k, \boldsymbol{A}\boldsymbol{p}_k)}$$

$$\boldsymbol{x}_{k+1} = \boldsymbol{x}_k + \alpha_k \boldsymbol{p}_k$$

$$\boldsymbol{r}_{k+1} = \boldsymbol{r}_k - \alpha_k \boldsymbol{A}\boldsymbol{p}_k$$

$$\beta_k = \frac{(\boldsymbol{r}_{k+1}, \boldsymbol{r}_{k+1})}{(\boldsymbol{r}_k, \boldsymbol{r}_k)}$$

$$\boldsymbol{p}_{k+1} = \boldsymbol{r}_{k+1} + \beta_k \boldsymbol{p}_k$$

在计算过程中若有 $\boldsymbol{r}_k = \boldsymbol{0}$ 或 $(\boldsymbol{p}_k, \boldsymbol{A}\boldsymbol{p}_k) = 0$ 时计算终止，即有 $\boldsymbol{x}_k = \boldsymbol{x}^*$.

4.2　思考题及解答

1. 对于迭代格式 $\boldsymbol{x}^{(k+1)} = \boldsymbol{B}\boldsymbol{x}^{(k)}$，请给出两种收敛的判别条件.

答：(1)$\rho(\boldsymbol{B}) < 1$；(2)存在某种矩阵范数使得 $\|\boldsymbol{B}\| < 1$.

2. Newton 迭代法的收敛阶为 2，是否正确？

答：不正确. 当 α 为单根时，Newton 迭代法至少是平方收敛，但收敛阶也可能大于 2. 当 α 为重根时，通常为线性收敛，需要对 Newton 迭代法加以修正.

3. 幂法及反幂法，收敛速度取决于哪些因素？

答：幂法的收敛速度取决于最大(按模计算，以下相同)特征值和第二大特征值的比值大小，比值越大，收敛越快. 反幂法的收敛速度取决于最小特征值和第二小特征值的比值大小，比值越大，收敛越快.

4. 为什么共轭梯度法又称为迭代法？

答：理论上，共轭梯度法可在 n 步(n 为未知数的个数)之内得到精确解，但由于舍入误差的存在，很难得到精确解，另外从实际计算的角度来说，并不需要得到精确解，只需要得到一定精度范围内的近似解即可，实际并不需要迭代 n 次(对于大规模计算问题，n 通常比较大，也很难迭代那么多次数).

5. 求解线性方程组的迭代法，收敛性与初值有关，是否正确？

答：不正确. 线性方程组的迭代解法是否收敛与初值的选择无关.

6. 求解非线性方程的迭代法，收敛性与初值有关，是否正确？

答：正确. 非线性方程的迭代解法是否收敛与初值的选择有关，依赖于初值的选择，因

此在使用迭代法求解非线性方程时需要仔细的选择初值,有时可借助其他手段辅助,例如可选用二分法选择初值.

4.3 经典例题分析

【例 4-1】 给定线性方程组

$$\begin{cases}10x_1-x_2+2x_3=6\\2x_1-x_2+10x_3-x_4=-11\\-x_1+11x_2-2x_3+3x_4=25\\3x_2-x_3+8x_4=15\end{cases}$$

(1)如何对上述线性方程组进行调整,使得用 Jacobi 迭代法和 Gauss-Seidel 迭代法均收敛;

(2)写出 Jacobi 迭代法的分量形式的计算公式,取初始值 $\boldsymbol{x}^{(0)}=(0,0,0,0)^{\mathrm{T}}$,迭代终止条件为

$$\frac{\|\boldsymbol{x}^{(k+1)}-\boldsymbol{x}^{(k)}\|}{\|\boldsymbol{x}^{(k+1)}\|}<10^{-3}$$

(3)写出 Gauss-Seidel 迭代法的分量形式的计算公式,并取与(2)相同的初始值 $\boldsymbol{x}^{(0)}$ 和迭代终止条件进行计算.

分析 Jacobi 迭代法和 Gauss-Seidel 迭代法的收敛条件不止一个,一般总是先考虑比较方便的充分条件.观察方程组的系数可以发现,有几个系数的绝对值相对较大,这使得我们可能调整方程组中各方程的次序后就使方程组的系数矩阵化为严格对角占优.而经过行变换后的方程组的解不变.在判定迭代法收敛的前提下,接下来只是进行常规计算即可.

解 (1)将第二个方程与第三个方程对调使上述方程组的系数矩阵为严格对角占优,这样用 Jacobi 迭代法和 Gauss-Seidel 迭代法解上述线性方程组均收敛.

(2)对调后的方程组的 Jacobi 迭代法的分量形式的计算公式

$$\begin{cases}x_1^{(k+1)}=\dfrac{1}{10}x_2^{(k)}-\dfrac{1}{5}x_3^{(k)}+\dfrac{3}{5}\\[2mm]x_2^{(k+1)}=\dfrac{1}{11}x_1^{(k)}+\dfrac{2}{11}x_3^{(k)}-\dfrac{3}{11}x_4^{(k)}+\dfrac{25}{11}\\[2mm]x_3^{(k+1)}=-\dfrac{1}{5}x_1^{(k)}+\dfrac{1}{10}x_2^{(k)}+\dfrac{1}{10}x_4^{(k)}-\dfrac{11}{10}\\[2mm]x_4^{(k+1)}=-\dfrac{3}{8}x_2^{(k)}+\dfrac{1}{8}x_3^{(k)}+\dfrac{15}{8}\end{cases}$$

取初始值 $\boldsymbol{x}^{(0)}=(0,0,0,0)^{\mathrm{T}}$,Jacobi 迭代法各次迭代的数值结果见表 4-1.

表 4-1　Jacobi 迭代法各次迭代的数值结果

k	$x_1^{(k)}$	$x_2^{(k)}$	$x_3^{(k)}$	$x_4^{(k)}$
1	0.600 0	2.272 7	−1.100 0	1.875 0
2	1.047 3	1.615 9	−0.805 2	0.885 2
3	0.922 6	1.980 1	−1.059 3	1.168 4
4	1.009 9	1.845 3	−0.969 7	1.000 0
5	0.978 5	1.915 5	−1.017 4	1.061 8
6	0.995 0	1.887 1	−0.998 0	1.029 5
7	0.988 3	1.901 0	−1.007 3	1.042 6
8	0.991 6	1.895 1	−1.003 3	1.036 2
9	0.990 2	1.897 8	−1.005 2	1.038 9
10	0.990 8	1.896 6	−1.004 4	1.037 7

显然

$$\frac{\|\boldsymbol{x}^{(10)}-\boldsymbol{x}^{(9)}\|_\infty}{\|\boldsymbol{x}^{(10)}\|_\infty}=\frac{0.001\,3}{1.896\,6}<10^{-3}$$

(3)对调后的方程组的 Gauss-Seidel 迭代法的分量形式的计算公式

$$\begin{cases}x_1^{(k+1)}=\frac{1}{10}x_2^{(k)}-\frac{1}{5}x_3^{(k)}+\frac{3}{5}\\x_2^{(k+1)}=\frac{1}{11}x_1^{(k+1)}+\frac{2}{11}x_3^{(k)}-\frac{3}{11}x_4^{(k)}+\frac{25}{11}\\x_3^{(k+1)}=-\frac{1}{5}x_1^{(k+1)}+\frac{1}{10}x_2^{(k+1)}+\frac{1}{10}x_4^{(k)}-\frac{11}{10}\\x_4^{(k+1)}=-\frac{3}{8}x_2^{(k+1)}+\frac{1}{8}x_3^{(k+1)}+\frac{15}{8}\end{cases}$$

取初始值 $\boldsymbol{x}^{(0)}=(0,0,0,0)^{\mathrm T}$，Gauss-Seidel 迭代法各次迭代的数值结果见表 4-2.

表 4-2　Gauss-Seidel 迭代法各次迭代的数值结果

k	$x_1^{(k)}$	$x_2^{(k)}$	$x_3^{(k)}$	$x_4^{(k)}$
1	0.600 0	2.327 3	−0.987 3	0.878 9
2	1.030 2	1.947 2	−1.023 4	1.016 9
3	0.999 4	1.900 2	−1.008 2	1.036 4
4	0.991 7	1.896 9	−1.005 0	1.038 0
5	0.990 7	1.897 0	−1.004 6	1.038 1

显然

$$\frac{\|\boldsymbol{x}^{(5)}-\boldsymbol{x}^{(4)}\|_\infty}{\|\boldsymbol{x}^{(5)}\|_\infty}=\frac{9.615\,5\times10^{-4}}{1.897\,0}<10^{-3}$$

【例 4-2】 请解释 Gauss-Seidel 迭代矩阵为奇异矩阵.

分析　只需指出 Gauss-Seidel 迭代矩阵至少有一个零特征值.

解　注意 Gauss-Seidel 迭代矩阵 $\boldsymbol{B}_G$ 的特征值 λ 应满足

$$\det[\lambda\boldsymbol{I}-(\boldsymbol{D}-\boldsymbol{L})^{-1}\boldsymbol{U}]=\det(\boldsymbol{D}-\boldsymbol{L})^{-1}\cdot\det[\lambda(\boldsymbol{D}-\boldsymbol{L})-\boldsymbol{U}]=0$$

而显然，$\det(\boldsymbol{D}-\boldsymbol{L})^{-1}\neq0$，今设

$$\boldsymbol{C}(\lambda)=\lambda(\boldsymbol{D}-\boldsymbol{L})-\boldsymbol{U}=\begin{pmatrix}\lambda a_{11} & a_{12} & \cdots & a_{1n}\\\lambda a_{21} & \lambda a_{22} & \cdots & a_{2n}\\\vdots & \vdots & & \vdots\\\lambda a_{n1} & \lambda a_{n2} & \cdots & \lambda a_{nn}\end{pmatrix}$$

则有 $\det[\boldsymbol{C}(\lambda)]=\det[\lambda(\boldsymbol{D}-\boldsymbol{L})-\boldsymbol{U}]=0$，这说明 $\boldsymbol{C}(\lambda)$ 为奇异矩阵. 又显然有

$$\det[\boldsymbol{C}(0)]=\det[0(\boldsymbol{D}-\boldsymbol{L})-\boldsymbol{U}]=\det(-\boldsymbol{U})=0$$

即至少存在有一个 λ 为零.

【例 4-3】 设线性方程组

$$\begin{cases}x_1+2x_2-2x_3=1\\x_1+x_2+x_3=3\\2x_1+2x_2+x_3=5\end{cases}$$

问使用 Jacobi 迭代法和 Gauss-Seidel 迭代法求解是否收敛？

解 (1)Jacobi 迭代法的迭代矩阵 $\boldsymbol{B}_{\mathrm{J}}$ 为

$$\boldsymbol{B}_{\mathrm{J}}=\boldsymbol{D}^{-1}(\boldsymbol{L}+\boldsymbol{U})=\begin{pmatrix}0&-2&2\\-1&0&-1\\-2&-2&0\end{pmatrix}$$

则

$$\det(\lambda\boldsymbol{I}-\boldsymbol{B}_{\mathrm{J}})=\begin{vmatrix}\lambda&2&-2\\1&\lambda&1\\2&2&\lambda\end{vmatrix}=\lambda^3=0$$

即 $\rho(\boldsymbol{B}_{\mathrm{J}})=0<1$，故 Jacobi 迭代法收敛.

(2)Gauss-Seidel 迭代法的迭代矩阵 $\boldsymbol{B}_{\mathrm{G}}$ 的特征值应满足如下特征方程

$$\det[\lambda(\boldsymbol{D}-\boldsymbol{L})-\boldsymbol{U}]=\begin{vmatrix}\lambda&2&-2\\\lambda&\lambda&1\\2\lambda&2\lambda&\lambda\end{vmatrix}=\lambda^3-4\lambda^2+4\lambda=\lambda(\lambda-2)^2=0$$

得 $\rho(\boldsymbol{B}_{\mathrm{G}})=\lambda_{\max}=2>1$，故 Gauss-Seidel 迭代法发散.

【例 4-4】 设线性方程组 $\boldsymbol{Ax}=\boldsymbol{b}$，其中

$$\boldsymbol{A}=\begin{pmatrix}3&0&-2\\0&2&1\\-2&1&2\end{pmatrix}$$

讨论 Jacobi 迭代法和 Gauss-Seidel 迭代法求解上述方程组的敛散性，若均收敛，则比较收敛速度.

解 (1)Jacobi 迭代法的迭代矩阵 $\boldsymbol{B}_{\mathrm{J}}$ 为

$$\boldsymbol{B}_{\mathrm{J}}=\boldsymbol{D}^{-1}(\boldsymbol{L}+\boldsymbol{U})=\begin{pmatrix}0&0&\frac{2}{3}\\0&0&-\frac{1}{2}\\1&-\frac{1}{2}&0\end{pmatrix}$$

则

$$\det(\lambda \boldsymbol{I}-\boldsymbol{B}_J)=\begin{vmatrix} \lambda & 0 & -\frac{2}{3} \\ 0 & \lambda & \frac{1}{2} \\ -1 & \frac{1}{2} & \lambda \end{vmatrix}=\lambda^3-\frac{2}{3}\lambda-\frac{1}{4}\lambda=\lambda\left(\lambda^2-\frac{11}{12}\right)=0$$

即 $\rho(\boldsymbol{B}_J)=\sqrt{\frac{11}{12}}=0.957\ 4<1$，故 Jacobi 迭代法收敛.

(2)Gauss-Seidel 迭代法的迭代矩阵 $\boldsymbol{B}_G$ 的特征值应满足如下特征方程

$$\det[\lambda(\boldsymbol{D}-\boldsymbol{L})-\boldsymbol{U}]=\begin{vmatrix} 3\lambda & 0 & -2 \\ 0 & 2\lambda & 1 \\ -2\lambda & \lambda & 2\lambda \end{vmatrix}=12\lambda^3+8\lambda^2-3\lambda^2=\lambda^2(12\lambda-11)^2=0$$

得 $\rho(\boldsymbol{B}_G)=\frac{11}{12}=0.916\ 7<1$，故 Gauss-Seidel 迭代法收敛. 而

$$\rho(\boldsymbol{B}_G)=\frac{11}{12}=0.916\ 7<\rho(\boldsymbol{B}_J)=\sqrt{\frac{11}{12}}=0.957\ 4<1$$

因此 Gauss-Seidel 迭代法收敛得快.

【例 4-5】 设

$$\begin{cases} 4x_1-x_2=1 \\ -x_1+4x_2-x_3=4 \\ -x_2+4x_3=-3 \end{cases}$$

问使用 Jacobi 迭代法和 Gauss-Seidel 迭代法求解是否收敛？

解　(1)$\det(\lambda \boldsymbol{I}-\boldsymbol{B}_J)=\begin{vmatrix} \lambda & -\frac{1}{4} & 0 \\ -\frac{1}{4} & \lambda & -\frac{1}{4} \\ 0 & -\frac{1}{4} & \lambda \end{vmatrix}=\lambda^3-\frac{1}{8}\lambda=0$

得 $\rho(\boldsymbol{B}_J)=\sqrt{\frac{1}{8}}<1$.

(2)$\det(\lambda \boldsymbol{I}-\boldsymbol{B}_G)=\begin{vmatrix} 4\lambda & -1 & 0 \\ -\lambda & 4\lambda & -1 \\ 0 & -\lambda & 4\lambda \end{vmatrix}=64\lambda^3-8\lambda^2=8\lambda^2(8\lambda-1)=0$

得 $\rho(\boldsymbol{B}_G)=\frac{1}{8}<1$.

因此两种迭代法求解该方程组均收敛.

【例 4-6】 对迭代格式

$$\boldsymbol{x}^{(k+1)}=\boldsymbol{B}\boldsymbol{x}^{(k)}+\boldsymbol{f},\quad k=0,1,2,\cdots$$

求证：若迭代矩阵 $\boldsymbol{B}$ 的谱半径 $\rho(\boldsymbol{B})=0$，则对任一初始向量 $\boldsymbol{x}^{(0)}$，$\boldsymbol{x}^{(n)}$ 一定是方程组 $\boldsymbol{x}=\boldsymbol{B}\boldsymbol{x}+\boldsymbol{f}$ 的解，其中 n 为矩阵 $\boldsymbol{B}$ 的阶数.

分析 由于$\rho(\boldsymbol{B})=0<1$，迭代法收敛，并且我们还知道，其收敛的快慢与$\rho(\boldsymbol{B})$的大小有关，$\rho(\boldsymbol{B})$越小收敛越快，$\rho(\boldsymbol{B})=0$时已经达到最小值，故收敛应最快. 但是快到何种程度呢？本题说明$\rho(\boldsymbol{B})=0$时，迭代法仅需经过有限步（n步）就可得到精确解.

证明 由于$\rho(\boldsymbol{B})=0$，所以矩阵$\boldsymbol{B}$的特征值全为零，进一步可得知其特征多项式$\varphi(\lambda)=\lambda^n$. 根据 Hamilton-Cayley 定理可知

$$\varphi(\boldsymbol{B})=\boldsymbol{B}^n=0$$

设$\boldsymbol{x}^*$为方程组的精确解，则有

$$\boldsymbol{x}^*=\boldsymbol{B}\boldsymbol{x}^*+\boldsymbol{f}$$

把上式与迭代格式作差可得

$$\boldsymbol{x}^{(k+1)}-\boldsymbol{x}^*=\boldsymbol{B}(\boldsymbol{x}^{(k)}-\boldsymbol{x}^*)=\boldsymbol{B}^{k+1}(\boldsymbol{x}^{(0)}-\boldsymbol{x}^*)$$

特别地

$$\boldsymbol{x}^{(n)}-\boldsymbol{x}^*=\boldsymbol{B}^n(\boldsymbol{x}^{(0)}-\boldsymbol{x}^*)=0$$

因此$\boldsymbol{x}^{(n)}=\boldsymbol{x}^*$.

【例 4-7】 如果$\boldsymbol{A}$的对角元非零，SOR 法收敛的必要条件是$0<\omega<2$.

分析 利用 SOR 法收敛的充分必要条件得到含有ω的不等式，从而解出ω的取值范围.

证明 SOR 法的迭代矩阵为

$$\boldsymbol{L}_\omega=(\boldsymbol{D}-\omega\boldsymbol{L})^{-1}[(1-\omega)\boldsymbol{D}+\omega\boldsymbol{U}]$$

若 SOR 法收敛，应该有$\rho(\boldsymbol{L}_\omega)<1$，今设$\lambda_i$为矩阵$\boldsymbol{L}_\omega$的任意特征值，$d_{ii}$为矩阵$\boldsymbol{A}$的对角元，则

$$\begin{aligned}\det(\boldsymbol{L}_\omega)&=\det[(\boldsymbol{D}-\omega\boldsymbol{L})^{-1}]\cdot\det[(1-\omega)\boldsymbol{D}+\omega\boldsymbol{U}]\\&=[\det(\boldsymbol{D}-\omega\boldsymbol{L})]^{-1}\cdot\det[(1-\omega)\boldsymbol{D}+\omega\boldsymbol{U}]\\&=\left(\prod_{i=1}^n d_{ii}\right)^{-1}\cdot\left[(1-\omega)^n\prod_{i=1}^n d_{ii}\right]=(1-\omega)^n=\prod_{i=1}^n\lambda_i\end{aligned}$$

由于$\rho(\boldsymbol{L}_\omega)=\max\limits_{1\leqslant i\leqslant n}|\lambda_i|<1$，而$|(1-\omega)^n|=\left|\prod\limits_{i=1}^n\lambda_i\right|$，所以

$$|1-\omega|^n=\prod_{i=1}^n|\lambda_i|\leqslant(\max_{1\leqslant i\leqslant n}|\lambda_i|)^n<1$$

即得到$|1-\omega|<1$. 解此不等式，可知ω必须满足$0<\omega<2$.

【例 4-8】 用逐次 SOR 法求解方程组

$$\begin{cases}x_1-x_2=1\\-x_1+2x_2-x_3=0\\-x_2+2x_3-x_4=1\\-x_3+2x_4=0\end{cases}$$

写出 SOR 法的分量形式的计算公式，取初始值$\boldsymbol{x}^{(0)}=(1,1,1,1)^{\mathrm{T}}$，松弛因子$\omega=1.46$，迭

代终止条件为$\|\boldsymbol{x}^{(k+1)}-\boldsymbol{x}^{(k)}\|_\infty \leqslant 10^{-3}$.

分析　这是常规计算,先写出具体计算公式,再按要求逐步计算,本题中松弛因子是给定的,实际上不同的松弛因子会对收敛速度有明显的影响,如何选取最佳松弛因子并不是一件容易的事,在这里我们不做这方面的讨论.

解　SOR 法的分量形式的计算公式

$$\begin{cases} x_1^{(k+1)} = -0.46x_1^{(k)} + 1.46 \times \dfrac{(x_2^{(k)}+1)}{2} \\ x_2^{(k+1)} = -0.46x_2^{(k)} + 1.46 \times \dfrac{(x_1^{(k+1)}+x_3^{(k)})}{2} \\ x_3^{(k+1)} = -0.46x_3^{(k)} + 1.46 \times \dfrac{(x_2^{(k+1)}+x_4^{(k)}+1)}{2} \\ x_4^{(k+1)} = -0.46x_4^{(k)} + 1.46 \times \dfrac{x_3^{(k+1)}}{2} \end{cases}$$

计算得 SOR 法各次迭代的数值结果见表 4-3.

表 4-3　SOR 法各次迭代的数值结果

k	$x_1^{(k)}$	$x_2^{(k)}$	$x_3^{(k)}$	$x_4^{(k)}$
1	1.000 00	1.000 00	1.730 00	0.802 90
2	1.000 00	1.500 00	1.615 32	0.809 85
3	1.365 00	1.485 63	1.662 65	0.841 20
4	1.186 61	1.396 57	1.598 75	0.780 14
5	1.203 66	1.403 33	1.588 51	0.800 75
⋮	⋮	⋮	⋮	⋮
15	1.200 00	1.400 01	1.600 00	0.800 00
16	1.200 00	1.400 00	1.600 00	0.800 00
17	1.200 00	1.400 00	1.600 00	0.800 00

$\boldsymbol{x}^{(17)}=(1.200\,00,1.400\,00,1.600\,00,0.800\,00)^{\mathrm{T}}$ 已经收敛到精确解 $\boldsymbol{x}^*=(1.2,1.4,1.6,0.8)^{\mathrm{T}}$.

【例 4-9】　设线性方程组 $\boldsymbol{A}\boldsymbol{x}=\boldsymbol{b}$ 的系数矩阵为

$$\boldsymbol{A}=\begin{pmatrix} a & 1 & 3 \\ 1 & a & 2 \\ -3 & 2 & a \end{pmatrix}$$

试求能使 Jacobi 迭代法收敛的 a 的取值范围.

分析　利用 $\rho(\boldsymbol{B}_{\mathrm{J}})<1$ 得到含有参数 a 的不等式,解之求出 a 的取值范围.

解 Jacobi 迭代矩阵为 $\boldsymbol{B}_J=\begin{pmatrix} 0 & -\frac{1}{a} & -\frac{3}{a} \\ -\frac{1}{a} & 0 & -\frac{2}{a} \\ \frac{3}{a} & -\frac{2}{a} & 0 \end{pmatrix}$,因而由

$$\det(\lambda\boldsymbol{I}-\boldsymbol{B}_J)=\begin{vmatrix} \lambda & \frac{1}{a} & \frac{3}{a} \\ \frac{1}{a} & \lambda & \frac{2}{a} \\ -\frac{3}{a} & \frac{2}{a} & \lambda \end{vmatrix}=\lambda^3+\frac{5}{a^2}\lambda=0$$

解之,得 Jacobi 迭代矩阵的所有特征值

$$\lambda_1=0,\lambda_2=-\frac{2}{|a|}\mathrm{i},\lambda_3=\frac{2}{|a|}\mathrm{i}$$

故 $\rho(\boldsymbol{B}_J)=\frac{2}{|a|}$,若要 Jacobi 迭代法收敛,则必须有 $\frac{2}{|a|}<1$,从而得 $2<|a|$.

【例 4-10】 设矩阵 $\boldsymbol{A}$ 正定,试证明:若 $2\boldsymbol{D}-\boldsymbol{A}$ 正定,则 Jacobi 迭代法求解方程组 $\boldsymbol{Ax}=\boldsymbol{b}$ 必收敛.

分析 通过对正定矩阵 $2\boldsymbol{D}-\boldsymbol{A}$ 的特征值的讨论,证得 Jacobi 迭代矩阵的特征值严格小于 1.

证明 Jacobi 迭代矩阵为 $\boldsymbol{B}_J=\boldsymbol{I}-\boldsymbol{D}^{-1}\boldsymbol{A}$,现设其任一特征值为 λ,相应的特征向量 $\boldsymbol{x}\neq\boldsymbol{0}$,则应满足

$$(\boldsymbol{I}-\boldsymbol{D}^{-1}\boldsymbol{A})\boldsymbol{x}=\lambda\boldsymbol{x}$$

进一步有

$$(\boldsymbol{D}-\boldsymbol{A})\boldsymbol{x}=\lambda\boldsymbol{Dx}$$

等式两端同时加 $\boldsymbol{Dx}$,得

$$(2\boldsymbol{D}-\boldsymbol{A})\boldsymbol{x}=(\lambda+1)\boldsymbol{Dx}$$

等式两端同时与 $\boldsymbol{x}$ 作内积,得

$$((2\boldsymbol{D}-\boldsymbol{A})\boldsymbol{x},\boldsymbol{x})=(\lambda+1)(\boldsymbol{Dx},\boldsymbol{x})$$

从而

$$\lambda+1=\frac{((2\boldsymbol{D}-\boldsymbol{A})\boldsymbol{x},\boldsymbol{x})}{(\boldsymbol{Dx},\boldsymbol{x})}=\frac{2(\boldsymbol{Dx},\boldsymbol{x})-(\boldsymbol{Ax},\boldsymbol{x})}{(\boldsymbol{Dx},\boldsymbol{x})}$$

由于 $\boldsymbol{A}$ 正定,则 $a_{ii}>0,i=1,2,\cdots,n$,从而 $\boldsymbol{D}$ 也正定,再由 $2\boldsymbol{D}-\boldsymbol{A}$ 正定,可得

$$\lambda+1=\frac{((2\boldsymbol{D}-\boldsymbol{A})\boldsymbol{x},\boldsymbol{x})}{(\boldsymbol{Dx},\boldsymbol{x})}>0$$

即 $\lambda>-1$. 又

$$\frac{((2\boldsymbol{D}-\boldsymbol{A})\boldsymbol{x},\boldsymbol{x})}{(\boldsymbol{Dx},\boldsymbol{x})}=\frac{2(\boldsymbol{Dx},\boldsymbol{x})-(\boldsymbol{Ax},\boldsymbol{x})}{(\boldsymbol{Dx},\boldsymbol{x})}$$

而 $(\boldsymbol{Ax},\boldsymbol{x})>0$,故

$$\lambda+1<\frac{2(\boldsymbol{Dx},\boldsymbol{x})-0}{(\boldsymbol{Dx},\boldsymbol{x})}=2$$

即 $\lambda<1$. 所以必有 $|\lambda|<1$，由 λ 的任意性可知必有 $\rho(\boldsymbol{B}_{\mathrm{J}})<1$，Jacobi 迭代法求解方程组 $\boldsymbol{Ax}=\boldsymbol{b}$ 必收敛.

【例 4-11】 设矩阵 $\boldsymbol{A}$ 为 n 阶非奇异矩阵，试证明：$\boldsymbol{Ax}=\boldsymbol{b}$ 的解总能够通过 Gauss-Seidel 迭代法求解得到.

分析　本题的含义是指，总可通过 Gauss-Seidel 迭代法得到 $\boldsymbol{x}$，但未必所解的就是 $\boldsymbol{Ax}=\boldsymbol{b}$ 本身，完全可能是求一个与 $\boldsymbol{Ax}=\boldsymbol{b}$ 等价的方程组. 因此设法使等价方程组满足 Gauss-Seidel 迭代法的条件即可.

证明　由于 $\boldsymbol{A}$ 非奇异，故 $\boldsymbol{Ax}=\boldsymbol{b}$ 与 $\boldsymbol{A}^{\mathrm{T}}\boldsymbol{Ax}=\boldsymbol{A}^{\mathrm{T}}\boldsymbol{b}$ 为同解方程组. 由于 $\boldsymbol{A}^{\mathrm{T}}\boldsymbol{A}$ 为对称矩阵，只要能证明 $\boldsymbol{A}^{\mathrm{T}}\boldsymbol{A}$ 正定即可. 则可由 $\boldsymbol{A}$ 为正定矩阵知 Gauss-Seidel 迭代法收敛. 现设向量 $\boldsymbol{x}\neq\boldsymbol{0}$，则因 $\boldsymbol{A}$ 非奇异，故 $\boldsymbol{Ax}\neq\boldsymbol{0}$，从而

$$0<(\boldsymbol{Ax},\boldsymbol{Ax})=(\boldsymbol{Ax})^{\mathrm{T}}(\boldsymbol{Ax})=\boldsymbol{x}^{\mathrm{T}}(\boldsymbol{A}^{\mathrm{T}}\boldsymbol{A})\boldsymbol{x}=((\boldsymbol{A}^{\mathrm{T}}\boldsymbol{A})\boldsymbol{x},\boldsymbol{x})$$

即 $\boldsymbol{A}^{\mathrm{T}}\boldsymbol{A}$ 为对称矩阵，则可由 $\boldsymbol{A}$ 为正定矩阵知 Gauss-Seidel 迭代法求解 $\boldsymbol{A}^{\mathrm{T}}\boldsymbol{Ax}=\boldsymbol{A}^{\mathrm{T}}\boldsymbol{b}$ 收敛，从而 Gauss-Seidel 迭代法一定能得到 $\boldsymbol{Ax}=\boldsymbol{b}$ 的解 $\boldsymbol{x}$.

【例 4-12】 分析方程

$$2^x-3^x+4^x-5^x+6^x-7^x+8^x-9^x+10^x=10$$

是否有实根，确定根所在的区间，写出求根的 Newton 迭代格式，并确定迭代的初始值.

解　取 $f(x)=\sum_{i=2}^{10}(-1)^i i^x-10$，经计算得 $f(1)=-4<0$，$f(2)=36>0$，易证 $f(x)$ 在区间$[1,2]$上为单调函数，因此方程 $f(x)=0$ 在$[1,2]$有且仅有一个实根，Newton 迭代公式为

$$x_{k+1}=x_k-\frac{\sum_{i=2}^{10}(-1)^i i^{x_k}-10}{\sum_{i=2}^{10}(-1)^i i^{x_k}\cdot\ln(i)},\quad k=0,1,2,\cdots$$

迭代的初始值可取 $x_0=1.5$ 即可.

【例 4-13】 确定常数 p,q,r，使

$$x_{k+1}=px_k+\frac{qa}{x_k^2}+\frac{ra^2}{x_k^5}$$

迭代法收敛到$\sqrt[3]{a}$，则该方法为几阶？

分析　此题可根据迭代函数的导数来确定迭代法收敛阶的定理来求解出参数 p,q,r，从而进一步得到迭代法的收敛阶.

解　一个迭代格式，在根附近它的 $p-1$ 阶导数为零，就至少有 p 阶收敛. 现有

$$\varphi(x)=px+\frac{qa}{x^2}+\frac{ra^2}{x^5}$$

又若它收敛到$\sqrt[3]{a}$，则 $\alpha=\sqrt[3]{a}$ 为此迭代法的不动点. 显然为确定出参数 p,q,r，只需令

$$\varphi(\alpha)=\sqrt[3]{a},\varphi'(\alpha)=0,\varphi''(\alpha)=0$$

得到三个方程,即

$$p+q+r=1,p-2q-5r=0,q+5r=0$$

解之,得 $p=q=\frac{5}{9},r=-\frac{1}{9}$,即 $\varphi(x)=\frac{1}{9}\left(5x+\frac{5a}{x^2}-\frac{a^2}{x^5}\right)$,又 $\varphi'''(\alpha)=10a^{-\frac{2}{3}}\neq 0$.故迭代公式 $x_{k+1}=\frac{1}{9}\left(5x_k+\frac{5a}{x_k^2}-\frac{a^2}{x_k^5}\right)$为三阶收敛.

【例 4-14】 设 $f(x)\in C^2[a,b]$,$\alpha\in(a,b)$为 $f(x)=0$ 的单根,证明:如下单点弦截法

$$x_{k+1}=x_k-\frac{x_k-x_0}{f(x_k)-f(x_0)}f(x_k),\quad k=1,2,3,\cdots$$

是局部收敛的,且收敛阶为 1.

证明 迭代函数为

$$\varphi(x)=x-\frac{(x-x_0)f(x)}{f(x)-f(x_0)}$$

$$\varphi'(x)=1-\frac{[f(x)+(x-x_0)f'(x)][f(x)-f(x_0)]-(x-x_0)f(x)f'(x)}{[f(x)-f(x_0)]^2}$$

$$\varphi'(\alpha)=1-\frac{[f(\alpha)+(\alpha-x_0)f'(\alpha)][f(\alpha)-f(x_0)]-(\alpha-x_0)f(\alpha)f'(\alpha)}{[f(\alpha)-f(x_0)]^2}$$

$$=1-\frac{(\alpha-x_0)f'(\alpha)f(x_0)}{[f(x_0)]^2}=1-\frac{(\alpha-x_0)f'(\alpha)}{f(x_0)}=\frac{f(x_0)+(x_0-\alpha)f'(\alpha)}{f(x_0)}$$

由 Taylor 展开式,得

$$f(x_0)=f(\alpha)+f'(\alpha)(x_0-\alpha)+\frac{1}{2}f''(\xi)(x_0-\alpha)^2$$

其中 ξ 介于 x_0 和 α 之间,从而

$$\varphi'(\alpha)=\frac{\frac{1}{2}(x_0-\alpha)^2f''(\xi)}{(x_0-\alpha)f'(\alpha)+\frac{1}{2}(x_0-\alpha)^2f''(\xi)}$$

$$=\frac{(x_0-\alpha)^2f''(\xi)}{2(x_0-\alpha)f'(\alpha)+(x_0-\alpha)^2f''(\xi)}$$

由于 $f''(x)$在$[a,b]$上有界,且 $f''(\alpha)\neq 0$,当 x_0 适当地靠近 α 时,有

$$0\neq|\varphi'(\alpha)|<1$$

由局部收敛性定理知,单点弦截法是局部收敛的,且收敛阶为 1.

【例 4-15】 设 $f(x)\in C^2[a,b]$,$\alpha\in(a,b)$为 $f(x)=0$ 的单根,证明:如下迭代格式

$$x_{k+1}=x_k-\frac{f^2(x_k)}{f(x_k)-f[x_k-f(x_k)]},\quad k=1,2,3,\cdots$$

至少是局部二阶收敛的.

证明 迭代函数为

$$\varphi(x)=x-\frac{f^2(x)}{f(x)-f[x-f(x)]}$$

由于 $\alpha\in(a,b)$为 $f(x)=0$ 的单根,则 $f(\alpha)=0,f'(\alpha)\neq 0$.由微分中值定理,有

$$f(x)-f[x-f(x)]=f'(\xi)f(x)$$

其中 $\xi=\xi(x)$ 介于 x 与 $f[x-f(x)]$ 之间，于是 $\lim\limits_{x\to\alpha}\xi(x)=\alpha$，则可得

$$\varphi(x)=x-\frac{f^2(x)}{f'(\xi)f(x)}=x-\frac{f(x)}{f'(\xi)}$$

$$\varphi'(x)=1-\frac{f'(x)f'(\xi)-f(x)f''(\xi)\xi'}{[f'(\xi)]^2}$$

$$\varphi'(\alpha)=\lim_{x\to\alpha}\varphi'(x)=1-\frac{f'(\alpha)f'(\alpha)-f(\alpha)f''(\alpha)\xi'}{[f'(\alpha)]^2}=1-\frac{[f'(\alpha)]^2}{[f'(\alpha)]^2}=1-1=0$$

故此迭代法至少是局部二阶收敛的.

【例 4-16】 已知 $\alpha=0$ 是 $f(x)=e^{2x}-1-2x-2x^2=0$ 的根，取 $x_0=0.5$，使用平方收敛的迭代公式计算到 x_2，并估计出 $|f(x_2)|$ 的值.

解 $f(x)=e^{2x}-1-2x-2x^2, f(0)=0, f'(x)=2e^{2x}-2-4x, f'(0)=0$

$$f''(x)=4e^{2x}-4, f''(0)=0, f'''(x)=8e^{2x}, f'''(0)=8\neq 0$$

因而 $\alpha=0$ 是 $f(x)=e^{2x}-1-2x-2x^2=0$ 的三重根，要用到平方收敛的迭代公式，应用求重根的 Newton 迭代公式 $x_{k+1}=x_k-3\dfrac{f(x_k)}{f'(x_k)}, k=0,1,2,\cdots$，有

$$x_0=0.5, f(x_0)=0.218\,28$$

$$x_1=x_0-3\frac{e^{2x_0}-1-2x_0-2x_0^2}{2e^{2x_0}-2-4x_0}\approx 0.044\,161, |f(x_1)|\approx 1.174\,1\times 10^{-4}$$

$$x_2=x_1-3\frac{e^{2x_1}-1-2x_1-2x_1^2}{2e^{2x_1}-2-4x_1}\approx 0.000\,326\,87, |f(x_2)|\approx 3.120\,06\times 10^{-10}$$

【例 4-17】 考虑 Newton 迭代法的一种变形，即

$$x_{k+1}=x_k-\frac{f(x_k)}{f'(x_0)}$$

其中 $f(x)$ 为二次连续可微函数，且 α 是 $f(x)=0$ 的单根，试求出正常数 c 和 p 使得

$$\lim_{k\to\infty}\frac{|e_{k+1}|}{|e_k|^p}=c$$

这里 $e_k=x_k-\alpha$.

解 迭代函数为

$$\varphi(x)=x-\frac{f(x)}{f'(x_0)}$$

由于 α 是 $f(x)=0$ 的单根，则 $f(\alpha)=0, f'(\alpha)\neq 0$，则由 Taylor 公式可得

$$\begin{aligned}x_{k+1}&=\varphi(x_k)=\varphi(\alpha)+\varphi'(\alpha)(x_k-\alpha)+\frac{\varphi''(\xi)}{2}(x_k-\alpha)^2\\&=\alpha+\varphi'(\alpha)(x_k-\alpha)+\frac{\varphi''(\xi)}{2}(x_k-\alpha)^2\end{aligned}$$

注意，$\varphi'(\alpha)=1-\dfrac{f'(\alpha)}{f'(x_0)}$，从而

$$\frac{x_{k+1}-\alpha}{(x_k-\alpha)}=\varphi'(\alpha)+\frac{\varphi''(\xi)}{2}(x_k-\alpha)$$

即

$$\lim_{k\to\infty}\frac{|e_{k+1}|}{|e_k|}=\lim_{k\to\infty}\frac{|x_{k+1}-\alpha|}{|x_k-\alpha|}=\left|1-\frac{f'(\alpha)}{f'(x_0)}\right|=c>0$$

这里 $e_k=x_k-\alpha$. 从而可取正常数 $c=\left|1-\dfrac{f'(\alpha)}{f'(x_0)}\right|$ 和 $p=1$ 即可，此时迭代法是线性收敛.

【例 4-18】 设 $\boldsymbol{A}=\begin{pmatrix}3 & 2\\ 1 & 2\end{pmatrix}$，$\boldsymbol{b}=\begin{pmatrix}2\\ 1\end{pmatrix}$，若用迭代公式 $\boldsymbol{x}^{(k+1)}=\boldsymbol{x}^{(k)}+\beta(\boldsymbol{A}\boldsymbol{x}^{(k)}-\boldsymbol{b})$ 求解线性方程组 $\boldsymbol{A}\boldsymbol{x}=\boldsymbol{b}$，问 β 取何值时，此迭代法收敛？

解 迭代法矩阵为 $\boldsymbol{B}=\boldsymbol{I}+\beta\boldsymbol{A}=\begin{pmatrix}1+3\beta & 2\beta\\ \beta & 1+2\beta\end{pmatrix}$，从而

$$\det(\lambda\boldsymbol{I}-\boldsymbol{B})=\begin{vmatrix}\lambda-(1+3\beta) & -2\beta\\ -\beta & \lambda-(1+2\beta)\end{vmatrix}$$

故若使

$$\rho(\boldsymbol{B})=\max\{|1+\beta|,|1+4\beta|\}<1\Leftrightarrow|1+\beta|<1 \text{ 及 } |1+4\beta|<1$$

结论：当 $-\dfrac{1}{2}<\beta<0$ 时，迭代法收敛.

【例 4-19】 分别用简单迭代法 $x_k=\ln 3x_k^2$ 和 Steffensen 加速迭代法求方程 $f(x)=3x^2-\mathrm{e}^x=0$ 在区间[3,4]上的解，误差不超过 10^{-4}，将二者的数值结果做比较.

解 (1)对 $3x^2=\mathrm{e}^x$ 取对数得 $x=\ln 3x^2=\varphi(x)$，在区间[3,4]上，有

$$\varphi(3)=3\ln 3\approx 3.295\,84,\varphi(4)=\ln 48\approx 3.871\,20$$

$\varphi'(x)=\dfrac{2}{x}$，$\varphi(x)$ 和 $\varphi'(x)$ 在区间[3,4]上分别为单调增函数和单调减函数. 故 $\varphi(x)\in(3,4)$，且 $\max\limits_{3\leqslant x\leqslant 4}|\varphi'(x)|\leqslant\dfrac{2}{3}<1$，则迭代序列

$$x_k=\ln 3x_{k-1}^2,\quad k=0,1,2,\cdots$$

则 $x=\varphi(x)$ 在[3,4]上有唯一解 α，且迭代序列

$$x_k=\ln 3x_{k-1}^2,\quad k=0,1,2,\cdots$$

取 $x_0=3.5$，则数值结果见表 4-4.

(2)取 $\varphi(x)=\ln 3x^2$，Steffensen 加速迭代公式

$$y_k=\ln 3x_k^2,z_k=\ln 3y_k^2$$

$$x_{k+1}=z_k-\frac{(z_k-y_k)^2}{z_k-2y_k+x_k},\quad k=0,1,2,\cdots$$

取 $x_0=3.5$，则数值结果见表 4-4.

x_2 已达到简单迭代法 x_{16} 的迭代精度，但它只计算 4 次 φ 的值，可见 Steffensen 加速迭代法效果好.

表 4-4　数值结果

k	简单迭代法	Steffensen 加速迭代法		
	x_k	x_k	y_k	z_k
0	0.5	0.5	3.604 14	3.662 78
1	3.064 14	3.738 35	3.735 90	3.734 59
2	3.662 78	3.733 08	—	—
3	3.695 06			
4	3.712 61			
5	3.722 08			
6	3.727 18			
7	3.729 92			
8	3.731 39			
9	3.732 17			
10	3.732 59			
11	3.732 82			
12	3.732 94			
13	3.733 00			
14	3.733 04			
15	3.733 06			
16	3.733 07			

【例 4-20】 试证:二分法得到的序列$\{x_k\}$为线性收敛.

证明　二分法得到的序列$\{x_k\}$满足

$$|x_k-\alpha|\leqslant\frac{b-a}{2^{k+1}},\quad k\geqslant 0,1,2,\cdots$$

$$\frac{|e_{k+1}|}{|e_k|}=\frac{|x_{k+1}-\alpha|}{|x_k-\alpha|}=\frac{|x_k-\alpha+x_{k+1}-x_k|}{|x_k-\alpha|}=\left|1+\frac{x_{k+1}-x_k}{x_k-\alpha}\right|$$

若 $x_k>\alpha$,则 $x_k>x_{k+1}$;若 $x_k<\alpha$,则 $x_k<x_{k+1}$. 因此,$\frac{x_{k+1}-x_k}{x_k-\alpha}<0$. 又 $|x_{k+1}-x_k|=\frac{b-a}{2^{k+2}}$,则

$$\lim_{k\to\infty}\frac{|e_{k+1}|}{|e_k|}=\lim_{k\to\infty}\left|1+\frac{x_{k+1}-x_k}{x_k-\alpha}\right|=\lim_{k\to\infty}\left|1-\frac{\frac{b-a}{2^{k+2}}}{\frac{b-a}{2^{k+1}}}\right|=\frac{1}{2}$$

因此二分法为线性收敛.

【例 4-21】 用二分法求方程 $f(x)=x^3-x-1=0$ 在区间$[1,2]$内的根 α 的近似值,精确到 10^{-3},要达到此精度至少迭代多少步?

解　$f(x)=x^3-x-1=0$,$f(1)=-1$,$f(2)=5$,故区间$[1,2]$为有根区间. 由二分法的误差估计式

$$|x_k-\alpha|\leqslant\frac{b-a}{2^{k+1}}<10^{-3}$$

其中 $a=1,b=2$. 由此可知，要使得 $\frac{b-a}{2^{k+1}}<10^{-3}$，即 $2^{k+1}>10^3$，则 $(k+1)\lg 2>3$，从而 $k>\frac{3}{\lg 2}-1$. 故当 $k=9$ 时达到所要求精度. 各次二分法数值计算结果见表 4-5.

表 4-5　　各次二分法数值计算结果

k	a_k	b_k	x_k	$\mathrm{sgn}[f(x_k)]$
0	1	2	1.5	+
1	1	1.5	1.25	−
2	1.25	1.5	1.375	+
3	1.25	1.375	1.312 5	−
4	1.312 5	1.375	1.343 8	+
5	1.312 5	1.343 8	1.328 2	+
6	1.312 5	1.328 2	1.320 4	−
7	1.320 4	1.328 2	1.324 3	−
8	1.324 3	1.328 2	1.326 3	+
9	1.324 2	1.326 3	1.325 3	+

$x_9=1.325\ 3\approx\alpha$.

习题 4

1. 判断正误、选择和填空题

(1)对于迭代过程 $x_{k+1}=\varphi(x_k)$，若迭代函数 $\varphi(x)$ 在 x^* 的邻域有连续的二阶导数，且 $0\neq|\varphi'(x^*)|<1$，则迭代过程为超线性收敛.(　　)

(2)用 Newton 迭代法求任何非线性方程 $f(x)=0$ 均局部平方收敛.(　　)

(3)若线性方程组 $\boldsymbol{Ax}=\boldsymbol{b}$ 的系数矩阵 $\boldsymbol{A}$ 为严格对角占优，则 Jacobi 迭代法和 Gauss-Seidel 迭代法都收敛 .(　　)

(4)解非线性方程 $f(x)=0$ 的弦截法迭代法具有(　　).

A. 局部平方收敛　　　B. 局部超线性收敛　　　C. 线性收敛

(5)任给初始向量 $\boldsymbol{x}^{(0)}$ 及右端向量 $\boldsymbol{f}$，迭代法 $\boldsymbol{x}^{(k+1)}=\boldsymbol{B}\boldsymbol{x}^{(k)}+\boldsymbol{f}$ 收敛于方程组 $\boldsymbol{Ax}=\boldsymbol{b}$ 的精确解 $\boldsymbol{x}^*$ 的充分必要条件是(　　).

A. $\|\boldsymbol{B}\|_1<1$　　　B. $\|\boldsymbol{B}\|_\infty<1$　　　C. $\rho(\boldsymbol{B})<1$　　　D. $\|\boldsymbol{B}\|_2<1$

(6)设 $\varphi(x)=x-\beta(x^2-7)$，要使迭代法 $x_{k+1}=\varphi(x_k)$ 局部收敛到 $x^*=\sqrt{7}$，则 β 的取值范围是________.

(7)用迭代法 $x_{k+1}=x_k-\lambda(x_k)f(x_k)$ 求 $f(x)=x^3-x^2-x-1=0$ 的根，若要使其至少具有局部平方收敛，则 $\lambda(x_k)=$________.

(8)用二分法求 $x^3-2x-5=0$ 在[2,3]内的根，并要求 $|x_k-\alpha|<\frac{1}{2}\times10^{-5}$ 需要二分________步.

(9)求 $f(x)=5x-e^{x}=0$ 根(其有根区间为[0,1])的迭代函数为 $\varphi(x)=\frac{1}{5}e^{-x}$ 的简单迭代公式的收敛阶为________;Newton 迭代公式的迭代函数 $\varphi(x)=$________,其收敛阶为________.

(10)给定方程组 $\begin{pmatrix}1 & -a\\ -a & 1\end{pmatrix}\begin{pmatrix}x_1\\ x_2\end{pmatrix}=\begin{pmatrix}b_1\\ b_2\end{pmatrix}$,$a$ 为实数,当 a 满足________,且 $0<\omega<2$ 时,SOR 法收敛.

2. 用列主元素消去法解方程组 $\boldsymbol{Ax}=\boldsymbol{b}$,其中

$$\boldsymbol{A}=\begin{bmatrix}1.15 & 0.42 & 100.71\\ 1.19 & 0.55 & 0.33\\ 1.00 & 0.35 & 1.50\end{bmatrix},\boldsymbol{b}=\begin{bmatrix}-193.70\\ 2.28\\ -0.68\end{bmatrix}$$

对所求的结果 $\bar{\boldsymbol{x}}$,使用三次迭代改善后,解的精度能否有明显提高?

3. 设方程组

$$\begin{cases}5x_1+2x_2+x_3=-12\\ -x_1+4x_2+2x_3=20\\ 2x_1-3x_2+10x_3=3\end{cases}$$

试用 Jacobi 迭代法和 Gauss-Seidel 迭代法求解此方程组,当 $\max\limits_{1\leqslant i\leqslant 3}|x_i^{(k+1)}-x_i^{(k)}|\leqslant 10^{-5}$ 时迭代终止.

4. 设有线性方程组

$$\begin{bmatrix}3.3330 & 15920 & -10.333\\ 2.2220 & 16.710 & 9.6120\\ 1.5611 & 5.1791 & 1.6853\end{bmatrix}\begin{bmatrix}x_1\\ x_2\\ x_3\end{bmatrix}=\begin{bmatrix}15913\\ 28.544\\ 8.4254\end{bmatrix}$$

其精确解 $\boldsymbol{x}^*=(1,1,1)^{\mathrm{T}}$,若用 Gauss 列主元消去法解上述方程组可得到近似解 $\boldsymbol{x}^{(1)}$(取五位浮点数运算)

$$\boldsymbol{x}^{(1)}=(1.2001,0.99991,0.92538)^{\mathrm{T}}$$

试用迭代改善方法,改善 $\boldsymbol{x}^{(1)}$ 精度.

5. 设方程组为

$$\begin{cases}a_{11}x_1+a_{12}x_2=b_1\\ a_{21}x_1+a_{22}x_2=b_2\end{cases},a_{11}\cdot a_{22}\neq 0$$

求证:(1)用 Jacobi 迭代法与 Gauss-Seidel 迭代法解此方程组收敛的充分必要条件为

$$\left|\frac{a_{12}a_{21}}{a_{11}a_{22}}\right|<1$$

(2)Jacobi 迭代法和 Gauss-Seidel 迭代法同时收敛或同时发散.

6. 设

$$\boldsymbol{A}=\begin{bmatrix}3 & 7 & 1\\ 0 & 4 & t+1\\ 0 & -t+1 & -1\end{bmatrix},\ \boldsymbol{b}=\begin{bmatrix}1\\ 1\\ 0\end{bmatrix},\ \boldsymbol{Ax}=\boldsymbol{b}$$

其中 t 为实参数.

(1)求用 Jacobi 迭代法解 $\boldsymbol{Ax}=\boldsymbol{b}$ 时的迭代矩阵；

(2)t 在什么范围内 Jacobi 迭代法收敛.

7. 设

$$\boldsymbol{A}=\begin{pmatrix} t & 1 & 1 \\ \dfrac{1}{t} & t & 0 \\ \dfrac{1}{t} & 0 & t \end{pmatrix},\boldsymbol{b}=\begin{pmatrix} 0 \\ 1 \\ 2 \end{pmatrix},\boldsymbol{Ax}=\boldsymbol{b}$$

试问用 Gauss-Seidel 迭代法解 $\boldsymbol{Ax}=\boldsymbol{b}$ 时，实参数 t 在什么范围内上述迭代法收敛.

8. (1)对方程组

$$\begin{pmatrix} 2 & -1 & 1 \\ 1 & 1 & 1 \\ 1 & 1 & -2 \end{pmatrix}\begin{pmatrix} x_1 \\ x_2 \\ x_3 \end{pmatrix}=\begin{pmatrix} 1 \\ 1 \\ 1 \end{pmatrix}$$

试证:用 Jacobi 迭代法求解时发散;用 Gauss-Seidel 迭代法求解时收敛，并求其解.

(2)对方程组

$$\begin{pmatrix} 1 & -2 & 2 \\ -1 & 1 & -1 \\ -2 & -2 & 1 \end{pmatrix}\begin{pmatrix} x_1 \\ x_2 \\ x_3 \end{pmatrix}=\begin{pmatrix} 1 \\ 1 \\ 1 \end{pmatrix}$$

试证:用 Jacobi 迭代法求解时收敛，并求其解;用 Gauss-Seidel 迭代法求解时发散.

9. 设方程组

$$\begin{cases} 3x_1-10x_2=-7 \\ 9x_1-4x_2=5 \end{cases}$$

(1)问用 Jacobi 迭代法和 Gauss-Seidel 迭代法求解此方程组是否收敛?

(2)若把上述方程组交换方程次序得到新方程组，再用 Jacobi 迭代法和 Gauss-Seidel 迭代法解新方程组是否收敛?

10. 求方程 $x^3-x^2-1=0$ 在 $x_0=1.5$ 附近的一个根，将方程改写成下列四种不同的等价形式：

(1)$x=1+\dfrac{1}{x^2}$；

(2)$x=\sqrt[3]{1+x^2}$；

(3)$x=\sqrt{x^3-1}$；

(4)$x=\dfrac{1}{\sqrt{x-1}}$.

试分析由此所产生的迭代格式的收敛性. 选一种收敛速度最快的格式求方程的根，要求误差不超过 $\dfrac{1}{2}\times 10^{-3}$. 选一种收敛速度最慢或不收敛的迭代格式，用 Aitken 加速，其结果如何?

11. 研究求 $\sqrt{a}$ 的 Newton 迭代格式

$$x_{k+1}=\frac{1}{2}\left(x_k+\frac{a}{x_k}\right),x_k>0,\quad k=0,1,2,\cdots$$

证明：对一切 $k=1,2,\cdots,x_k\geqslant\sqrt{a}$，且序列 $x_1,x_2,\cdots$是递减的.

12. 用 Newton 迭代法求下列方程的根，要求 $|x_k-x_{k-1}|<10^{-5}$.

(1) $x^3-x^2-x-1=0$，取 $x_0=2$；

(2) $x=e^{-x}$，取 $x_0=0.6$.

13. 若 $f(x)$在零点ξ的某个邻域中有二阶连续导数，且 $f'(\xi)\neq 0$，试证：由 Newton 迭代法产生的 $x_k(k=0,1,2,\cdots)$成立着

$$\lim_{k\to\infty}\frac{x_k-x_{k-1}}{(x_{k-1}-x_{k-2})^2}=-\frac{f''(\xi)}{2f'(\xi)}$$

14. 若 $f(x)=e^x-e^{-x}=0$，容易验证 $\alpha=0$ 是方程的唯一根. 若用 Newton 迭代法求此方程的根，问收敛阶为多少？此例说明了什么？

15. 用弦截法求下列方程的根.

(1) $xe^x-1=0$ 取初值 $x_0=0.5,x_1=0.6$；

(2) $x^3-3x^2-x+9=0$ 取初值 $x_0=-2,x_1=-1.5$；

(3) $x^3-2x-5=0$ 取初值 $x_0=2,x_1=3$.

要求误差 $|x_k-x_{k-1}|<10^{-5}$.

16. Heonardo 于 1225 年研究了方程

$$f(x)=x^3+2x^2+10x-20=0$$

并得出一个根 $\alpha=1.368\ 808\ 17$，但当时无人知道他用了什么方法，这个结果在当时是个非常著名的结果，请你构造一种简单迭代来验证此结果.

17. 应用 Newton 迭代法求方程

$$\cos(x)\cdot\mathrm{sh}(x)-1=0$$

的头 5 个非零的正根.

18. 用二分法求方程 $2e^{-x}-\sin x=0$ 在区间[0,1]内的根，要求 $|x^{(k)}-x^*|<\frac{1}{2}\times 10^{-5}$.

19. 用幂法计算下列各矩阵的主特征值及对应的特征向量，用 ***QR*** 法计算下列矩阵的特征值.

$$(1)\ \boldsymbol{A}_1=\begin{pmatrix}2&-1&0\\-1&2&-1\\0&-1&2\end{pmatrix};\qquad (2)\ \boldsymbol{A}_2=\begin{pmatrix}-4&14&0\\-5&13&0\\-1&0&2\end{pmatrix}.$$

当主特征值有 3 位小数稳定时，迭代终止.

20. 用反幂法求矩阵

$$\boldsymbol{A}=\begin{pmatrix}2&8&9\\8&3&4\\9&4&7\end{pmatrix}$$

按模最小的特征值及相应的特征向量，用 ***QR*** 法求矩阵的特征值. 当该特征值有 3 位小数

稳定时,迭代终止.

21. 已知

$$A=\begin{bmatrix}3 & 0 & -10\\ -1 & 3 & 4\\ 0 & 1 & -2\end{bmatrix}$$

有特征值 λ 的近似值 $p=4.3$,试用原点位移的反幂法求对应的特征向量 $\boldsymbol{u}$,并改善 λ.

22. 试用 SOR 法(取 $\omega=0.9$)解方程组

$$\begin{cases}5x_1+2x_2+x_3=-12\\ -x_1+4x_2+2x_3=10\\ x_1-3x_2+10x_3=3\end{cases}$$

(1)证明此时 SOR 法是收敛的;

(2)求满足 $\max\limits_{1\leqslant i\leqslant 3}\left|x_i^{(k+1)}-x_i^{(k)}\right|\leqslant 10^{-5}$ 的解.

23. 设有方程组 $\boldsymbol{A}\boldsymbol{x}=\boldsymbol{b}$,其中 $\boldsymbol{A}$ 为对称正定矩阵,迭代公式

$$\boldsymbol{x}^{(k+1)}=\boldsymbol{x}^{(k)}+\omega(\boldsymbol{b}-\boldsymbol{A}\boldsymbol{x}^{(k)}),\quad k=0,1,2,\cdots$$

试证明:当 $0<\omega<\dfrac{2}{\beta}$ 时,上述迭代法收敛(其中 $0<\alpha\leqslant\lambda(\boldsymbol{A})\leqslant\beta$,$\lambda(\boldsymbol{A})$ 为 $\boldsymbol{A}$ 的任意特征值).

24. 设计用 Jacobi 迭代法、Gauss-Seidel 迭代法和 SOR 法解线性方程组

$$(a_{ij})_{n\times n}\boldsymbol{x}=\boldsymbol{b}$$

的统一算法,在算法中应具有自动选取方法的功能.

25. 取 $\boldsymbol{x}_0=(0,0)^{\mathrm{T}}$,用 CG 法求解

$$\begin{pmatrix}6 & 3\\ 3 & 2\end{pmatrix}\begin{pmatrix}x_1\\ x_2\end{pmatrix}=\begin{pmatrix}0\\ -1\end{pmatrix}$$

26. 对于大型电路的分析,常常归结为求解大型线性方程组 $\boldsymbol{R}\boldsymbol{I}=\boldsymbol{v}$,若

$$\boldsymbol{R}=\begin{bmatrix}31 & -13 & 0 & 0 & 0 & -10 & 0 & 0 & 0\\ -13 & 35 & -9 & 0 & -11 & 0 & 0 & 0 & 0\\ 0 & -9 & 31 & -10 & 0 & 0 & 0 & 0 & 0\\ 0 & 0 & -10 & 79 & -30 & 0 & 0 & 0 & -9\\ 0 & 0 & 0 & -30 & 57 & -7 & 0 & -5 & 0\\ 0 & 0 & 0 & 0 & 7 & 47 & -30 & 0 & 0\\ 0 & 0 & 0 & 0 & 0 & -30 & 41 & 0 & 0\\ 0 & 0 & 0 & 0 & -5 & 0 & 0 & 27 & -2\\ 0 & 0 & 0 & -9 & 0 & 0 & 0 & -2 & 29\end{bmatrix},\ \boldsymbol{v}=\begin{bmatrix}-15\\ 27\\ -23\\ 0\\ -20\\ 12\\ -7\\ 7\\ -10\end{bmatrix}$$

试分别用:

(1)Jacobi 迭代法求解;

(2)Gauss-Seidel 迭代法求解;

(3)SOR 法求解;

(4)CG 法求解.

要求$\max\limits_{1\leqslant j\leqslant 9}\left|i_j^{(k+1)}-i_j^{(k)}\right|\leqslant 10^{-5}$.

27.(数值实验题)在一条宽 20 m 的道路两侧,分别安装了一只 2 kW 和一只 3 kW 的路灯,它们离地面的高度分别为 5 m 和 6 m. 在漆黑的夜晚,当两只路灯开启时,两只路灯连线的路面上最暗的点和最亮的点分别在哪里? 如果 3 kW 的路灯的高度可以在 3 m 到 9 m 之间变化,如何使路面上最暗点的亮度最大? 如果两只路灯的高度均可以在 3 m 到 9 m 之间变化,结果又如何?(光源的照度公式为 $I=k\dfrac{P\sin\alpha}{r^2}$,其中 k 为比例系数,不妨取 $k=1$;P 为光源的功率;r 为地面上一点 M 到光源的距离;α 为光源到点 M 的光线与地面的夹角.)

第 5 章　插值与逼近

基本要求

(1)会判断一组基函数是否满足 Haar 条件.
(2)会用 Lagrange 插值法和 Newton 插值法进行插值.
(3)掌握两点三次 Hermite 插值.
(4)了解等距节点高次插值的 Runge 现象.
(5)了解分段插值的基本思想.
(6)会判断分段函数是否为样条函数.
(7)会求三次样条插值函数.
(8)会求正交多项式.
(9)会用最小二乘法拟合函数.

5.1　内容提要

主要介绍函数 $y=f(x)$ 的逼近方法,主要包括插值、最佳平方逼近以及最小二乘法.

5.1.1　插值问题

设已知函数 $f(x)$ 在 $[a,b]$ 上 $n+1$ 个互异点 $x_0,x_1,\cdots,x_n$ 处的函数值 $y_i=f(x_i)$,$i=0,1,\cdots,n$,构造一个简单易算的函数 $p(x)\in S=\text{span}\{\varphi_0(x),\cdots,\varphi_n(x)\}$,使得

$$p(x_i)=y_i,\quad i=0,1,\cdots,n$$

以上问题称为**插值问题**,$x_0,x_1,\cdots,x_n$ 称为**插值节点**,$p(x)$ **称为** $f(x)$ **关于节点组** $x_0,x_1,\cdots,x_n$ **的插值函数**,$f(x)$ 称为**被插值函数**.

若对 $[a,b]$ 上的任意 $n+1$ 个互异点 $x_0,x_1,\cdots,x_n$,行列式

$$D[x_0,x_1,\cdots,x_n]=\begin{vmatrix}\varphi_0(x_0) & \varphi_1(x_0) & \cdots & \varphi_n(x_0)\\ \varphi_0(x_1) & \varphi_1(x_1) & \cdots & \varphi_n(x_1)\\ \vdots & \vdots & & \vdots\\ \varphi_0(x_n) & \varphi_1(x_n) & \cdots & \varphi_n(x_n)\end{vmatrix}\neq 0$$

则称 $\varphi_0(x),\varphi_1(x),\cdots,\varphi_n(x)$ 在$[a,b]$上满足 **Haar 条件**，这时存在唯一的函数 $p(x)=\sum_{k=0}^{n}c_k\varphi_k(x)\in S$，满足插值条件

$$p(x_i)=y_i,\quad i=0,1,\cdots,n$$

特别地，$\mathrm{span}\{\varphi_0(x),\cdots,\varphi_n(x)\}$ 中存在唯一的一组函数 $l_0(x),l_1(x),\cdots,l_n(x)$，满足

$$l_k(x_i)=\begin{cases}1, & i=k\\ 0, & i\neq k\end{cases},\quad k=0,1,\cdots,n;i=0,1,\cdots,n$$

$l_k(x)(k=0,1,\cdots,n)$ 称为**插值基函数**.

通过插值基函数的定义，插值函数可写为 $p(x)=\sum_{k=0}^{n}y_kl_k(x)$.

5.1.2　多项式插值

$\varphi_0(x)=1,\varphi_1(x)=x,\cdots,\varphi_n(x)=x^n$ 在任意的有界闭区间$[a,b]$上满足 Haar 条件，因此在 P_n（所有次数不超过 n 的实系数代数多项式的集合）中有唯一的多项式 $p_n(x)=\sum_{k=0}^{n}c_kx^k$，满足

$$p_n(x_i)=y_i,\quad i=0,1,\cdots,n$$

这时 $p_n(x)$ 称为 n 次插值多项式.

一、Lagrange 插值

令

$$\begin{aligned}l_k(x)&=\frac{(x-x_0)\cdots(x-x_{k-1})(x-x_{k+1})\cdots(x-x_n)}{(x_k-x_0)\cdots(x_k-x_{k-1})(x_k-x_{k+1})\cdots(x_k-x_n)}\\&=\frac{\omega_{n+1}(x)}{(x-x_k)\omega'(x_k)},\quad k=0,1,\cdots,n\end{aligned}$$

其中 $\omega_{n+1}(x)=(x-x_0)(x-x_1)\cdots(x-x_n)$，显然

$$l_k(x_i)=\begin{cases}1, & i=k\\ 0, & i\neq k\end{cases},\quad i,k=0,1,\cdots,n$$

$l_k(x)(k=0,1,\cdots,n)$ 称为 **n 次** Lagrange **插值基函数**. 容易验证

$$p_n(x)=\sum_{k=0}^{n}y_kl_k(x)$$

是 P_n 中满足 $p_n(x_i)=y_i(i=0,1,\cdots,n)$ 的唯一的多项式，$p_n(x)$ 称为 **n 次** Lagrange **插值多项式**.

二、Newton 插值

$$p_n(x)=f(x_0)+f[x_0,x_1](x-x_0)+f[x_0,x_1,x_2](x-x_0)(x-x_1)+\cdots+$$

$$f[x_0,x_1,\cdots,x_n](x-x_0)(x-x_1)\cdots(x-x_{n-1})$$

称 $p_n(x)$ 为 $f(x)$ 的 n **次 Newton 插值多项式**. 这些多项式系数称为均差(差商),可递归计算得到

$$f[x_i,x_k]=\frac{f(x_k)-f(x_i)}{x_k-x_i},\quad k\neq i$$

$$f[x_i,x_j,x_k]=\frac{f[x_i,x_k]-f[x_i,x_j]}{x_k-x_j},\quad i\neq j\neq k$$

$$f[x_0,x_1,\cdots,x_k]=\frac{f[x_0,\cdots,x_{k-2},x_k]-f[x_0,x_1,\cdots,x_{k-1}]}{x_k-x_{k-1}},\quad x_0,x_1,\cdots,x_k\text{ 互异}$$

称 $f[x_0,x_1,\cdots,x_n]$ 为 $f(x)$ 关于 $x_0,x_1,\cdots,x_k$ 的 k **阶均差**.

为了便于计算均差,常利用如下形式的均差表,见表 5-1.

表 5-1　　均差表

x	$f(x)$	一阶均差	二阶均差	三阶均差	…
x_0	$f(x_0)$				
		$f[x_0,x_1]$			
x_1	$f(x_1)$		$f[x_0,x_1,x_2]$		
		$f[x_1,x_2]$		$f[x_0,x_1,x_2,x_3]$	
x_2	$f(x_2)$		$f[x_1,x_2,x_3]$		
		$f[x_2,x_3]$			
x_3	$f(x_3)$				

三、Hermite 插值

Hermite 插值问题的一般提法是:

设已知函数 $f(x)$ 在 s 个互异点 $x_1,x_2,\cdots,x_s$ 处的函数值和导数值

$$f(x_1),f'(x_1),\cdots,f^{(\alpha_1-1)}(x_1)$$
$$f(x_2),f'(x_2),\cdots,f^{(\alpha_2-1)}(x_2)$$
$$\vdots$$
$$f(x_s),f'(x_s),\cdots,f^{(\alpha_s-1)}(x_s)$$

其中 $\alpha_1,\alpha_2,\cdots,\alpha_s$ 为正整数,记 $\alpha_1+\alpha_2+\cdots+\alpha_s=n+1$,构造一个 n 次多项式 $p_n(x)$,使其满足插值条件

$$p_n^{(\mu_i)}(x_i)=f^{(\mu_i)}(x_i)=y_i^{(\mu_i)},\quad i=1,2,\cdots,s;\mu_i=0,1,\cdots,\alpha_i-1$$

令 $A(x)=\prod_{v=1}^{s}(x-x_v)^{\alpha_v}$ 和

$$L_{i,k}(x)=\frac{A(x)}{(x-x_i)^{\alpha_i}}\cdot\frac{(x-x_i)^k}{k!}\left\{\frac{(x-x_i)^{\alpha_i}}{A(x)}\right\}_{(x_i)}^{(\alpha_i-k-1)}$$

则 n 次多项式

$$p_n(x)=\sum_{i=1}^{s}\sum_{k=0}^{\alpha_i-1}y_i^{(k)}L_{i,k}(x)$$

满足所有插值条件.

四、插值余项

关于插值余项有如下的结论:

(1)若 $f(x)$ 在包含插值节点 $x_0,x_1,\cdots,x_n$ 的区间 $[a,b]$ 上 $n+1$ 次可微,则对任意 $x\in[a,b]$,存在与 x 有关的 $\xi(a<\xi<b)$,使得

$$r_n(x)=f(x)-p_n(x)=\frac{f^{(n+1)}(\xi)}{(n+1)!}\omega_{n+1}(x)$$

其中 $\omega_{n+1}(x)=(x-x_0)(x-x_1)\cdots(x-x_n)$.

(2)设 $f(x)\in C^{2s-1}[a,b]$,在(a,b)内 $2s$ 阶可导,又设 $a\leqslant x_1<x_2<\cdots<x_s\leqslant b$,$p_{2s-1}(x)$为在这 s 个点插值函数值和一阶导数值的 Hermite 插值多项式,则

$$f(x)-p_{2s-1}(x)=\frac{f^{(2s)}(\xi)}{(2s)!}[\sigma(x)]^2,\quad x\in[a,b]$$

其中 $\min\{x,x_1,x_2,\cdots,x_s\}<\xi<\max\{x,x_1,x_2,\cdots,x_s\}$.

5.1.3　分段线性插值

一、分段线性 Lagrange 插值

设插值节点 $x_0,x_1,\cdots,x_n$ 满足 $a\leqslant x_0<x_1<\cdots<x_n\leqslant b$,在每一个区间$[x_k,x_{k+1}]$($k=0,1,\cdots,n-1$)上作线性插值多项式

$$L_h^{(k)}(x)=y_k\frac{x-x_{k+1}}{x_k-x_{k+1}}+y_{k+1}\frac{x-x_k}{x_{k+1}-x_k},\quad x\in[x_k,x_{k+1}]$$

令

$$L_h(x)=\begin{cases}L_h^{(0)}(x), & x\in[x_0,x_1]\\ L_h^{(1)}(x), & x\in[x_1,x_2]\\ \vdots & \\ L_h^{(n-1)}(x), & x\in[x_{n-1},x_n]\end{cases}$$

显然 $L_h(x_i)=y_i(i=0,1,\cdots,n)$,$L_h(x)$称为 $f(x)$在$[a,b]$上的分段线性插值多项式. $y=L_h(x)$的图形是平面上依次连接点(x_0,y_0),(x_1,y_1),$\cdots$,(x_n,y_n)的一条折线.

二、分段二次 Lagrange 插值

当给定的函数表中节点的个数远多于 3 的时候,为了提高计算精度,或根据实际问题需要,有时采取分段二次插值法.

对于 $u\in[a,b]$,应选择靠近 u 的三个节点作二次插值多项式.

(1)当 $u\in[x_k,x_{k+1}]$,且 u 偏向 x_k 时,选取 x_{k-1},x_k,x_{k+1}作为插值节点;

(2)当 $u\in[x_k,x_{k+1}]$,且 u 偏向 x_{k+1}时,选取 x_k,x_{k+1},x_{k+2}作为插值节点;

(3)当 $u\in[x_0,x_1)$或 $u<x_0$ 时,节点取为 x_0,x_1,x_2;

(4)当 $u\in(x_{n-1},x_n]$或 $u>x_n$ 时,节点取为 x_{n-2},x_{n-1}和 x_n.

5.1.4　样条插值

一、样条函数

对区间$(-\infty,+\infty)$的一个分割

$$\Delta:-\infty<x_1<x_2<\cdots<x_n<+\infty$$

若分段函数 $s(x)$满足条件:

(1)在每个区间$(-\infty,x_1]$,$[x_j,x_{j+1}]$($j=1,2,\cdots,n-1$)和$[x_n,+\infty)$上,$s(x)$是一个

次数不超过 m 的实系数代数多项式;

(2) $s(x)$ 在 $(-\infty,+\infty)$ 上具有直至 $m-1$ 阶的连续微商,则称 $y=s(x)$ 为对应于分割 Δ 的 m **次样条函数**, $x_1,x_2,\cdots,x_n$ 称为**样条节点**,以 $x_1,x_2,\cdots,x_n$ 为节点的 m **次样条函数的全体记为** $S_m(x_1,x_2,\cdots,x_n)$, $S_m(x_1,x_2,\cdots,x_n)$ 的维数为 $m+n+1$,一组基底函数为

$$1,x,\cdots,x^m,(x-x_1)_+^m,(x-x_2)_+^m,\cdots,(x-x_n)_+^m$$

所以任意 $s(x)\in S_m(x_1,x_2,\cdots,x_n)$ 均可唯一地表示为

$$s(x)=p_m(x)+\sum_{j=1}^{n}c_j(x-x_j)_+^m,\quad -\infty<x<+\infty$$

其中 $p_m(x)\in P_m$, $c_j(j=1,2,\cdots,n)$ 为实数

$$(x-a)_+^m=\begin{cases}(x-a)^m, & x\geqslant a\\ 0, & x<a\end{cases}$$

二、三次样条插值

设给定节点

$$a=x_0<x_1<\cdots<x_n=b$$

及节点上的函数值

$$f(x_i)=y_i,\quad i=0,1,\cdots,n$$

三次样条插值问题就是构造 $s(x)\in S_3(x_1,x_2,\cdots,x_{n-1})$,使

$$s(x_i)=y_i,\quad i=0,1,\cdots,n$$

设 $s'(x_k)=m_k(k=0,1,\cdots,n)$, $h_k=x_{k+1}-x_k(k=0,1,\cdots,n-1)$,插值问题可通过求解 m_k 得到,一旦 m_k 确定,在每个区间上可通过两点三次 Hermite 插值公式求其表达式. 首先

$$\lambda_k=\frac{h_k}{h_k+h_{k-1}},\ \mu_k=\frac{h_{k-1}}{h_k+h_{k-1}}$$

$$g_k=3\left(\mu_k\frac{y_{k+1}-y_k}{h_k}+\lambda_k\frac{y_k-y_{k-1}}{h_{k-1}}\right),\quad k=1,2,\cdots,n-1$$

插值条件的个数比三次样条空间的维数少 2,需要额外补充 2 个边界条件.

(1)第一类边界条件

$$\begin{cases}s'(x_0)=f'_0\\ s'(x_n)=f'_n\end{cases}$$

这时各插值点的导数值可通过求解下面方程组得到

$$\begin{pmatrix}2 & \mu_1 & & & & \\ \lambda_2 & 2 & \mu_2 & & & \\ & \lambda_3 & 2 & \mu_3 & & \\ & & \ddots & \ddots & \ddots & \\ & & & & & \mu_{n-2}\\ & & & & \lambda_{n-1} & 2\end{pmatrix}\begin{pmatrix}m_1\\ m_2\\ m_3\\ \vdots\\ m_{n-2}\\ m_{n-1}\end{pmatrix}=\begin{pmatrix}g_1-\lambda_1 f'_0\\ g_2\\ g_3\\ \vdots\\ g_{n-2}\\ g_{n-1}-\mu_{n-1}f'_n\end{pmatrix}$$

(2)第二类边界条件

$$\begin{cases}s''(x_0)=f''_0\\ s''(x_n)=f''_n\end{cases}$$

这时对应的方程组为

$$\begin{pmatrix} 2 & 1 & & & & \\ \lambda_1 & 2 & \mu_1 & & & \\ & \lambda_2 & 2 & \mu_2 & & \\ & & \ddots & \ddots & \ddots & \\ & & & \lambda_{n-1} & 2 & \mu_{n-1} \\ & & & & 1 & 2 \end{pmatrix} \begin{pmatrix} m_0 \\ m_1 \\ m_2 \\ \vdots \\ m_{n-1} \\ m_n \end{pmatrix} = \begin{pmatrix} g_0 \\ g_1 \\ g_2 \\ \vdots \\ g_{n-1} \\ g_n \end{pmatrix}$$

其中

$$\begin{cases} g_0 = 3\,\dfrac{y_1 - y_0}{h_0} - \dfrac{h_0}{2} f''_0 \\ g_n = 3\,\dfrac{y_n - y_{n-1}}{h_{n-1}} + \dfrac{h_{n-1}}{2} f''_n \end{cases}$$

(3)第三类边界条件是周期性边界条件

设 $f(x)$是以 $x_n - x_0$ 为周期的周期函数，这时 $s(x)$也应以 $x_n - x_0$ 为周期. 这时对应的方程组为

$$\begin{pmatrix} 2 & \mu_1 & & & \lambda_1 \\ \lambda_2 & 2 & \mu_2 & & \\ & \ddots & \ddots & \ddots & \\ & & \lambda_{n-1} & 2 & \mu_{n-1} \\ \mu_n & & & \lambda_n & 2 \end{pmatrix} \begin{pmatrix} m_1 \\ m_2 \\ \vdots \\ m_{n-1} \\ m_n \end{pmatrix} = \begin{pmatrix} g_1 \\ g_2 \\ \vdots \\ g_{n-1} \\ g_n \end{pmatrix}$$

其中

$$\begin{cases} \mu_n = \dfrac{h_{n-1}}{h_0 + h_{n-1}},\ \lambda_n = \dfrac{h_0}{h_0 + h_{n-1}} \\ g_n = 3\left(\mu_n \dfrac{y_1 - y_0}{h_0} + \lambda_n \dfrac{y_n - y_{n-1}}{h_{n-1}}\right) \end{cases}$$

不论采用哪类边界条件，所得方程组的系数矩阵都是严格对角占优的，所以非奇异，故方程组有唯一解.

三次样条插值函数有较好的收敛性质：

设 $f(x) \in C^2[a,b]$，$s(x)$是以 $a = x_0 < x_1 < \cdots < x_n = b$ 为节点，满足三种边界条件中的任何一种的三次样条插值函数，记 $h = \max\limits_{0 \leqslant i \leqslant n-1}(x_{i+1} - x_i)$，则当 $h \to 0$ 时，$s(x)$和 $s'(x)$在$[a,b]$上分别一致收敛于 $f(x)$和 $f'(x)$.

5.1.5　逼近法

一、正交多项式

对于$[a,b]$上的连续函数 $f(x)$，$g(x)$，定义内积

$$(f,g) = \int_a^b \rho(x) f(x) g(x) \mathrm{d}x$$

其中权函数 $\rho(x)$ 在$[a,b]$ 上可积、非负且至多有有限个零点. 定义 $f(x)$ 的 L^2 模为

$$\| f \|_2 = \sqrt{(f,f)} = \left[\int_a^b \rho(x) f^2(x) \mathrm{d}x\right]^{\frac{1}{2}}$$

若$(f,g)=0$，则称 $f(x)$和 $g(x)$在$[a,b]$上关于权函数 $\rho(x)$正交.

给定线性无关的函数组 $\varphi_0(x),\varphi_1(x),\cdots,\varphi_n(x)$，可通过 Schmidt 正交化过程予以正交化，得到一组正规正交函数系. 具体作法如下：

令 $\phi_0(x)=\varphi_0(x)$；

$$\phi_i(x)=\begin{vmatrix} (\varphi_0,\varphi_0) & \cdots & (\varphi_0,\varphi_{i-1}) & \varphi_0(x) \\ (\varphi_1,\varphi_0) & \cdots & (\varphi_1,\varphi_{i-1}) & \varphi_1(x) \\ \vdots & & \vdots & \vdots \\ (\varphi_i,\varphi_0) & \cdots & (\varphi_i,\varphi_{i-1}) & \varphi_i(x) \end{vmatrix}, \quad i=1,2,\cdots,n$$

则

$$(\phi_i,\varphi_j)=\begin{cases} 0, & j<i \\ \Delta_i, & j=i \end{cases}, \quad i,j=0,1,2,\cdots,n$$

此式中

$$\Delta_i=\begin{vmatrix} (\varphi_0,\varphi_0) & (\varphi_0,\varphi_1) & \cdots & (\varphi_0,\varphi_i) \\ (\varphi_1,\varphi_0) & (\varphi_1,\varphi_1) & \cdots & (\varphi_1,\varphi_i) \\ \vdots & \vdots & & \vdots \\ (\varphi_i,\varphi_0) & (\varphi_i,\varphi_1) & \cdots & (\varphi_i,\varphi_i) \end{vmatrix}, \quad i=0,1,\cdots,n$$

如此构造的 $\phi_0(x),\phi_1(x),\cdots,\phi_n(x)$是正交函数系. 若进一步令

$$\begin{cases} \psi_0(x)=\dfrac{\phi_0(x)}{\sqrt{\Delta_0}} \\ \psi_i(x)=\dfrac{\phi_i(x)}{\sqrt{\Delta_{i-1}\Delta_i}}, \quad i=1,2,\cdots,n \end{cases}$$

则 $\psi_0(x),\psi_1(x),\cdots,\psi_n(x)$称为**标准正交函数系**.

特别地对于幂函数系 $1,x,\cdots,x^n,\cdots$按照上述过程进行正交化即得正交多项式系和标准正交多项式系.

下面列举正交多项式的一些重要性质：

(1)$\psi_n(x)$恰好是 n 次多项式，$\psi_0(x),\psi_1(x),\cdots,\psi_n(x)$是 P_n 的一组基底函数；

(2)$\psi_n(x)$与次数低于 n 次的所有多项式正交；

(3)$\psi_n(x)$在(a,b)内恰有 n 个互异零点.

二、函数的最佳平方逼近

设 $S=\mathrm{span}\{\varphi_0(x),\varphi_1(x),\cdots,\varphi_n(x)\}\subset C[a,b]$，$f(x)\in L^2[a,b]$，若存在 $s^*(x)=\sum_{k=0}^{n} a_k^* \varphi_k(x) \in S$，使

$$\| f(x)-s^*(x) \|_2 = \min_{s(x)\in S} \| f(x)-s(x) \|_2 = \min_{s(x)\in S}\left(\int_a^b \rho(x)[f(x)-s(x)]^2 \mathrm{d}x\right)^{\frac{1}{2}}$$

则称 $s^*(x)$ 是 $f(x)$ 在 S 中的**最佳平方逼近函数**，$\| f(x)-s^*(x) \|_2$ 称为**均方误差**. 显然，求解 $s^*(x)$ 等价于求多元函数

$$E(a_0,a_1,\cdots,a_n)=\int_a^b \rho(x)[f(x)-\sum_{k=0}^{n} a_k\varphi_k(x)]^2\mathrm{d}x$$

的最小值点 $(a_0^*,a_1^*,\cdots,a_n^*)$. 通过多元函数求导等于零可得法方程组

$$\sum_{k=0}^{n} a_k(\varphi_k,\varphi_i)=(f,\varphi_i),\quad i=0,1,\cdots,n$$

求解该方程组得到 $a_0^*,a_1^*,\cdots,a_n^*$.

在实际计算中可利用 S 的正交基解最佳平方逼近问题.

设 $\phi_0(x),\phi_1(x),\cdots,\phi_n(x)$ 是 S 的正交基，这时可得最近平方逼近函数为

$$s^*(x)=\sum_{k=0}^{n}\frac{(f,\phi_k)}{(\phi_k,\phi_k)}\phi_k(x)$$

进一步，若 $\psi_0(x),\psi_1(x),\cdots,\psi_n(x)$ 是 S 的标准正交基，则 $s^*(x)$ 就是 $f(x)$ 在 S 中的正交展开式

$$s^*(x)=\sum_{k=0}^{n}(f,\psi_k)\psi_k(x)$$

三、数据拟合的最小二乘法

设 $(x_i,y_i)(i=0,1,\cdots,m)$ 为给定的一组数据，$\omega_i>0(i=0,1,\cdots,m)$ 为各点的权系数，要求在函数空间 $S=\mathrm{span}\{\varphi_0(x),\varphi_1(x),\cdots,\varphi_n(x)\}$ 中，求一个函数 $s^*(x)=\sum_{k=0}^{n}a_k^*\varphi_k(x)\in S$，使其满足

$$\sum_{i=0}^{m}\omega_i(s^*(x_i)-y_i)^2=\min_{s(x)\in S}\sum_{i=0}^{m}\omega_i(s(x_i)-y_i)^2$$

求函数 $s^*(x)$ 的这种方法称为**数据拟合的最小二乘法**，简称**最小二乘法**，并称 $s^*(x)$ 为**最小二乘解**.

在求最小二乘解时，要求函数空间 S 的基底函数 $\varphi_0(x),\varphi_1(x),\cdots,\varphi_n(x)$ 满足 Haar 条件.

显然，求解 $s^*(x)$ 等价于求多元函数

$$E(a_0,a_1,\cdots,a_n)=\sum_{i=0}^{m}\omega_i(s(x_i)-y_i)^2=\sum_{i=0}^{m}\omega_i(\sum_{k=0}^{n}a_k\varphi_k(x_i)-y_i)^2$$

的最小值点 $(a_0^*,a_1^*,\cdots,a_n^*)$. 通过多元函数求导等于零可得法方程组

$$\begin{pmatrix}(\varphi_0,\varphi_0) & (\varphi_1,\varphi_0) & \cdots & (\varphi_n,\varphi_0)\\ (\varphi_0,\varphi_1) & (\varphi_1,\varphi_1) & \cdots & (\varphi_n,\varphi_1)\\ \vdots & \vdots & & \vdots\\ (\varphi_0,\varphi_n) & (\varphi_1,\varphi_n) & \cdots & (\varphi_n,\varphi_n)\end{pmatrix}\begin{pmatrix}a_0\\ a_1\\ \vdots\\ a_n\end{pmatrix}=\begin{pmatrix}(f,\varphi_0)\\ (f,\varphi_1)\\ \vdots\\ (f,\varphi_n)\end{pmatrix}$$

方程组中的内积定义如下

$$(\varphi_k,\varphi_j)=\sum_{i=0}^{m}\omega_i\varphi_k(x_i)\varphi_j(x_i)$$

$$(f,\varphi_j)=\sum_{i=0}^{m}\omega_i y_i \varphi_j(x_i)$$

求解该方程组即得 $a_0^*,a_1^*,\cdots,a_n^*$. 由于 $\varphi_0(x),\varphi_1(x),\cdots,\varphi_n(x)$ 满足 Haar 条件,所以法方程组的系数矩阵非奇异,故法方程组有唯一解.

称 $(s^*-f,s^*-f)=\sum_{i=0}^{m}\omega_i(s^*(x_i)-y_i)^2$ 为最小二乘解 $s^*(x)$ 的**平方误差**,$\sqrt{\sum_{i=0}^{m}\omega_i(s^*(x_i)-y_i)^2}$ 为**均方误差**.

用最小二乘法作数据拟合问题的步骤是:

(1) 根据散点图中散点的分布情况或根据经验确定 S 的类型;

(2) 选定 S 的一组基函数,建立并求解法方程组,得 $a_0^*,a_1^*,\cdots,a_n^*$.

5.2 思考题及解答

1. 确定 $n+1$ 个节点的三次样条插值函数需要多少个参数?为确定这些参数,需要加上什么条件?

答:由于 $n+1$ 个节点的三次样条插值函数空间的维数为 $n+3$,所以总共需要 $n+3$ 个参数,去掉 $n+1$ 个节点的插值条件,还需要加上 2 个条件,通常可在区间的两个端点上各加 1 个边界条件,常用的边界条件有 3 种:

(1) 已知两端的一阶导数值,即

$$s'(x_0)=f'_0,s'(x_n)=f'_n$$

(2) 已知两端的二阶导数值,即

$$s''(x_0)=f''_0,s''(x_n)=f''_n$$

特殊情况为自然边界条件

$$s''(x_0)=0,s''(x_n)=0$$

(3) 当 $f(x)$ 是以 x_n-x_0 为周期的周期函数时,要求 $s(x)$ 也是周期函数,这时边界条件就满足

$$s(x_0+0)=s(x_n-0),s'(x_0+0)=s'(x_n-0),s''(x_0+0)=s''(x_n-0)$$

这时 $s(x)$ 称为周期样条函数.

2. 判断下列命题是否正确?

(1) 对给定的数据作插值,插值函数个数可以有许多.

(2) $l_i(x)(i=0,1,\cdots,n)$ 是关于节点 $x_i(i=0,1,\cdots,n)$ 的 Lagrange 插值基函数,则对任何次数不大于 n 的多项式 $P(x)$ 都有 $\sum_{i=0}^{n} l_i(x)P(x_i)=P(x)$.

(3) 当 $f(x)$ 为连续函数,节点 $x_i(i=0,1,\cdots,n)$ 为等距节点,构造 Lagrange 插值多项式 $L_n(x)$,则 n 越大 $L_n(x)$ 越接近 $f(x)$.

(4) 当 $f(x)$ 满足一定的连续可微条件时,若构造三次样条插值函数 $s_n(x)$,则 n 越大

得到的三次样条插值函数 $s_n(x)$ 越接近 $f(x)$.

(5) 高次 Lagrange 插值是很常用的.

(6) 函数 $f(x)$ 的 Newton 插值多项式 $L_n(x)$，若 $f(x)$ 的各阶导数均存在，则当 $x_i \to x_0 (i=1,\cdots,n)$ 时，$L_n(x)$ 就是 $f(x)$ 在点 x_0 的 Taylor 多项式.

答：(1) 对. 因为可以取不同的数据构造相同或不同次数的插值多项式.

(2) 对. 因为这时插值余项为零.

(3) 错. 当 $n \to \infty$ 时，$L_n(x)$ 不一定收敛到 $f(x)$，如函数 $f(x)=\dfrac{1}{1+x^2}$ 作高次插值时所出现的振荡现象.

(4) 对. 因为有结论：设 $f(x)\in C^2[a,b]$，$s(x)$ 是以 $a=x_0<x_1<\cdots<x_n=b$ 为节点，满足三种边界条件中的任何一种的三次样条插值函数，记 $h=\max\limits_{0\leqslant i\leqslant n-1}(x_{i+1}-x_i)$，则当 $h\to 0$ 时，$s(x)$ 和 $s'(x)$ 在 $[a,b]$ 上分别一致收敛于 $f(x)$ 和 $f'(x)$.

(5) 错. 高次 Lagrange 插值不一定具有收敛性，因而并不常用.

(6) 对. 这可由 Newton 插值及均差的性质得出.

5.3　经典例题分析

【例 5-1】　证明：$1,x^2$ 在 $[0,1]$ 上满足 Haar 条件，但在 $[-1,1]$ 上不满足 Haar 条件.

证明　任取 $x_0,x_1\in[0,1]$ 且 $x_0\neq x_1$，则

$$\begin{vmatrix} 1 & x_0^2 \\ 1 & x_1^2 \end{vmatrix} = x_1^2 - x_0^2 \neq 0$$

因此 $1,x^2$ 在 $[0,1]$ 上满足 Haar 条件. 若取 $x_0=1,x_1=-1$，显然 $x_0,x_1\in[-1,1]$ 且 $x_0\neq x_1$，但此时 $\begin{vmatrix} 1 & x_0^2 \\ 1 & x_1^2 \end{vmatrix}=0$，因此 $1,x^2$ 在 $[-1,1]$ 上不满足 Haar 条件.

【例 5-2】　证明：$1,x,x^2,\cdots,x^n$ 在任何区间 $[a,b]$ 上均满足 Haar 条件.

证明　设 $x_0,x_1,\cdots,x_n$ 为区间 $[a,b]$ 上的 $n+1$ 个互异点，则根据 Vandermonde 行列式的计算公式可得

$$\begin{vmatrix} 1 & x_0 & \cdots & x_0^n \\ 1 & x_1 & \cdots & x_1^n \\ \vdots & \vdots & & \vdots \\ 1 & x_n & \cdots & x_n^n \end{vmatrix} = \prod_{0\leqslant i<j\leqslant n}(x_j - x_i) \neq 0$$

因此 $1,x,x^2,\cdots,x^n$ 在任何区间 $[a,b]$ 上均满足 Haar 条件.

【例 5-3】　证明：三角函数系 $1,\cos x,\sin x,\cos 2x,\sin 2x,\cdots,\cos nx,\sin nx$ 在 $[-\pi,\pi]$ 上满足 Haar 条件.

证明　设 $x_0,x_1,\cdots,x_{2n}$ 为区间 $[-\pi,\pi]$ 上的 $2n+1$ 个互异点，则根据 Euler 公式有

$$\cos mx_j=\frac{e^{imx_j}+e^{-imx_j}}{2},\sin mx_j=\frac{e^{-imx_j}-e^{-imx_j}}{2i},\quad m=1,2,\cdots,n$$

其中 i 为虚单位,因此

$$\begin{vmatrix} 1 & \cos x_0 & \sin x_0 & \cdots & \cos nx_0 & \sin nx_0 \\ 1 & \cos x_1 & \sin x_1 & \cdots & \cos nx_1 & \sin nx_1 \\ \vdots & \vdots & \vdots & & \vdots & \vdots \\ 1 & \cos x_{2n} & \sin x_{2n} & \cdots & \cos nx_{2n} & \sin nx_{2n} \end{vmatrix}$$

$$=\frac{1}{2^{2n}i^n}\begin{vmatrix} 1 & e^{ix_0}+e^{-ix_0} & e^{ix_0}-e^{-ix_0} & \cdots & e^{inx_0}+e^{-inx_0} & e^{inx_0}-e^{-inx_0} \\ 1 & e^{ix_1}+e^{-ix_1} & e^{ix_1}-e^{-ix_1} & \cdots & e^{inx_1}+e^{-inx_1} & e^{inx_1}-e^{-inx_1} \\ \vdots & \vdots & \vdots & & \vdots & \vdots \\ 1 & e^{ix_{2n}}+e^{-ix_{2n}} & e^{ix_{2n}}-e^{-ix_{2n}} & \cdots & e^{inx_{2n}}+e^{-inx_{2n}} & e^{inx_{2n}}-e^{-inx_{2n}} \end{vmatrix}$$

$$=\frac{i^n}{2^n}\begin{vmatrix} 1 & e^{ix_0} & e^{-ix_0} & \cdots & e^{inx_0} & e^{-inx_0} \\ 1 & e^{ix_1} & e^{-ix_1} & \cdots & e^{inx_1} & e^{-inx_1} \\ \vdots & \vdots & \vdots & & \vdots & \vdots \\ 1 & e^{ix_{2n}} & e^{-ix_{2n}} & \cdots & e^{inx_{2n}} & e^{-inx_{2n}} \end{vmatrix}$$

$$=\frac{i^n}{2^n e^{in(x_0+x_1+\cdots+x_{2n})}}\begin{vmatrix} e^{inx_0} & e^{i(n+1)x_0} & e^{i(n-1)x_0} & \cdots & e^{2inx_0} & 1 \\ e^{inx_1} & e^{i(n+1)x_1} & e^{i(n-1)x_1} & \cdots & e^{2inx_1} & 1 \\ \vdots & \vdots & \vdots & & \vdots & \vdots \\ e^{inx_{2n}} & e^{i(n+1)x_{2n}} & e^{i(n-1)x_{2n}} & \cdots & e^{2inx_{2n}} & 1 \end{vmatrix}$$

$$=\frac{i^n}{2^n e^{in(x_0+x_1+\cdots+x_{2n})}}\begin{vmatrix} 1 & e^{ix_0} & e^{2ix_0} & \cdots & e^{i(2n-1)x_0} & e^{2inx_0} \\ 1 & e^{ix_1} & e^{2ix_1} & \cdots & e^{i(2n-1)x_1} & e^{2inx_1} \\ \vdots & \vdots & \vdots & & \vdots & \vdots \\ 1 & e^{ix_{2n}} & e^{2ix_{2n}} & \cdots & e^{i(2n-1)x_{2n}} & e^{2inx_{2n}} \end{vmatrix}$$

$$=\frac{i^n}{2^n e^{in(x_0+x_1+\cdots+x_{2n})}}\prod_{0\leqslant k<j\leqslant 2n}(e^{ix_j}-e^{ix_k})$$

由于 $x_0,x_1,\cdots,x_{2n}$ 为区间$[-\pi,\pi]$上的 $2n+1$ 个互异点,故上式括号中的每一项都不为零,从而行列式值不为零,这样便得到结论.

【例 5-4】 设

$$f(x)=\frac{1}{1+x^2}$$

分别讨论将区间 6 等分、8 等分和 10 等分后,Lagrange 插值的效果,并简单分析原因.

解 插值结果如图 5-1 所示.

分析插值结果可以发现,插值函数并未随着插值结点的增多而收敛于被插值函数,反而效果更差,这种高阶插值的振荡现象称为 Runge 现象. 下面分析产生这一现象的原因. 根据插值余项公式,我们有

$$f(x)-p_n(x)=\frac{f^{(n+1)}(\xi)}{(n+1)!}\omega_{n+1}(x)$$

显然插值误差与 $f(x)$ 的 $n+1$ 阶导数的大小有关,而

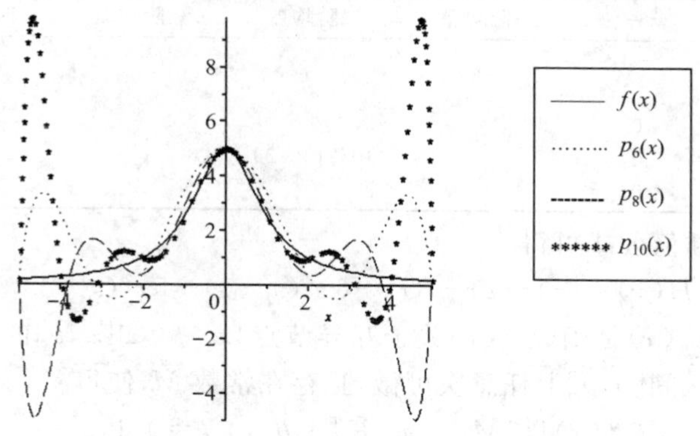

图 5-1　插值结果

$$f(x)=\frac{1}{1+x^2}=\frac{1}{2\mathrm{i}}\left(\frac{1}{x-\mathrm{i}}-\frac{1}{x+\mathrm{i}}\right)$$

从而有

$$f^{(n+1)}(x)=\frac{(-1)^{n+1}}{2\mathrm{i}}(n+1)!\ \left[\frac{1}{(x-\mathrm{i})^{n+2}}-\frac{1}{(x+\mathrm{i})^{n+2}}\right]$$

这样

$$f(x)-p_n(x)=\frac{(-1)^{n+1}}{2\mathrm{i}}\left[\frac{1}{(\xi-\mathrm{i})^{n+2}}-\frac{1}{(\xi+\mathrm{i})^{n+2}}\right]\omega_{n+1}(x)$$
$$=\frac{(-1)^{n+1}\omega_{n+1}(x)}{(\xi^2+1)^{n/2+1}}\sin\ (n+2)\theta$$

式中：$\theta=\arctan\dfrac{1}{\xi}$. 当 $n\to\infty$ 时，无法保证余项的收敛性.

【例 5-5】 用重节点均差法构造四次插值多项式 $H(x)$，使之满足

$$H(0)=-1,H'(0)=-2,H(1)=0,H'(1)=10,H''(1)=40$$

分析　在均差 $f[x_0,x_1,\cdots,x_n]$ 中，若有某些节点相重，可由

$$f[x_0,x_1,\cdots,x_n]=\frac{f^{(n)}(\xi)}{n!}$$

定义重节点均差. 例如

$$f[x_0,x_0]=\lim_{x\to x_0}f[x_0,x]=\lim_{x\to x_0}\frac{f(x)-f(x_0)}{x-x_0}=f'(x_0)$$

或

$$f[x_0,x_0]=\lim_{x\to x_0}f[x_0,x]=\lim_{\xi\to x_0}\frac{f'(\xi)}{1!}=f'(x_0)$$

一般地有 $f\underbrace{[x_0,x_0,\cdots,x_0]}_{n+1个}=\dfrac{f^{(n)}(x_0)}{n!}$.

解　构造均差表，见表 5-2.

表 5-2 均差表

x_i	y_i	一阶均差	二阶均差	三阶均差	四阶均差
0	−1				
		−2			
0	−1		3		
		1		6	
1	0		9		5
		10		11	
1	0		40/2! =20		
		10			
1	0				

根据 Newton 插值公式可得

$$H(x)=-1-2x+3x^2+6x^2(x-1)+5x^2(x-1)^2$$

【例 5-6】 设 $p_n(x)$是函数 $f(x)$关于互异节点$\{x_i\}_{i=0}^n\subset[a,b]$的不超过 n 次的插值多项式,若 $f(x)$在区间$[a,b]$上任意次可微,且存在常数 M,使得

$$|f^{(k)}(x)|\leqslant M,\quad \forall x\in[a,b],\quad k=0,1,2,\cdots$$

试证明:插值多项式序列$\{p_n(x)\}_{n=1}^\infty$在区间$[a,b]$上收敛于被插值函数 $f(x)$.

证明 对任意 $x\in[a,b]$,函数 $f(x)$关于互异节点$\{x_i\}_{i=0}^n$的不超过 n 次的插值多项式的插值余项为

$$R_n(x)=f(x)-p_n(x)=\frac{f^{(n+1)}(\xi)}{(n+1)!}\omega_{n+1}(x),\quad \xi\in(a,b)$$

式中

$$\omega_{n+1}(x)=(x-x_0)(x-x_1)\cdots(x-x_n)$$

利用题中关于导数的有界性有

$$|R_n(x)|\leqslant\frac{M}{(n+1)!}|\omega_{n+1}(x)|<\frac{M}{(n+1)!}|b-a|^{n+1}$$

进而由

$$\lim_{n\to\infty}\frac{|b-a|^{n+1}}{(n+1)!}=0$$

推知$\lim\limits_{n\to\infty}|R_n(x)|=0$,即

$$\lim_{n\to\infty}|f(x)-p_n(x)|=0,\quad \forall x\in[a,b]$$

故多项式序列$\{p_n(x)\}_{n=1}^\infty$在区间$[a,b]$上收敛于被插值函数 $f(x)$.

【例 5-7】 用 Newton 插值法推导两点三次 Hermite 插值公式,即求三次多项式 $H(x)$使之满足

$$H(x_0)=y_0,H'(x_0)=y'_0,H(x_1)=y_1,H'(x_1)=y'_1$$

解 构造均差表,见表 5-3.

表 5-3 均差表

x_i	y_i	一阶均差	二阶均差	三阶均差
x_0	y_0			
		y'_0		
x_0	y_0		$\frac{y_1-y_0-y'_0(x_1-x_0)}{(x_1-x_0)^2}$	
		$\frac{y_1-y_0}{x_1-x_0}$		$\frac{y'_1(x_1-x_0)-2(y_1-y_0)+y'_0(x_1-x_0)}{(x_1-x_0)^3}$
x_1	y_1		$\frac{y'_1(x_1-x_0)-(y_1-y_0)}{(x_1-x_0)^2}$	
		y'_1		
x_1	y_1			

根据 Newton 插值公式可得

$$H(x)=y_0+y_0'(x-x_0)+\frac{y_1-y_0-y_0'(x_1-x_0)}{(x_1-x_0)^2}(x-x_0)^2+$$
$$\frac{y_1'(x_1-x_0)-2(y_1-y_0)+y_0'(x_1-x_0)}{(x_1-x_0)^3}(x-x_0)^2(x-x_1)$$

【例 5-8】 设 $L_n(x)$是首项系数为 1 的 n 次 Legendre 多项式,证明

$$L_n(x)=\frac{n!}{(2n)!}\cdot\frac{\mathrm{d}^n}{\mathrm{d}x^n}(x^2-1)^n$$

证明 容易看出上式右端的确是一个 n 次多项式,且 x^n 的系数为

$$\frac{n!}{(2n)!}(2n)(2n-1)\cdots(n+1)=1$$

即 $L_n(x)$是首项系数为 1 的 n 次多项式. 下面验证其正交性. 记 $\phi(x)=(x^2-1)^n$,则

$$\phi^{(k)}(\pm1)=0,\quad 0\leqslant k\leqslant n-1$$

而且

$$L_n(x)=\frac{n!}{(2n)!}\phi^{(n)}(x)$$

设 $Q(x)$为次数不高于 n 的任意多项式,由分部积分法易得

$$\begin{aligned}\int_{-1}^{1}L_n(x)Q(x)\mathrm{d}x &= \frac{n!}{(2n)!}\left\{Q(x)\phi^{(n-1)}(x)\Big|_{-1}^{1}-\int_{-1}^{1}Q(x)\phi^{(n-1)}(x)\mathrm{d}x\right\}\\ &=-\frac{n!}{(2n)!}\int_{-1}^{1}Q(x)\phi^{(n-1)}(x)\mathrm{d}x=\cdots\\ &=\frac{(-1)^n n!}{(2n)!}\int_{-1}^{1}Q^{(n)}(x)\phi(x)\mathrm{d}x\end{aligned}$$

由于 $Q(x)$的次数低于 n,则 $Q^{(n)}(x)=0$,从而上式为零,即 $Q(x)$与 $L_n(x)$相正交. 综上便证明了 $L_n(x)$是首项系数为 1 的 n 次 Legendre 多项式.

【例 5-9】 设 $L_n(x)$是首项系数为 1 的 n 次 Legendre 多项式,证明:下面的三项递推关系式成立

$$L_n(x)=xL_{n-1}(x)-\frac{(n-1)^2}{(2n-3)(2n-1)}L_{n-2}(x),\quad n=2,3,\cdots$$

证明 引入内积 $(f,g)=\int_{-1}^{1}f(x)g(x)\mathrm{d}x$. 显然 $xL_{n-1}(x)$是最高项系数为 1 且次数为 n 的多项式,因此可表示为

$$xL_{n-1}(x)=c_0L_0(x)+c_1L_1(x)+\cdots+c_nL_n(x)$$

左边最高项系数都为 1,故 $c_n=1$. 用 $L_k(x)$乘两边然后再积分(即作内积),由正交多项式的正交性质,当 $k\leqslant n-3$ 时有

$$c_k(L_k,L_k)=(L_k,xL_{n-1})=(xL_k,L_{n-1})=0$$

因而 $c_k=0(k=0,1,\cdots,n-3)$. 于是原式相当于

$$xL_{n-1}(x)=c_{n-2}L_{n-2}(x)+c_{n-1}L_{n-1}(x)+L_n(x)$$

下面确定 c_{n-2}和 c_{n-1}. 两边与 L_{n-1}作内积得

$$(xL_{n-1},L_{n-1})=c_{n-1}(L_{n-1},L_{n-1})$$

这样便有

$$c_{n-1}=\frac{(xL_{n-1},L_{n-1})}{(L_{n-1},L_{n-1})}$$

设 $Q(x)$ 为一多项式,则与上题相同的计算过程可得

$$\int_{-1}^{1}L_{n-1}(x)Q(x)\mathrm{d}x=\frac{(-1)^{n-1}(n-1)!}{(2n-2)!}\int_{-1}^{1}Q^{(n-1)}(x)(x^2-1)^{n-1}\mathrm{d}x$$

若取 $Q(x)=L_{n-1}(x)$,则有

$$\begin{aligned}\int_{-1}^{1}(L_{n-1}(x))^2\mathrm{d}x&=\frac{(-1)^{n-1}(n-1)!}{(2n-2)!}\int_{-1}^{1}L_{n-1}^{(n-1)}(x)(x^2-1)^{n-1}\mathrm{d}x\\&=\frac{((n-1)!)^2}{(2n-2)!}\int_{-1}^{1}(1-x^2)^{n-1}\mathrm{d}x\\&=\frac{((n-1)!)^2}{(2n-2)!}\int_{-\frac{\pi}{2}}^{\frac{\pi}{2}}(\cos\theta)^{2n-1}\mathrm{d}\theta\\&=\frac{((n-1)!)^2}{(2n-2)!}\frac{2^n((n-1)!)^2}{(2n-1)!}\\&=\frac{2^n((n-1)!)^4}{(2n-2)!(2n-1)!}\end{aligned}$$

注意到 $L_{n-1}(x)=x^{n-1}+\alpha\cdot x^{n-3}+\cdots$,取 $Q(x)=x^n$ 可得

$$\begin{aligned}(xL_{n-1},L_{n-1})&=\int_{-1}^{1}x(L_{n-1}(x))^2\mathrm{d}x\\&=\int_{-1}^{1}L_{n-1}(x)(x^n+\alpha\cdot x^{n-2}+\cdots)\mathrm{d}x\\&=\int_{-1}^{1}L_{n-1}(x)x^n\mathrm{d}x\\&=\frac{(-1)^{n-1}(n-1)!}{(2n-2)!}\int_{-1}^{1}(x^n)^{(n-1)}(x^2-1)^{n-1}\mathrm{d}x=0\end{aligned}$$

这样便有 $c_{n-1}=\dfrac{(xL_{n-1},L_{n-1})}{(L_{n-1},L_{n-1})}=0$. 用 L_{n-2} 分别与递推关系式两边作内积得

$$\begin{aligned}c_{n-2}\int_{-1}^{1}L_{n-2}^2(x)\mathrm{d}x&=\int_{-1}^{1}xL_{n-1}(x)L_{n-2}(x)\mathrm{d}x\\&=\int_{-1}^{1}L_{n-1}(x)(xL_{n-2}(x))\mathrm{d}x\\&=\int_{-1}^{1}L_{n-1}(x)(L_{n-1}(x)+r(x))\mathrm{d}x\\&=\int_{-1}^{1}L_{n-1}^2(x)\mathrm{d}x\end{aligned}$$

其中 $r(x)$ 为次数低于 $n-1$ 的多项式. 利用前面的推导结果可得

$$c_{n-2}=\frac{\int_{-1}^{1}L_{n-1}^2(x)\mathrm{d}x}{\int_{-1}^{1}L_{n-2}^2(x)\mathrm{d}x}=\frac{\dfrac{2^n((n-1)!)^4}{(2n-2)!(2n-1)!}}{\dfrac{2^{n-1}((n-2)!)^4}{(2n-4)!(2n-3)!}}=\frac{(n-1)^2}{(2n-3)(2n-1)}$$

代回递推关系式便可得结论成立.

【例 5-10】 证明:$f[x_0,x_1,\cdots,x_k]=\sum\limits_{j=0}^{k}\dfrac{f(x_j)}{\omega'_{k+1}(x_j)}$,其中

$$\omega_{k+1}(x)=(x-x_0)(x-x_1)\cdots(x-x_k)$$

证明　当 $k=1$ 时显然成立，下面假设上面的等式对于 k 阶均差成立，然后证明它对于 $k+1$ 阶均差也成立. 为方便，记 $v_{k+1}(x)=(x-x_0)(x-x_1)\cdots(x-x_{k-1})(x-x_{k+1})$，根据定义

$$\begin{aligned}f[x_0,x_1,\cdots,x_{k+1}]&=\frac{f[x_0,x_1,\cdots,x_{k-1},x_{k+1}]-f[x_0,x_1,\cdots,x_k]}{x_{k+1}-x_k}\\&=\frac{1}{x_{k+1}-x_k}\left(\sum_{j=0}^{k-1}\frac{f(x_j)}{v'_{k+1}(x_j)}+\frac{f(x_{k+1})}{v'_{k+1}(x_{k+1})}-\sum_{j=0}^{k}\frac{f(x_j)}{\omega'_{k+1}(x_j)}\right)\\&=\sum_{j=0}^{k-1}\frac{f(x_j)}{x_{k+1}-x_k}\left(\frac{1}{v'_{k+1}(x_j)}-\frac{1}{\omega'_{k+1}(x_j)}\right)+\\&\quad\frac{f(x_{k+1})}{(x_{k+1}-x_k)v'_{k+1}(x_{k+1})}-\frac{f(x_k)}{(x_{k+1}-x_k)\omega'_{k+1}(x_k)}\end{aligned}$$

而

$$\begin{aligned}\frac{f(x_j)}{x_{k+1}-x_k}\left(\frac{1}{v'_{k+1}(x_j)}-\frac{1}{\omega'_{k+1}(x_j)}\right)&=\frac{f(x_j)}{(x_{k+1}-x_k)\omega'_k(x_j)}\left(\frac{1}{x_j-x_{k+1}}-\frac{1}{x_j-x_k}\right)\\&=\frac{f(x_j)}{\omega'_k(x_j)(x_j-x_k)(x_j-x_{k+1})}=\frac{f(x_j)}{\omega'_{k+2}(x_j)}\end{aligned}$$

$$\frac{f(x_{k+1})}{(x_{k+1}-x_k)v'_{k+1}(x_{k+1})}=\frac{f(x_{k+1})}{\omega'_{k+2}(x_{k+1})},-\frac{f(x_k)}{(x_{k+1}-x_k)\omega'_{k+1}(x_k)}=\frac{f(x_k)}{\omega'_{k+2}(x_k)}$$

综上便得 $f[x_0,x_1,\cdots,x_{k+1}]=\sum_{j=0}^{k+1}\frac{f(x_j)}{\omega'_{k+2}(x_j)}$，根据数学归纳法便可得到结论成立.

【例 5-11】　证明：均差可以表示为两行列式之商，即

$$f[x_0,x_1,\cdots,x_k]=\begin{vmatrix}1&1&\cdots&1\\x_0&x_1&\cdots&x_k\\\vdots&\vdots&&\vdots\\x_0^{k-1}&x_1^{k-1}&\cdots&x_k^{k-1}\\f(x_0)&f(x_1)&\cdots&f(x_k)\end{vmatrix}:\begin{vmatrix}1&1&\cdots&1\\x_0&x_1&\cdots&x_k\\\vdots&\vdots&&\vdots\\x_0^{k-1}&x_1^{k-1}&\cdots&x_k^{k-1}\\x_0^k&x_1^k&\cdots&x_k^k\end{vmatrix}$$

证明　由例 5-10 结论可知

$$f[x_0,x_1,\cdots,x_k]=\sum_{j=0}^{k}\frac{f(x_j)}{\omega'_{k+1}(x_j)}$$

而

$$\begin{aligned}\omega'_{k+1}(x_j)&=(x_j-x_0)\cdots(x_j-x_{j-1})(x_j-x_{j+1})\cdots(x_j-x_k)\\&=(-1)^{k-j}\prod_{j<i\leqslant k}(x_i-x_j)\cdot\prod_{0\leqslant i<j}(x_j-x_i)\\&=(-1)^{k-j}\prod_{\substack{0\leqslant l<i\leqslant k\\ i=j\text{或}l=j}}(x_i-x_l)=(-1)^{k-j}\frac{\prod\limits_{0\leqslant l<i\leqslant k}(x_i-x_l)}{\prod\limits_{\substack{0\leqslant l<i\leqslant k\\ i\neq j\text{且}l\neq j}}(x_i-x_l)}\end{aligned}$$

上式中的分子恰为 Vandermonde 行列式的展开形式，即结论中的分母部分，记为 D. 这样便有

$$f[x_0,x_1,\cdots,x_k]=\frac{1}{D}\sum_{j=0}^{k}f(x_j)(-1)^{k-j}\prod_{\substack{0\leqslant l<i\leqslant k\\ i\neq j\text{且}l\neq j}}(x_i-x_l)$$
$$=\frac{1}{D}\sum_{j=0}^{k}f(x_j)(-1)^{k+j}\prod_{\substack{0\leqslant l<i\leqslant k\\ i\neq j\text{且}l\neq j}}(x_i-x_l)$$

容易看出$\sum_{j=0}^{k}f(x_j)(-1)^{k+j}\prod_{\substack{0\leqslant l<i\leqslant k\\ i\neq j\text{且}l\neq j}}(x_i-x_l)$为所证明等式中右端项分子按照最后一行展开的结果，这样便得结论成立.

【例 5-12】 证明：n 次正交多项式 $\phi_n(x)$ 在(a,b)内恰有 n 个互异零点.

证明 由 $\phi_0(x)$ 为非零常数，$\phi_n(x)$ 为 n 次正交多项式可知

$$(\phi_0,\phi_n)=\int_a^b\rho(x)\phi_0(x)\phi_n(x)\mathrm{d}x=\phi_0(x)\int_a^b\rho(x)\phi_n(x)\mathrm{d}x=0$$

因此$\int_a^b\rho(x)\phi_n(x)\mathrm{d}x=0$，则被积函数在积分开区间上必然变号，而权函数在区间$[a,b]$上是非负的，因此 $\phi_n(x)$ 在(a,b)内必变号. 由此看来，在(a,b)内部必有奇重根，设奇重根的个数为 k，而$\xi_1,\xi_2,\cdots,\xi_k(k<n)$为这些相异的奇重根，于是 $f(x)=(x-\xi_1)(x-\xi_2)\cdots(x-\xi_k)$为次数低于 $\phi_n(x)$ 的多项式，由直交性可知

$$\int_a^b\rho(x)f(x)\phi_n(x)\mathrm{d}x=0$$

但另一方面 $f(x)\phi_n(x)$ 是只含偶重根的多项式，因此根据前段的同样推理，可知上述积分不可能为零. 由此可见，$k<n$ 的假定是不对的，亦即必然 $k=n$. 这就说明 $\phi_n(x)$ 在(a,b)内恰有 n 个互异零点.

习题 5

1. 填空题

(1)已知 $s(x)=\begin{cases}3x^2, & x<0\\ x^3+ax^2, & 0\leqslant x<1\\ 2x^3+bx-1, & x\geqslant 1\end{cases}$ 是以 0 和 1 为节点的三次样条函数，则 $a=$________，$b=$________.

(2)由下列数表：

x_i	-2	-1	0	1	2	3
y_i	-5	-2	3	10	19	30

所确定的插值多项式的次数是________，最高次项系数为________.

(3)已知 $f(x)=2x^3+x$，则 $f[0,1,2,3]=$________，$f[0,1,2,3,4]=$________.

(4) 设 $x_i(i=0,1,2,3)$为互异节点，$l_i(x)$为相应的三次插值基函数，则 $\sum_{i=0}^{3}x_il_i(0)=$________，$\sum_{i=0}^{3}(x_i^3+1)l_i(x)=$________.

(5)求不高于 3 次的插值多项式 $p_3(x)$，此多项式在 $x_0=1,x_1=3,x_2=6,x_3=7$ 处与 $f(x)=x^2$ 的值相同，则 $p_3(x)=$________.

2. 求一个 4 次多项式 $p(x)$，使得 $p(-1)=1,p(0)=1,p(1)=5,p(2)=13,p(-2)=29$.

3. 已知 100，121 和 144 的开方值，用线性插值及二次插值计算 $\sqrt{115}$ 的近似值.

4. 证明：若 $f(x)=x^m$，m 为自然数，则

$$f[x_0,x_1,\cdots,x_k]=\begin{cases}0, & k>m\\ 1, & k=m\\ \text{诸 } x_i \text{ 的 } m-k \text{ 次的齐次函数}, & k<m\end{cases}$$

5. 求一个 3 次多项式 $p(x)$，使得 $p(0)=-1,p'(0)=1,p(1)=0,p'(1)=2$.

6. 设 $x_0,x_1,\cdots,x_n$ 是互异的插值节点组，$l_i(x)$是 Lagrange 插值基函数

$$l_i(x)=\frac{\omega_{n+1}(x)}{(x-x_i)\omega'_{n+1}(x_i)},\ \omega_{n+1}(x)=(x-x_0)\cdots(x-x_n)$$

试求 $\sum\limits_{i=0}^{n}x_i^k l_i(x),0\leqslant k\leqslant n$.

7. 证明：函数组 $\varphi_1(x),\varphi_2(x),\cdots,\varphi_n(x)$ 在$[a,b]$上满足 Haar 条件的充分必要条件是形如 $\sum\limits_{i=1}^{n}c_i\varphi_i(x)$ 的函数中，只有零函数在$[a,b]$上有 n 个或更多个根.

8. 确定下列函数组在指定的区间上是否满足 Haar 条件：

(1)$\{1,x,x^2,\cdots,x^m\}$在任意闭区间$[a,b]$上；

(2)$\{1,x^2,x^4\}$在$[0,1]$上；

(3)$\{1,x^2,x^4\}$在$[-1,1]$上.

9. 判断下列函数是否为各自定义域上的三次样条函数：

$$(1)s(x)=\begin{cases}2+3x+4x^2+x^3, & x\in[-1,0]\\ 2+3x+4x^2+4x^3, & x\in[0,1]\\ 1+6x+x^2+5x^3, & x\in[1,2]\end{cases};$$

$$(2)s(x)=\begin{cases}x^3+2x+1, & x\in[0,1]\\ x^3+x^2+2, & x\in[1,2]\end{cases}.$$

10. 证明：若 n 次样条函数 $s(x)\in S_n(x_1,x_2,\cdots,x_N)$满足条件

$$s(x)=0,\quad \text{当 } x\leqslant x_1 \text{ 和 } x\geqslant x_N$$

则除 $s(x)\equiv 0(-\infty<x<+\infty)$之外，必有 $N\geqslant n+2$.

11. 求$[0,1]$上以 $\rho(x)=1$ 为权函数的标准正交多项式系 $\psi_0(x),\psi_1(x),\psi_2(x)$.

12. 求函数 $f(x)=\mathrm{e}^x(x\in[0,1])$的二次最佳平方逼近多项式.

13. 用最小二乘法求拟合下列数据的二次多项式：

x_i	1	3	4	5	6	7	8	9	10
y_i	10	5	4	2	1	1	2	3	4

14. 证明：首 1 正交多项式的递推关系.

第 6 章　插值函数的应用

基本要求

(1)会用所学数值积分公式计算近似积分.数值积分公式包括:梯形公式、Simpson 公式、Gauss 型求积公式、复化公式以及 Romberg 算法.

(2)会计算求积公式的代数精度.

(3)掌握简单的数值微分公式并会应用.

6.1　内容提要

6.1.1　数值积分

所谓数值求积就是用

$$I_n(f)=\sum_{k=0}^{n}A_k f(x_k)$$

近似 $I(f)=\int_a^b \rho(x)f(x)\mathrm{d}x$. 公式 $I_n(f)$ 称为**数值求积公式**,其中 $A_k(k=0,1,\cdots,n)$ 是与 $f(x)$ 无关的常数,称为**求积系数**,$[a,b]$ 上的点 $x_k(k=0,1,\cdots,n)$ 称为**求积节点**.

一、几何观点

积分的几何意义为曲边梯形的面积,因此采用不同的方式去逼近该曲边梯形的面积便得到不同的求积公式,例如

$$\int_a^b f(x)\mathrm{d}x\approx f(a)(b-a)\qquad\text{左矩形公式}$$

$$\int_a^b f(x)\mathrm{d}x\approx f(b)(b-a)\qquad\text{右矩形公式}$$

$$\int_a^b f(x)\mathrm{d}x \approx f\left(\frac{a+b}{2}\right)(b-a) \qquad \text{中点公式}$$

$$\int_a^b f(x)\mathrm{d}x \approx \frac{f(a)+f(b)}{2}(b-a) \quad \text{梯形公式}$$

二、逼近观点

在$[a,b]$上取$n+1$个互异点$x_0,x_1,\cdots,x_n$作为插值节点(也是求积节点),则$f(x)$可表示为它的 Lagrange 插值多项式及其余项之和,即

$$f(x) = \sum_{k=0}^{n} f(x_k)l_k(x) + r_n(x)$$

等式两边积分并舍掉余项,这样得到$n+1$个节点的插值型求积公式

$$I_n(f) = \sum_{k=0}^{n} A_k f(x_k)$$

其中求积系数

$$A_k = \int_a^b \rho(x)l_k(x)\mathrm{d}x, \quad k = 0,1,\cdots,n$$

求积余项

$$E_n(f) = \int_a^b \rho(x)r_n(x)\mathrm{d}x = \int_a^b \rho(x)\frac{f^{(n+1)}(\xi_x)}{(n+1)!}\omega_{n+1}(x)\mathrm{d}x$$

标志着求积公式的误差大小.

特别地当$\rho(x)\equiv 1$,节点为等距节点时,即把$x_k = a+kh(k=0,1,\cdots,n)$取为求积节点,其中$h=\frac{b-a}{n}$(称为步长),这时得到的数值求积公式称为$n+1$点的**Newton-Cotes 公式**.其中最常用的是$n=1,2,4$时的三个公式

$$T = I_1(f) = \frac{b-a}{2}[f(a)+f(b)]$$

$$S = I_2(f) = \frac{b-a}{6}\left[f(a)+4f\left(\frac{a+b}{2}\right)+f(b)\right]$$

$$C = I_4(f) = \frac{b-a}{90}[7f(a)+32f(x_1)+12f(x_2)+32f(x_3)+7f(b)]$$

上述三式依次称为**梯形公式**、**Simpson 公式**和 **Cotes 公式**.

代数精度是衡量数值积分好坏的一个标准:对于任何次数不超过m的代数多项式都是精确成立的(即当$f(x)\in P_m$时,$E_n(f)=0$),但对于$m+1$次代数多项式不能准确成立,则称该求积公式具有 ***m* 次代数精度**.

对于一般的$n+1$点 Newton-Cotes 公式的求积余项,有如下结论:

若n是偶数,且$f(x)\in C^{n+2}[a,b]$,则

$$E_n(f) = C_n h^{n+3} f^{(n+2)}(\eta), \quad \eta \in (a,b)$$

其中$C_n = \frac{1}{(n+2)!}\int_0^n t^2(t-1)\cdots(t-n)\mathrm{d}t$;

若n是奇数,且$f(x)\in C^{n+1}[a,b]$,则

$$E_n(f) = C_n h^{n+2} f^{(n+1)}(\eta), \quad \eta \in (a,b)$$

其中 $C_n = \dfrac{1}{(n+1)!}\int_0^n t(t-1)\cdots(t-n)\mathrm{d}t.$

由上述结论可知，当 n 为偶数时，$n+1$ 点的 Newton-Cotes 公式的代数精度为 $n+1$；当 n 为奇数时，$n+1$ 点的 Newton-Cotes 公式的代数精度为 n. 例如，梯形公式、Simpson 公式及 Cotes 公式的代数精度分别为 1,3,5.

三、复化公式

复化梯形公式

$$T_n = \frac{b-a}{2n}\left[f(a) + 2\sum_{k=1}^{n-1} f(x_k) + f(b)\right]$$

复化 Simpson 公式

$$S_n = \frac{b-a}{6n}\left[f(a) + 4\sum_{k=0}^{n-1} f(x_{k+\frac{1}{2}}) + 2\sum_{k=1}^{n-1} f(x_k) + f(b)\right]$$

复化 Cotes 公式

$$C_n = \frac{b-a}{90n}\left[7f(a) + 32\sum_{k=0}^{n-1} f(x_{k+\frac{1}{4}}) + 12\sum_{k=0}^{n-1} f(x_{k+\frac{1}{2}}) + 32\sum_{k=0}^{n-1} f(x_{k+\frac{3}{4}}) + 14\sum_{k=1}^{n-1} f(x_k) + 7f(b)\right]$$

三个复化公式的余项估计可由前面三个公式的余项估计式导出. 假定 $f(x)$ 充分光滑，则

$$I - T_n = -\frac{b-a}{12}h^2 f''(\eta),\quad \eta \in (a,b)$$

$$I - S_n = -\frac{b-a}{180}\left(\frac{h}{2}\right)^4 f^{(4)}(\eta),\quad \eta \in (a,b)$$

$$I - C_n = -\frac{2(b-a)}{945}\left(\frac{h}{4}\right)^6 f^{(6)}(\eta),\quad \eta \in (a,b)$$

四、Gauss 型求积公式

形如 $I_n(f) = \sum_{k=0}^{n} A_k f(x_k)$ 的插值型求积公式（此处并未要求取等距节点）的代数精度至少为 n，最大为 $2n+1$. 当代数精度达到最大 $2n+1$ 时，称之为 **Gauss 型求积公式**，并称其中的**求积节点** $x_k(k=0,1,\cdots,n)$ 为 **Gauss 点**. Gauss 型求积公式跟正交多项式之间有密切联系. 要使插值型求积公式

$$\int_a^b \rho(x) f(x)\mathrm{d}x = \sum_{k=0}^{n} A_k f(x_k) + E_n(f)$$

具有 $2n+1$ 次代数精度，必须且只需以节点 $x_0, x_1, \cdots, x_n$ 为零点的 $n+1$ 次多项式

$$\omega_{n+1}(x) = \prod_{j=0}^{n}(x - x_j)$$

与所有次数不超过 n 的多项式在 $[a,b]$ 上关于权函数 $\rho(x)$ 正交.

构造 Gauss 型求积公式的一个方法：

首先，构造 $n+1$ 次正交多项式并求其所有的零点；

其次，通过下式求权系数

$$A_k=\int_a^b\rho(x)\left(\frac{\omega_{n+1}(x)}{\omega'_{n+1}(x_k)(x-x_k)}\right)\mathrm{d}x$$

求权系数也可通过解线性方程组或者 Hermite 插值的方法求解，即

$$A_k=\int_a^b\rho(x)\left(\frac{\omega_{n+1}(x)}{\omega'_{n+1}(x_k)(x-x_k)}\right)^2\mathrm{d}x$$

从上式也可看出 Gauss 型求积公式的权系数都是正的，因此是数值稳定的.

下面是两类常见的 Gauss 型求积公式.

(1)Gauss-Chebyshev 公式(Mehler 公式)

$$\int_{-1}^1\frac{f(x)}{\sqrt{1-x^2}}\mathrm{d}x\approx\frac{\pi}{n+1}\sum_{k=0}^n f\left(\cos\frac{2k+1}{2(n+1)}\pi\right)$$

(2)Gauss-Legendre 公式(Gauss 公式)

$$\int_{-1}^1 f(x)\mathrm{d}x\approx\sum_{k=0}^n\frac{2}{(1-x_k^2)[L'_{n+1}(x_k)]^2}f(x_k)$$

此处 x_k 为 Legendre 多项式 $L_{n+1}(x)$ 的零点.

五、外推加速原理与 Romberg 算法

复化梯形公式

$$T_n=\frac{b-a}{2n}\left[f(a)+2\sum_{k=1}^{n-1}f(x_k)+f(b)\right]$$

$$T_{2n}=\frac{b-a}{2(2n)}\left[f(a)+f(b)+2\sum_{k=1}^{n-1}f\left(a+k\frac{b-a}{n}\right)+2\sum_{k=0}^{n-1}f\left(a+(2k+1)\frac{b-a}{2n}\right)\right]$$

$$=\frac{1}{2}\left[T_n+\frac{b-a}{n}\sum_{k=0}^{n-1}f\left(a+(2k+1)\frac{b-a}{2n}\right)\right]=\frac{1}{2}(T_n+H_{2n})$$

其中

$$H_{2n}=\frac{b-a}{n}\sum_{k=0}^{n-1}f\left(a+(2k+1)\frac{b-a}{2n}\right)$$

可见在步长折半后，只需再利用新增加的节点$\left\{a+(2k+1)\frac{b-a}{2n}\mid k=0,1,2,\cdots,n-1\right\}$上的值计算 H_{2n}，就可算出 T_{2n}，从而达到减少计算量的目的.

实际计算时，为了加速收敛可采用外推的算法. 一般地，m 次加速公式可表示如下

$$\begin{cases}T_0(k-1)=T_{2^{k-1}}, & k=1,2,\cdots\\ T_m(k-1)=\dfrac{4^mT_{m-1}(k)-T_{m-1}(k-1)}{4^m-1}, & m=1,2,\cdots;k=1,2,\cdots\end{cases}$$

利用上述加速公式构造高精度数值求积公式的方法称为 **Romberg 方法**，又叫**逐次分半加速法**. 这一算法的计算过程可由下面的 T-数表表示，即

$$
\begin{array}{lllll}
T_0(0) & & & & \\
T_0(1) & T_1(0) & & & \\
T_0(2) & T_1(1) & T_2(0) & & \\
T_0(3) & T_1(2) & T_2(1) & T_3(0) & \\
T_0(4) & T_1(3) & T_2(2) & T_3(1) & T_4(0) \\
\vdots & \vdots & \vdots & \vdots & \vdots
\end{array}
$$

在上表中,位于同一行中的每个公式具有相同的节点数 $2^m+1(m=0,1,\cdots)$,位于第 m 列的各公式具有同样的代数精度 $2m+1(m=0,1,\cdots)$. 在应用 Romberg 积分法时,当 T-数表中相邻两个对角元素之差小于事先给定的误差限时,即可停止运算.

6.1.2 数值微分

设 $p_n(x)$ 是 $f(x)$ 的以 $x_0,x_1,\cdots,x_n$ 为插值节点的 n 次插值多项式,则可取 $f'(x)$ 的近似值为 $p_n'(x)$,但由于插值余项的导数难以估计,因此这种方法只适合求插值节点处的导数值近似. 常用的数值微分公式有:

(1)两点公式

$$
\begin{cases}
f'(x_0)=\dfrac{f_1-f_0}{h}-\dfrac{h}{2}f''(\xi) \\
f'(x_1)=\dfrac{f_1-f_0}{h}+\dfrac{h}{2}f''(\xi)
\end{cases}
$$

(2)三点公式

$$
\begin{cases}
f'(x_0)=\dfrac{1}{2h}(-3f_0+4f_1-f_2)+\dfrac{h^2}{3}f'''(\xi) \\
f'(x_1)=\dfrac{1}{2h}(f_2-f_0)-\dfrac{h^2}{6}f'''(\xi) \\
f'(x_2)=\dfrac{1}{2h}(f_0-4f_1+3f_2)+\dfrac{h^2}{3}f'''(\xi)
\end{cases}
$$

(3)五点公式

$$
\begin{cases}
f'(x_0)=\dfrac{1}{12h}(-25f_0+48f_1-36f_2+16f_3-3f_4)+\dfrac{h^4}{5}f^{(5)}(\xi) \\
f'(x_1)=\dfrac{1}{12h}(-3f_0-10f_1+18f_2-6f_3+f_4)-\dfrac{h^4}{20}f^{(5)}(\xi) \\
f'(x_2)=\dfrac{1}{12h}(f_0-8f_1+8f_3-f_4)+\dfrac{h^4}{30}f^{(5)}(\xi) \\
f'(x_3)=\dfrac{1}{12h}(-f_0+6f_1-18f_2+10f_3+3f_4)-\dfrac{h^4}{20}f^{(5)}(\xi) \\
f'(x_4)=\dfrac{1}{12h}(3f_0-16f_1+36f_2-48f_3+25f_4)+\dfrac{h^4}{5}f^{(5)}(\xi)
\end{cases}
$$

上面的数值微分公式中,去掉余项则得到数值微分的近似公式.

为了求非节点处的数值导数,可利用三次样条插值建立数值微分公式. 这时需要通过求解三转角方程组得到样条函数的表达式,进而求导即可. 由三次样条插值函数的收敛性可知，对 $x\in[x_j,x_{j+1}]$，$f'(x)\approx s'(x)$，所以用样条函数的方法得到的数值微分公式是可靠的. 若对样条函数求导两次，即得样条插值型二阶数值微分公式.

6.2　思考题及解答

1. 什么是求积公式的代数精度？梯形公式及中矩形公式的代数精度是多少？

答：若某个求积公式对于次数不超过 n 的代数多项式均能准确成立，但对于 $n+1$ 次代数多项式不能准确成立，则称该求积公式具有 n 次代数精度，梯形公式的代数精度为 1，中矩形公式的代数精度也为 1.

2. 对插值型求积公式，如果给定求积公式的节点，给出两种计算求积系数的方法.

答：给定求积公式的节点（$n+1$ 个），可取代数精度 $m=n$. 令求积公式对 $f(x)=1,x,x^2,\cdots,x^m$ 都精确成立，然后求解关于 $m+1$ 个求积系数的线性方程组，确定求积系数.

也可以利用求积节点构造关于被积函数的插值多项式，用插值多项式的积分作为积分的近似值，从而构造出插值型求积公式，事实上这种方法中的求积系数就是插值基函数的积分.

3. 什么是 Newton-Cotes 公式？它的求积节点如何分布？它的代数精度是多少？

答：将积分区间作等分，由等距节点构造出的插值型求积公式称为 Newton-Cotes 公式. 由于是插值型的，所以 n 阶 Newton-Cotes 公式至少具有 n 次代数精度. 但实际上，当 n 为偶数时，Newton-Cotes 公式至少具有 $n+1$ 次代数精度.

4. 什么是 Gauss 型求积公式？它的求积节点是如何确定的？它的代数精度是多少？为何称它是具有最高代数精度的求积公式？

答：Gauss 型求积公式是适当选取求积节点和求积系数 $x_k,A_k(k=0,1,\cdots,n)$，使求积公式具有 $2n+1$ 次代数精度，Gauss 型求积公式的求积节点称为 Gauss 点. 节点 $x_0,x_1,\cdots,x_n$ 是 Gauss 点的充分必要条件是以这些节点为零点的多项式

$$\omega_{n+1}(x)=(x-x_0)(x-x_1)\cdots(x-x_n)$$

与任何次数不超过 n 的多项式 $p(x)$ 带权 $\rho(x)$ 正交，即

$$\int_a^b\omega_{n+1}(x)\rho(x)p(x)\mathrm{d}x=0$$

所以通常将求积节点取为 $n+1$ 次带权正交多项式的零点.

由于 $n+1$ 个节点求积公式的代数精度不可能超过 $2n+1$，所以 Gauss 型求积公式是具有最高代数精度的求积公式.

5. Newton-Cotes 公式和 Gauss 型求积公式的节点分布有什么不同？对同样数目的节点，两种求积方法哪个更精确？为什么？

答：Newton-Cotes 公式的求积节点是等距的，而 Gauss 型求积公式的求积节点通常是不等距的. 对于同样数目的求积节点，如 $n+1$ 个，Newton-Cotes 公式至少具有 n 次代数精度，n 为偶数时至少具有 $n+1$ 次代数精度，但通常达不到 $2n+1$ 次，而 Gauss 型求积公式则可以达到 $2n+1$ 次代数精度，所以对同样数目的节点，Gauss 型求积公式更精确一些.

6. 判断求积公式的代数精度有哪些方法？

答：最直接的方法是根据定义验证求积公式对次数不超过 m 的单项式精确成立，对于 x^{m+1} 不精确成立. 在求积余项公式可得的情况下也可用求积余项判断其代数精度.

6.3 经典例题分析

【例 6-1】 分别用梯形公式和 Simpson 公式计算积分 $I=\int_0^1 \frac{1}{1+x}\mathrm{d}x$.

解 用梯形公式，有

$$I_1(f)=\frac{1}{2}\left(1+\frac{1}{2}\right)=\frac{3}{4}=0.75$$

用 Simpson 公式，有

$$I_2(f)=\frac{1}{6}\left[1+4\times\frac{1}{1+\frac{1}{2}}+\frac{1}{2}\right]=\frac{25}{36}\approx 0.694\ 44$$

显然积分的准确值为 $I=\ln 2\approx 0.693\ 147$，用上述两个公式计算所得的误差为 $I-I_1(f)\approx -0.056\ 85$，$I-I_2(f)\approx -0.001\ 29$.

由于

$$f(x)=\frac{1}{1+x},\ f''(x)=\frac{2}{(1+x)^3},\ f^{(4)}(x)=\frac{24}{(1+x)^5}$$

从而

$$|f''(x)|\leqslant 2,\ |f^{(4)}(x)|\leqslant 24$$

利用误差估计公式便得

$$|E_1(f)|\leqslant\frac{1}{12}\times 2=\frac{1}{6}\approx 0.166\ 67,\ |E_2(f)|=\frac{1}{90}\times\frac{1}{2^5}\times 24\approx 0.008\ 33$$

【例 6-2】 分别用复化梯形公式和复化 Simpson 公式计算积分 $I=\int_0^1 \frac{1}{1+x}\mathrm{d}x$.

解 计算结果见表 6-1.

表 6-1 计算结果

n	复化梯形公式		复化 Simpson 公式	
	$T_n(f)$	$I-T_n(f)$	$S_n(f)$	$I-S_n(f)$
2	0.708 333 3	−1.5E-2	0.693 254 0	−1.0E-4
4	0.697 023 8	−3.8E-3	0.693 154 5	−7.3E-6
8	0.694 121 9	−9.7E-4	0.693 147 7	−4.7E-7
16	0.693 391 2	−2.4E-4	0.693 147 2	−3.0E-8
32	0.693 208 2	−6.1E-5	0.693 147 2	−1.9E-9
64	0.693 162 4	−1.5E-5	0.693 147 2	−1.2E-10
128	0.693 151 0	−3.8E-6	0.693 147 2	−7.3E-12

从计算结果看,复化 Simpson 公式明显优于复化梯形公式.

【例 6-3】 确定求积公式

$$\int_{-1}^{1} f(x)\mathrm{d}x \approx A_0 f(-1) + A_1 f(x_1) + A_2 f(x_2) + A_3 f(1)$$

中的待定系数,使其代数精度尽可能高,并指出其代数精度.

解 公式中有 6 个待定系数,可考虑公式对 $1,x,x^2,x^3,x^4,x^5$ 精确成立,这样便得如下方程组

$$\begin{cases} A_0+A_1+A_2+A_3=2 \\ -A_0+A_1x_1+A_2x_2+A_3=0 \\ A_0+A_1x_1^2+A_2x_2^2+A_3=\dfrac{2}{3} \\ -A_0+A_1x_1^3+A_2x_2^3+A_3=0 \\ A_0+A_1x_1^4+A_2x_2^4+A_3=\dfrac{2}{5} \\ -A_0+A_1x_1^5+A_2x_2^5+A_3=0 \end{cases}$$

由方程组中的第 2,4,6 三个方程可得

$$A_1(x_1^3-x_1)+A_2(x_2^3-x_2)=0,\ A_1(x_1^5-x_1^3)+A_2(x_2^5-x_2^3)=0$$

由此便得 $x_1^2=x_2^2$,从而 $x_1=-x_2$. 代入另外三个方程并作差可得

$$(A_1+A_2)(x_1^2-1)=\frac{2}{3}-2=-\frac{4}{3},(A_1+A_2)(x_1^4-x_1^2)=\frac{2}{5}-\frac{2}{3}=-\frac{4}{15}$$

因此 $x_1=\dfrac{1}{\sqrt{5}},x_2=-\dfrac{1}{\sqrt{5}}$. 再代回方程组并通过求解线性方程组可得 $A_0=A_3=\dfrac{1}{6},A_1=A_2=\dfrac{5}{6}$.

【例 6-4】 用 Romberg 方法求积分 $\int_0^1 \mathrm{e}^x \mathrm{d}x$ 的近似值,要求误差不超过 10^{-4}.

解 经计算:

(1) $T_0(0)=\dfrac{1}{2}[f(0)+f(1)]=\dfrac{1}{2}(1+\mathrm{e})\approx 1.859\ 14$;

(2) $T_0(1)=\dfrac{1}{2}T_0(0)+\dfrac{1}{2}f\left(\dfrac{1}{2}\right)\approx 1.753\ 93$;

(3) $T_1(0)=\dfrac{4}{3}T_0(1)-\dfrac{1}{3}T_0(0)\approx 1.718\ 86$;

(4) $T_0(2)=\dfrac{1}{2}T_0(1)+\dfrac{1}{4}\left[f\left(\dfrac{1}{4}\right)+f\left(\dfrac{3}{4}\right)\right]\approx 1.727\ 22$;

(5) $T_1(1)=\dfrac{4}{3}T_0(2)-\dfrac{1}{3}T_0(1)\approx 1.718\ 32$;

(6) $T_2(0)=\dfrac{16}{15}T_1(1)-\dfrac{1}{15}T_1(0)\approx 1.718\ 28$;

(7) $T_0(3)=\frac{1}{2}T_0(2)+\frac{1}{8}\left[f\left(\frac{1}{8}\right)+f\left(\frac{3}{8}\right)+f\left(\frac{5}{8}\right)+f\left(\frac{7}{8}\right)\right]\approx 1.720\ 52$;

(8) $T_1(2)=\frac{4}{3}T_0(3)-\frac{1}{3}T_0(2)\approx 1.718\ 28$;

(9) $T_2(1)=\frac{16}{15}T_1(2)-\frac{1}{15}T_1(1)\approx 1.718\ 28$.

由于 $|T_2(1)-T_2(0)|<10^{-4}$，可以终止计算，故积分的近似值为 $T_2(1)\approx 1.718\ 28$.

【例 6-5】 如果 $f''(x)>0$，证明：用梯形公式计算积分 $\int_a^b f(x)\mathrm{d}x$ 所得结果比准确值 I 大，并说明其几何意义.

证明 设用梯形公式所得的计算结果为 T，由梯形公式的余项

$$R_T(f)=-\frac{b-a}{12}h^2 f''(\eta),\quad \eta\in(a,b)$$

知，若 $f''(x)>0$，则 $R_T(f)<0$，因而

$$I=\int_a^b f(x)\mathrm{d}x=T+R_T(f)<T$$

即用梯形公式得到的结果比准确值大.

从几何上看，$f''(x)>0$，$f(x)$ 为下凸函数，曲线位于对应弦的下方，此时梯形面积大于曲边梯形的面积.

习题 6

1. 填空、选择题

(1) $n+1$ 点的插值型求积公式 $\int_a^b f(x)\mathrm{d}x\approx\sum_{k=0}^{n}A_k f(x_k)$ 的代数精度至少为________，至多为________.

(2) 求积公式 $\int_0^3 f(x)\mathrm{d}x\approx\frac{3}{2}\left[f\left(-\frac{\sqrt{3}}{2}+\frac{3}{2}\right)+f\left(\frac{\sqrt{3}}{2}+\frac{3}{2}\right)\right]$ 的代数精度为(　　).

A. 一阶　　B. 二阶　　C. 三阶

(3) 为使两点数值求积公式 $\int_{-1}^{1}f(x)\mathrm{d}x\approx A_0 f(x_0)+A_1 f(x_1)$ 具有最高的代数精度，其求积节点和求积系数应为(　　).

A. $x_0=0, x_1=1; A_0=A_1=\frac{1}{2}$

B. $x_0=-1, x_1=1; A_0=A_1=1$

C. $x_0=-\sqrt{\frac{1}{3}}, x_1=\sqrt{\frac{1}{3}}; A_0=A_1=1$

(4) 若$\int_{-1}^{1} f(x)\mathrm{d}x \approx \sum_{k=0}^{n} A_k f(x_k)(n \geqslant 1)$是 Newton-Cotes 公式，则$\sum_{k=0}^{n} A_k x_k =$ ________；若它是 Gauss 型求积公式，则$\sum_{k=0}^{n} A_k(x_k^3 + 3x_k^2) =$ ________.

(5) $\{\varphi_k(x)\}$是区间$[0,1]$上权函数为$\rho(x) = x$的最高项系数为 1 的正交多项式族，其中$\varphi_0(x) = 1$，则$\varphi_1(x) =$ ________，$\int_0^1 x\varphi_2(x)\mathrm{d}x =$ ________.

2. 取 7 个节点的函数值，分别利用复化梯形公式和复化 Simpson 公式计算积分$\int_0^{\frac{\pi}{2}} \frac{\sin x}{x}\mathrm{d}x$的近似值.（$\lim\limits_{x\to 0}\frac{\sin x}{x} = 1$）

3. 证明：对于任意$f(x) \in C[a,b]$，均有$\lim\limits_{n\to\infty} T_n = \int_a^b f(x)\mathrm{d}x$.

4. $\omega_0(x),\omega_1(x),\cdots,\omega_n(x),\cdots$是$[a,b]$上以$\rho(x)$为权函数的标准正交多项式系，$x_i$ $(i = 0,1,\cdots,n)$是$\omega_{n+1}(x)$的零点，$\int_a^b \rho(x)f(x)\mathrm{d}x \approx \sum_{k=0}^{n} A_k f(x_k)$是以$x_i(i = 0,1,\cdots,n)$为节点的 Gauss 型求积公式，证明：当$0 \leqslant i < j \leqslant n$时，$\sum_{k=0}^{n} A_k\omega_i(x_k)\omega_j(x_k) = 0$.

5. 确定下列插值型求积公式中的待定系数，并求其代数精度.

(1) $\int_{-1}^{1} f(x)\mathrm{d}x \approx A_0 f(-1) + A_1 f(1)$；

(2) $\int_{-1}^{1} f(x)\mathrm{d}x \approx A_0 f(-1) + A_1 f(0) + A_2 f(1)$.

6. 确定求积公式

$$\int_{-1}^{1} f(x)\mathrm{d}x \approx Af(-1) + Bf(x_1)$$

中的待定系数，使其代数精度尽可能高，并指出其代数精度.

7. 构造 Gauss 型求积公式

$$\int_0^1 f(x)\mathrm{d}x \approx A_0 f(x_0) + A_1 f(x_1)$$

要求用两种方法：

(1) 利用习题 5 第 11 题的结果；

(2) 利用 Gauss-Legendre 公式.

8. 利用三点 Gauss-Chebyshev 公式计算定积分$\int_{-1}^{1} \frac{x^2}{\sqrt{1-x^2}}\mathrm{d}x$的近似值，并估计误差.

9. （数值实验题）用 Romberg 方法计算定积分$\int_1^2 \frac{1}{x}\mathrm{d}x$的近似值，使误差不超过$10^{-4}$.

10. 用三点公式求$f(x) = \frac{1}{(1+x)^2}$在$x = 1.0, 1.1, 1.2$处的导数值，并估计误差. 已

知 $f(1)=0.250\,000, f(1.1)=0.226\,757, f(1.2)=0.206\,612$.

11. 证明：若 $n+1$ 点的数值求积公式 $\int_a^b f(x)\mathrm{d}x \approx \sum_{k=0}^{n} A_k f(x_k)$ 的代数精度至少为 n，则该公式一定是插值型求积公式.

12.（数值实验题）人造地球卫星的轨道可视为平面上的椭圆，地心位于椭圆的一个焦点处. 已知一颗人造地球卫星近地点距地球表面 439 km，远地点距地球表面2 384 km，地球半径为 6 371 km. 求该卫星的轨道长度.

13.（数值实验题）计算 $f(x)=\dfrac{1}{2}+\dfrac{1}{\sqrt{2\pi}}\int_0^x \mathrm{e}^{-\frac{t^2}{2}}\mathrm{d}t\,(0\leqslant x\leqslant 3)$ 的函数值 $\{f(0.1k); k=1,2,\cdots,30\}$. 计算结果取 7 位有效数字.

第7章　常微分方程的数值解法

基本要求

(1)了解常微分方程数值解法的定义、掌握构造求解常微分方程初值问题的线性单步法的方法和技巧；掌握 Euler 法、隐式 Euler 法、梯形法和改进的 Euler 法的基本公式和构造，并能正确应用它们求出常微分方程初值问题；理解和掌握局部截断误差、整体截断误差的概念.

(2)掌握线性多步法的一般表达式、局部截断误差和方法的阶的定义以及收敛性定理；掌握线性差分方程的解的性质；能熟练运用线性多步法的系数关系公式构造出线性多步法的计算格式、推导出给定线性多步法局部截断误差主项及方法的阶；理解和掌握线性多步法的稳定性、收敛性以及绝对稳定性的概念；能证明和确定给定线性多步法的收敛性和绝对稳定区间，如 Euler 法、隐式 Euler 法、梯形法、改进的 Euler 法以及二步法等. 并能利用估计步长的选取；正确应用预估-校正法求出常微分方程初值问题的数值解.

(3)掌握显式 Runge-Kutta 法的基本构造原理，二阶 Runge-Kutta 法构造、分析它们的局部截断误差和绝对稳定性，了解显式 Runge-Kutta 法的绝对稳定区间，并能利用估计步长的选取；正确应用二阶 Runge-Kutta 法和经典四阶 Runge-Kutta 法求出常微分方程初值问题的数值解.

(4)了解一阶线性方程组的数值解法.

7.1　内容提要

考虑常微分方程的初值问题

$$\begin{cases} u' = f(t,u), \quad a \leqslant t \leqslant b \\ u(a) = u_0 \end{cases}$$

若上述初值问题的解存在、唯一且连续的依赖初值 u_0，则称该初值问题适定.

数值解法是一种离散化方法，利用这种方法，可以在一系列事先取定的$[a,b]$中的离散点(称为节点)，如在

$$a \leqslant t_0 < t_1 < t_2 < \cdots < t_N \leqslant b$$

(通常取成等距，即 $t_i = t_0 + ih, i = 1, \cdots, N$，其中 $h > 0$ 称为步长)上求出未知函数 $u(t_1)$，$u(t_2), \cdots, u(t_N)$的近似值 $u_1, u_2, \cdots, u_N$. 而 $u_1, u_2, \cdots, u_N$ 通常称为初值问题的数值解.

7.1.1 线性单步法

将初值问题写成等价的积分方程

$$u(t) = u_0 + \int_a^t f(\tau, u(\tau))\mathrm{d}\tau$$

取节点为

$$t_n = a + nh, h = \frac{b-a}{N}, \quad n = 0,1,2,\cdots,N$$

则有

$$\begin{cases} u(t_{n+1}) = u(t_n) + \int_{t_n}^{t_{n+1}} f(t, u(t))\mathrm{d}t \\ u(t_0) = u_0 \end{cases}$$

对公式中的积分采用不同的求积公式则得到不同的离散格式.

一、Euler 法

使用左矩形数值求积公式，则得到

$$u_{n+1} = u_n + hf(t_n, u_n), \quad n = 0,1,2,\cdots,N-1$$

二、隐式 Euler 法

使用右矩形数值求积公式，则得到

$$u_{n+1} = u_n + hf(t_{n+1}, u_{n+1}), \quad n = 0,1,2,\cdots,N-1$$

三、梯形法

$$u_{n+1} = u_n + \frac{h}{2}[f(t_n, u_n) + f(t_{n+1}, u_{n+1})], \quad n = 0,1,2,\cdots,N-1$$

上述的数值公式均为**单步法**. Euler 法为**显式单步法**，而后两种格式为**隐式单步法**.

四、改进的 Euler 法

$$\begin{cases} \bar{u}_{n+1} = u_n + hf(t_n, u_n) \\ u_{n+1} = u_n + \frac{h}{2}[f(t_n, u_n) + f(t_{n+1}, \bar{u}_{n+1})] \\ u(t_0) = u_0 \end{cases}$$

或写成统一的形式

$$u_{n+1} = u_n + \frac{h}{2}[f(t_n, u_n) + f(t_{n+1}, u_n + hf(t_n, u_n))]$$

7.1.2 显式 Runge-Kutta 法

一般显式 Runge-Kutta 法的计算过程如下

$$u_{n+1} = u_n + h\phi(t_n, u_n, h), \quad n = 0, 1, \cdots$$

其中

$$\phi(t, u(t), h) = \sum_{i=1}^{m} c_i k_i, \sum_{i=1}^{m} c_i = 1$$

$$\begin{cases} k_1 = f(t, u) \\ k_2 = f(t + ha_2, u(t) + hb_{21}k_1), b_{21} = a_2 \\ k_3 = f(t + ha_3, u(t) + h(b_{31}k_1 + b_{32}k_2)), b_{31} + b_{32} = a_3 \\ \vdots \\ k_m = f\left(t + ha_m, u(t) + h\sum_{j=1}^{m-1} b_{mj}k_j\right), \sum_{j=1}^{m-1} b_{mj} = a_m \end{cases}$$

系数$\{a_i\}$,$\{b_{ij}\}$和$\{c_i\}$按如下原则确定:将k_i关于h展开,代入$\phi(t, u(t), h) = \sum_{i=1}^{m} c_i k_i$中,然后把$u(t+h)$在$t_n$处作 Taylor 展开,使得$u(t+h)$与$u(t) + h\phi(t, u(t), h)$中$h^l(l = 0, 1, \cdots, p-1)$的系数相等. 如此得到的算法称为 ***m* 级 *p* 阶 Runge-Kutta 法**.

一些常用格式:

(1)$m=1$. 比较h的零次幂,知$\phi(t,u,h)=f$,此时为**一级一阶 Runge-Kutta 法**,实际上为 **Euler 法**.

(2)$m=2$. 此时

$$\phi(t,u,h)=(c_1+c_2)f+ha_2c_2\tilde{f}+\frac{1}{2}h^2a_2^2c_2\hat{f}+O(h^3)$$

与$\tilde{\phi}(t,u,h)$比较f,h的系数,则

$$c_1+c_2=1, a_2c_2=\frac{1}{2}$$

它有无穷多组解,从而有无穷多个二级二阶方法,常见的方法有:

①$c_1=0$,$c_2=1$,$a_2=\frac{1}{2}$,此时

$$\begin{cases} u_{n+1}=u_n+hk_2 \\ k_1=f(t_n, u_n) \\ k_2=f(t_n+\frac{1}{2}h, u_n+\frac{1}{2}hk_1) \end{cases}$$

称为中点法.

②$c_1=c_2=\frac{1}{2}$,$a_2=1$,此时

$$\begin{cases} u_{n+1}=u_n+\frac{1}{2}h(k_1+k_2) \\ k_1=f(t_n,u_n) \\ k_2=f(t_n+h,u_n+hk_1) \end{cases}$$

这是改进的 Euler 法.

(3)$m=3$. 令 f,h,h^2 的系数相等,可得

$$c_1+c_2+c_3=1,\ a_2c_2+a_3c_3=\frac{1}{2}$$

$$a_2^2c_2+a_3^2c_3=\frac{1}{3},\ a_2b_{32}c_3=\frac{1}{6}$$

4 个方程不能完全确定 6 个系数,因此这是含两个参数的三级三阶方法,常见的方法有:

①Heun 三阶方法,此时

$$c_1=\frac{1}{4},\ c_2=0,\ c_3=\frac{3}{4}$$

$$a_2=\frac{1}{3},a_3=\frac{2}{3},b_{32}=\frac{2}{3}$$

方法为

$$\begin{cases} u_{n+1}=u_n+\frac{1}{4}h(k_1+3k_3) \\ k_1=f(t_n,u_n) \\ k_2=f\left(t_n+\frac{1}{3}h,u_n+\frac{1}{3}hk_1\right) \\ k_3=f\left(t_n+\frac{2}{3}h,u_n+\frac{2}{3}hk_2\right) \end{cases}$$

②Kutta 三阶方法,此时

$$c_1=\frac{1}{6},c_2=\frac{2}{3},c_3=\frac{1}{6}$$

$$a_2=\frac{1}{2},a_3=1,b_{32}=2$$

方法为

$$\begin{cases} u_{n+1}=u_n+\frac{1}{6}h(k_1+4k_2+k_3) \\ k_1=f(t_n,u_n) \\ k_2=f(t_n+\frac{1}{2}h,u_n+\frac{1}{2}hk_1) \\ k_3=f(t_n+h,u_n-hk_1+2hk_2) \end{cases}$$

(4)$m=4$. 比较 $h^i(i=0,1,2,3)$ 的系数,则得到含 13 个待定系数的 11 个方程,由此得到含两个参数的四级四阶 Runge-Kutta 方法,其中最常用的有以下两个方法:

$$
\begin{cases}
u_{n+1}=u_n+\dfrac{h}{6}(k_1+2k_2+2k_3+k_4) \\
k_1=f(t_n,u_n) \\
k_2=f\left(t_n+\dfrac{1}{2}h,u_n+\dfrac{1}{2}hk_1\right) \\
k_3=f\left(t_n+\dfrac{1}{2}h,u_n+\dfrac{1}{2}hk_2\right) \\
k_4=f(t_n+h,u_n+hk_3)
\end{cases}
$$

和

$$
\begin{cases}
u_{n+1}=u_n+\dfrac{h}{8}(k_1+3k_2+3k_3+k_4), \\
k_1=f(t_n,u_n) \\
k_2=f\left(t_n+\dfrac{1}{3}h,u_n+\dfrac{1}{3}hk_1\right) \\
k_3=f\left(t_n+\dfrac{2}{3}h,u_n-\dfrac{1}{3}hk_1+hk_2\right) \\
k_4=f(t_n+h,u_n+hk_3)
\end{cases}
$$

其中第一个方法称为**经典 Runge-Kutta 法**.

7.1.3　单步法的局部截断误差

单步法一般可写成：$u_{n+1}=u_n+h\varphi(t_n,u_n,u_{n+1};h),n=0,1,2,\cdots,N-1$.

假设 $u_i=u(t_i),i=0,1,2,\cdots,n$，称

$$R_{n+1}(h)=u(t_{n+1})-u_{n+1}=u(t_{n+1})-u(t_n)-h\varphi(t_n,u(t_n),u(t_{n+1});h)$$

为求解公式第 $n+1$ 步的**局部截断误差**. 称

$$E_{n+1}(h)=\sum_{i=1}^{n+1}R_i(h)$$

为求解公式在点 t_{n+1} 上的**整体截断误差**.

若某一单步法的局部截断误差可表示为

$$R_{n+1}(h)=O(h^{p+1})$$

则其整体截断误差 $E_{n+1}(h)=O(h^p)$，从而称此方法为 ***p* 阶法**.

7.1.4　线性多步法

线性多步法的一般形式为

$$\sum_{j=0}^{k}\alpha_j u_{n+j}=h\sum_{j=0}^{k}\beta_j f_{n+j},\quad \alpha_k\neq 0$$

其中 $f_{n+j}=f(t_{n+j},u_{n+j})$，$\alpha_j$，$\beta_j$ 是常数，α_0 和 β_0 不同时为 0.

若 $\beta_k=0$，则线性多步法是显式的；若 $\beta_k\neq 0$，则线性多步法是隐式的.

一、基于数值积分的解法

1. Adams 外插法(显式多步法)

$k+1$ 个节点取为 $t_{n-k},\cdots,t_{n-1},t_n$,这时离散格式为

$$u_{n+1}=u_n+\sum_{i=0}^{k}f(t_{n-i},u_{n-i})\int_{t_n}^{t_{n+1}}l_i(t)\mathrm{d}t=u_n+h\sum_{i=0}^{k}b_{ki}f(t_{n-i},u_{n-i})$$

其中

$$b_{ki}=\frac{1}{h}\int_{t_n}^{t_{n+1}}l_i(t)\mathrm{d}t=\int_{t_n}^{t_{n+1}}\left(\prod_{\substack{j=0\\j\neq i}}^{k}\frac{t-t_{n-j}}{t_{n-i}-t_{n-j}}\right)\mathrm{d}t=\int_0^1\prod_{\substack{j=0\\j\neq i}}^{k}\frac{\tau+j}{j-i}\mathrm{d}\tau$$

几种常用 Adams 外插公式:

①$k=0$:$u_{n+1}=u_n+hf(t_n,u_n)$;

②$k=1$:$u_{n+1}=u_n+\frac{h}{2}[3f(t_n,u_n)-f(t_{n-1},u_{n-1})]$;

③$k=2$:$u_{n+1}=u_n+\frac{h}{12}[23f(t_n,u_n)-16f(t_{n-1},u_{n-1})+5f(t_{n-2},u_{n-2})]$;

④$k=3$:$u_{n+1}=u_n+\frac{h}{24}[55f(t_n,u_n)-59f(t_{n-1},u_{n-1})+37f(t_{n-2},u_{n-2})-9f(t_{n-3},u_{n-3})]$.

它们分别为 1 阶、2 阶、3 阶、4 阶差分法(格式).

2. Adams 内插法(隐式多步法)

$k+2$ 个节点取为 $t_{n-k},\cdots,t_{n-1},t_n,t_{n+1}$,这时离散格式为

$$u_{n+1}=u_n+h\sum_{i=0}^{k+1}b_{k+1,i}^{*}f(t_{n-i+1},u_{n-i+1})$$

其中 $b_{k+1,i}^{*}=\int_{-1}^{0}\prod_{\substack{j=0\\j\neq i}}^{k+1}\frac{\tau+j+1}{j-i}\mathrm{d}\tau$.

几种常用 Adams 内插公式:

①$k=-1$:$u_{n+1}=u_n+hf(t_n,u_n)$;

②$k=0$:$u_{n+1}=u_n+\frac{h}{2}[f(t_n,u_n)+f(t_{n+1},u_{n+1})]$;

③$k=1$:$u_{n+1}=u_n+\frac{h}{12}[5f(t_n,u_n)+8f(t_{n-1},u_{n-1})-f(t_{n-2},u_{n-2})]$;

④$k=2$:$u_{n+1}=u_n+\frac{h}{24}[9f(t_n,u_n)+19f(t_{n-1},u_{n-1})-5f(t_{n-2},u_{n-2})+f(t_{n-3},u_{n-3})]$.

它们分别为 2 阶、3 阶、4 阶、5 阶差分法(格式).

二、待定系数法(基于 Taylor 展开式的求解公式)

令

$$\begin{cases}c_0=\alpha_0+\alpha_1+\cdots+\alpha_k\\c_1=\alpha_1+2\alpha_2+\cdots+k\alpha_k-(\beta_0+\beta_1+\cdots+\beta_k)\\\vdots\\c_p=\frac{1}{p!}(\alpha_1+2^p\alpha_2+\cdots+k^p\alpha_k)-\frac{1}{(p-1)!}(\beta_1+2^{p-1}\beta_2+\cdots+k^{p-1}\beta_k),p=2,3,\cdots\end{cases}$$

则可选取适当的 k 和 α_j,β_j 使 $c_0=c_1=c_2=\cdots=c_p=0$，而 $c_{p+1}\neq 0$，这时线性多步法的局部截断误差为

$$R_{n+k}=c_{p+1}h^{p+1}u^{(p+1)}(t_n)+O(h^{p+2})$$

而 $c_{p+1}h^{p+1}u^{(p+1)}(t_n)$ 称为**局部截断误差主项**，c_{p+1} 称为**局部截断误差主项系数**. 可以证明其整体截断误差 $E_n(h)=O(h^p)$，所以称此方法为 p 阶 k 步法. 显然阶 p 的大小与步数 k 有关.

一些常用的线性多步法及其局部截断误差.

(1)当 $k=1$ 时，梯形法(二阶隐式方法)

$$u_{n+1}=u_n+\frac{h}{2}(f_{n+1}+f_n)$$

其局部截断误差为

$$R_{n+1}(h)=-\frac{1}{12}h^3u^{(3)}(t_n)+O(h^4)$$

隐式 Euler 法

$$u_{n+1}=u_n+hf_{n+1}$$

其局部截断误差为

$$R_{n+1}(h)=-\frac{1}{2}h^2u^{(2)}(t_n)+O(h^3)$$

(2)当 $k=2$ 时，二步四阶 Milne 方法

$$u_{n+2}=u_n+\frac{h}{3}(f_{n+2}+4f_{n+1}+f_n)$$

其局部截断误差为

$$R_{n+2}(h)=-\frac{1}{90}h^5u^{(5)}(t_n)+O(h^6)$$

(3)当 $k=3$ 时，三步三阶显式 Adams 方法

$$u_{n+3}=u_{n+2}+\frac{h}{12}(23f_{n+2}-16f_{n+1}+5f_n)$$

其局部截断误差为

$$R_{n+3}(h)=\frac{3}{8}h^4u^{(4)}(t_n)+O(h^5)$$

三步四阶隐式 Adams 方法

$$u_{n+3}=u_{n+2}+\frac{h}{24}(9f_{n+3}+19f_{n+2}-5f_{n+1}+f_n)$$

其局部截断误差为

$$R_{n+3}(h)=-\frac{19}{720}h^5u^{(5)}(t_n)+O(h^6)$$

三步四阶 Hamming 方法

$$u_{n+3}=\frac{1}{8}(9u_{n+2}-u_n)+\frac{3h}{8}(f_{n+3}+2f_{n+2}-f_{n+1})$$

其局部截断误差为

$$R_{n+3}(h)=-\frac{1}{40}h^5u^{(5)}(t_n)+O(h^6)$$

(4)当 $k=4$ 时,四步四阶显式 Adams 方法

$$u_{n+4}=u_{n+3}+\frac{h}{24}(55f_{n+3}-59f_{n+2}+37f_{n+1}-9f_n)$$

其局部截断误差为

$$R_{n+4}(h)=\frac{251}{720}h^5u^{(5)}(t_n)+O(h^6)$$

四步四阶显式 Milne 方法

$$u_{n+4}=u_n+\frac{4h}{3}(2f_{n+3}-f_{n+2}-2f_{n+1})$$

其局部截断误差为

$$R_{n+4}(h)=\frac{8}{15}h^5u^{(5)}(t_n)+O(h^6)$$

7.1.5 预估-校正算法

(1)Milne 四阶预估-校正算法

取四步四阶显式法为预估算法,取二步四阶 Milne 法为校正算法,构成 Milne 算法的 PECE 方案计算公式,即

$$P:u_{n+4}^{[0]}=u_n^{[1]}+\frac{4h}{3}(2f_{n+3}^{[1]}-f_{n+2}^{[1]}+2f_{n+1}^{[1]})$$

$$E:f_{n+4}^{[0]}=f(t_{n+4},u_{n+4}^{[0]})$$

$$C:u_{n+4}^{[1]}=u_{n+2}^{[1]}+\frac{h}{3}(f_{n+4}^{[0]}+4f_{n+3}^{[1]}+f_{n+2}^{[1]})$$

$$E:f_{n+4}^{[1]}=f(t_{n+4},u_{n+4}^{[1]})$$

(2)修正的 Milne-Hamming 预估-校正算法

为提高精度还可利用相应的局部截断误差进行修正,得到修正的预估-校正算法.取四步四阶显式 Milne 方法为预估算法,取三步四阶 Hamming 法为校正算法,构成 Milne-Hamming 算法的 PMECME 方案计算公式,即

$$P:u_{n+4}^{[0]}=\hat{u}_n^{[1]}+\frac{4h}{3}(2f_{n+3}^{[1]}-\hat{f}_{n+2}^{[1]}+2\hat{f}_{n+1}^{[1]})$$

$$M:\hat{u}_{n+4}^{[0]}=u_{n+4}^{[0]}+\frac{112}{121}(u_{n+3}^{[1]}-u_{n+3}^{[0]})$$

$$E:\hat{f}_{n+4}^{[0]}=f(t_{n+4},\hat{u}_{n+4}^{[0]})$$

$$C:u_{n+4}^{[1]}-\frac{9}{8}\hat{u}_{n+3}^{[1]}+\frac{1}{8}\hat{u}_{n+1}^{[1]}=\frac{3h}{8}(\hat{f}_{n+4}^{[0]}+2\hat{f}_{n+3}^{[1]}-\hat{f}_{n+2}^{[1]})$$

$$M:\hat{u}_{n+4}^{[1]}=u_n^{[1]}-\frac{9}{121}(u_{n+4}^{[1]}-u_{n+4}^{[0]})$$

$$E:\hat{f}_{n+4}^{[1]}=f(t_{n+4},\hat{u}_{n+4}^{[1]})$$

7.1.6　收敛性、绝对稳定性与绝对稳定区域

一、收敛性

对单步法，当方法的阶 $p\geqslant 1$ 时，有整体误差 $E_n(h)=u(t_n)-u_n=O(h^p)$，故有 $\lim\limits_{h\to 0}E_n(h)=0$，因此方法是收敛的.

对于 k 步 p 阶法

$$\sum_{j=0}^{k}\alpha_j u_{n+j}=h\sum_{j=0}^{k}\beta_j f_{n+j},\quad \alpha_k\neq 0$$

引入多步法的第一特征多项式

$$\rho(\lambda)=\sum_{j=0}^{k}\alpha_j\lambda^j$$

和第二特征多项式

$$\sigma(\lambda)=\sum_{j=0}^{k}\beta_j\lambda^j$$

若第一特征多项式 $\rho(\lambda)$ 的所有根在单位圆内或圆上（$|\lambda|\leqslant 1$），且位于单位圆周上的根都是单根，称多步法**满足根条件**. 若线性多步法的阶 $p\geqslant 1$，且满足根条件，则方法是收敛的.

二、绝对稳定性

模型方程为 $u'=\mu u$，其中 $\mathrm{Re}(\mu)<0$. 当某一步 u_n 有舍入误差时，若以后的计算中不会逐步扩大，称这种稳定性为**绝对稳定性**. 一个数值方法用于求解模型问题，若在 $\bar{h}=\mu h$ 平面中的某一区域 D 中方法都是绝对稳定的，而在区域 D 外，方法是不稳定的，则称 D 是方法的**绝对稳定区域**，它与实轴的交称为**绝对稳定区间**.

单步法可首先求得误差传播方程，然后误差扩大系数绝对值小于 1 的方式确定绝对稳定区域. 当 u_n 有舍入误差时，其近似解为 $\tilde{u}_n$，取 $\varepsilon_n=u_n-\tilde{u}_n$，通过计算可得到误差传播方程

$$\varepsilon_{n+1}=\lambda(\bar{h})\varepsilon_n$$

令 $|\lambda(\bar{h})|<1$ 便可得到绝对稳定区域，这里 $\bar{h}=\mu h$. 特别地，对于显式 Euler 法，$\lambda(\bar{h})=1+\bar{h}$. 若 $\mu<0$ 得到 $-2<\bar{h}<0$，即 $0<h<\dfrac{2}{-\mu}$ 时绝对稳定，若 μ 为复数，在 $\bar{h}=\mu h$ 的复平面上，$|1+\bar{h}|<1$ 表示以 $(-1,0)$ 为圆心，1 为半径的单位圆.

对于 Runge-Kutta 法有

$$\lambda(\bar{h})=1+\bar{h}+\frac{1}{2!}\bar{h}^2+\cdots+\frac{1}{m!}\bar{h}^m$$

注意，当 $m=1,2,3,4$ 时，解不等式 $|\lambda(\bar{h})|<1$ 就可得显式 Runge-Kutta 法公式绝对稳定域. 当 $\mu<0$ 为实数，则得各阶（$m=1,2,3,4$）的绝对稳定区间，见表 7-1.

表 7-1 各阶($m=1,2,3,4$)的绝对稳定区间

m	$\lambda(\bar{h})$	绝对稳定区间
1	$1+\bar{h}$	$(-2,0)$
2	$1+\bar{h}+\frac{1}{2!}\bar{h}^2$	$(-2,0)$
3	$1+\bar{h}+\frac{1}{2!}\bar{h}^2+\frac{1}{6}\bar{h}^3$	$(-2.51,0)$
4	$1+\bar{h}+\frac{1}{2}\bar{h}^2+\frac{1}{6}\bar{h}^3+\frac{1}{24}\bar{h}^4$	$(-2.78,0)$

线性多步法的绝对稳定区域可通过求解特征方程的根的方式确定.线性多步法的特征方程为

$$\rho(\lambda)-\bar{h}\sigma(\lambda)=0$$

其中 $\rho(\lambda)=\sum_{j=0}^{k}\alpha_j\lambda^j,\sigma(\lambda)=\sum_{j=0}^{k}\beta_j\lambda^j$.

结论:若特征方程的根都在单位圆内($|\lambda|<1$),则线性多步法关于$\bar{h}=\mu h$ 绝对稳定,其绝对稳定域是复平面$\bar{h}$上的区域

$$D=\{\bar{h}\,|\,|\lambda_j(\bar{h})|<1,j=1,2,\cdots,k\}$$

通过这种方式可以验证隐式 Euler 法和梯形法的绝对稳定区间为$(-\infty,0)$.

检验绝对稳定性归结为检验特征方程的根是否在单位圆内($|\lambda|<1$),有很多判别法,如 Schur 准则等.下面是两种简单的、常用的判别法.

(1)实系数二次方程 $\lambda^2-b\lambda-c=0$ 的根在单位圆内的充分必要条件为

$$|b|<1-c<2$$

(2)实系数三次方程 $\lambda^3+b\lambda^2+c\lambda+d=0$ 的三个根按模小于 1 的充分必要条件为

$$1+d>0,1-d>0$$
$$1+b+c+d>0,1-b+c-d>0$$
$$1+c+bd-d^2$$

确定**绝对稳定区域**还可采用**边界轨迹法**.设绝对稳定区域 R 的边界∂R.因为稳定多项式

$$\Pi(\lambda,\bar{h})=\rho(\lambda)-\bar{h}\sigma(\lambda)$$

的根是$\bar{h}=\mu h$ 的连续函数,所以当某个根落在单位圆上,即

$$\Pi(\mathrm{e}^{\mathrm{i}\theta},\bar{h})=\rho(\mathrm{e}^{\mathrm{i}\theta})-\bar{h}\sigma(\mathrm{e}^{\mathrm{i}\theta})=0$$

时,这里 $\mathrm{i}=\sqrt{-1}$,则$\bar{h}$就落在∂R 上,换句话说,$\Pi(\mathrm{e}^{\mathrm{i}\theta},\bar{h})=0$ 确定的轨迹就是∂R.给定 θ 一些典型值,如

$$\theta=0°,30°,60°,90°,\cdots$$

解方程 $\Pi(\mathrm{e}^{\mathrm{i}\theta},\bar{h})=0$,得到的相应的$\bar{h}$值,在$\bar{h}$-平面上连接所得到的点,得到一条曲线就是对$\partial R$ 的近似.

7.1.7　精细积分法

一阶线性常系数齐次微分方程组

$$\begin{cases}\dfrac{\mathrm{d}\boldsymbol{X}(t)}{\mathrm{d}t}=\boldsymbol{AX}(t)\\ \boldsymbol{X}(t_0)=(x_1(0),\cdots,x_n(0))^{\mathrm{T}}\end{cases}$$

在$[t_0,t]$上的精确解为 $\boldsymbol{X}(t)=\mathrm{e}^{\boldsymbol{A}t}\boldsymbol{X}(0)$. 令

$$t_0<t_1=t_0+\tau<t_2=t_0+2\tau<\cdots<t_k=t_0+k\tau<\cdots<t_n=t_0+n\tau=t$$

求 $\boldsymbol{X}(t)$在离散点 t_i 处的近似值 $\boldsymbol{X}_i$ 可用如下递归的方式求得

$$\boldsymbol{X}_1=\boldsymbol{TX}_0,\boldsymbol{X}_2=\boldsymbol{TX}_1,\cdots,\boldsymbol{X}_n=\boldsymbol{TX}_{n-1}$$

这里 $\boldsymbol{T}=\mathrm{e}^{\boldsymbol{A}\tau}$. 矩阵 $\boldsymbol{T}$ 可用如下算法算出：

取 N＝20；$\Delta t=\dfrac{\tau}{2^{N}}$

```
T＝AΔt；
T＝T(I＋T(I＋T(I＋T/4)/3)/2)；
for i＝1：N
    T＝T(2I＋T)；
end
T＝I＋T
```

这里 $\boldsymbol{I}$ 为 n 阶单位矩阵. 最终得到的 $\boldsymbol{T}$ 即为 $\mathrm{e}^{\boldsymbol{A}\tau}$ 的一个近似.

7.2　思考题及解答

1. 显式方法的优点是计算简单且稳定性好.

答：不正确. 一般来说显式方法计算更简单，但稳定性比隐式方法要差.

2. 线性多步法收敛需要满足的条件是什么？

答：线性多步法的收敛阶大于或等于 1，且满足根条件，则方法是收敛的.

3. 局部截断误差和整体截断误差的阶之间有什么关系？

答：如果局部截断误差为 $O(h^{p+1})$，那么整体截断误差为 $O(h^p)$.

7.3　经典例题分析

【例 7-1】　用 Euler 法、隐式 Euler 法、改进的 Euler 法和梯形法求

$$\begin{cases}u'=-5u,\quad 0<t\leqslant 1\\ u(0)=1\end{cases}$$

的数值解，分别取步长 $h=0.05,0.1$，并比较算法的精度. 精确解为 $u(t)=\mathrm{e}^{-5t}$.

解 首先,已知 $f(t,u)=-5u,u_0=u(0)=1$,写出各个相应的计算公式.

Euler 法计算公式为

$$u_{n+1}=u_n-5hu_n=(1-5h)u_n=(1-5h)^n u_0$$

由于 f 关于 u 为线性函数,隐式 Euler 法可以显式化

$$u_{n+1}=u_n-5hu_{n+1}$$

其计算公式为

$$u_{n+1}=\frac{u_n}{1+5h}=\left(\frac{1}{1+5h}\right)^n u_0$$

同理,改进的 Euler 法也可以显式化

$$u_{n+1}=u_n+\frac{h}{2}(-5u_n-5u_{n+1})=u_n+\frac{h}{2}[-5u_n-5(u_n-5hu_n)]$$

其计算公式为

$$u_{n+1}=\left(1+\frac{h(25h-10)}{2}\right)u_n=\left(1+\frac{h(25h-10)}{2}\right)^n u_0$$

梯形法也可以显式化

$$u_{n+1}=u_n+\frac{h}{2}(-5u_n-5u_{n+1})$$

其计算公式为

$$u_{n+1}=\left(\frac{2-5h}{2+5h}\right)u_n=\left(\frac{2-5h}{2+5h}\right)^n u_0$$

(1)当取步长 $h=0.05$ 时

Euler 法计算公式为:$u_{n+1}=(0.750\ 000)^n u_0$.

隐式 Euler 法计算公式为:$u_{n+1}=(0.800\ 000)^n u_0$.

改进的 Euler 法计算公式为:$u_{n+1}=(0.781\ 250)^n u_0$.

梯形法计算公式为:$u_{n+1}=(0.777\ 778)^n u_0$.

对 $n=0$,由 Euler 公式得:$u_1=(1-0.25)u_0=0.750\ 000$.

由隐式 Euler 公式得:$u_1=0.8u_0=0.800\ 000$.

由改进的 Euler 公式得:$u_1=0.781\ 250u_0=0.781\ 250$.

由梯形公式得:$u_1=0.777\ 778u_0=0.777\ 778$.

其余数值结果见表 7-2.

表 7-2 数值结果

t_n $h=0.05$	Euler 法 u_n	隐式 Euler 法 u_n	改进的 Euler 法 u_n	梯形法 u_n	精确解 $u(t_n)$
0	1	1	1	1	1
0.05	0.750 000	0.800 000	0.781 250	0.777 778	0.778 801
0.10	0.562 500	0.640 000	0.610 352	0.604 939	0.606 530
0.15	0.421 875	0.512 000	0.476 837	0.470 508	0.472 367
0.20	0.316 406	0.409 600	0.372 529	0.359 507	0.367 879
0.25	0.237 305	0.327 680	0.291 038	0.284 628	0.286 505

（续表）

t_n $h=0.05$	Euler 法 u_n	隐式 Euler 法 u_n	改进的 Euler 法 u_n	梯形法 u_n	精确解 $u(t_n)$
0.30	0.177 979	0.262 144	0.227 374	0.221 377	0.223 131
0.35	0.133 484	0.209 715	0.177 636	0.172 183	0.173 774
0.40	0.100 113	0.167 772	0.138 778	0.133 919	0.135 335
0.45	0.075 085	0.134 218	0.108 420	0.104 160	0.105 399
0.50	0.056 314	0.107 374	0.084 703	0.081 013	0.082 085
0.55	0.042 235	0.085 899	0.066 174	0.063 010	0.063 928
0.60	0.031 676	0.068 719	0.051 699	0.049 008	0.049 787
0.65	0.023 757	0.054 976	0.040 390	0.038 117	0.038 774
0.70	0.017 818	0.043 980	0.031 554	0.029649	0.030 197
0.75	0.013 364	0.035 184	0.024 652	0.023 059	0.023 518
0.80	0.010 023	0.028 147	0.019 259	0.017 935	0.018 316
0.85	0.007 016	0.018 014	0.015 046	0.013 949	0.014 264
0.90	0.005 162	0.014 412	0.011 755	0.038 117	0.011 109
0.95	0.003 946	0.011 529	0.009 184	0.008 438	0.008 652
1.00	0.002 960	0.009 223	0.007 175	0.006 563	0.006 738

(2)当取步长 $h=0.1$ 时

Euler 法计算公式为：$u_{n+1}=(0.500\ 000)^n u_0$.

隐式 Euler 法计算公式为：$u_{n+1}=(0.666\ 667)^n u_0$.

改进的 Euler 法计算公式为：$u_{n+1}=(0.625\ 000)^n u_0$.

梯形法计算公式为：$u_{n+1}=(0.600\ 000)^n u_0$.

对 $n=0$，由 Euler 公式得：$u_1=0.500\ 000u_0=0.500\ 000$.

由隐式 Euler 公式得：$u_1=0.666\ 667u_0=0.666\ 667$.

由改进的 Euler 公式得：$u_1=0.625\ 000u_0=0.625\ 000$.

由梯形公式得：$u_1=0.600\ 000u_0=0.600\ 000$.

其余数值结果见表 7-3.

表 7-3　数值结果

t_n $h=0.1$	Euler 法 u_n	隐式 Euler 法 u_n	改进的 Euler 法 u_n	梯形法 u_n	精确解 $u(t_n)$
0.00	1	1	1	1	1
0.10	0.500 000	0.666 667	0.625 000	0.600 000	0.606 530
0.20	0.250 000	0.444 444	0.390 625	0.360 000	0.367 879
0.30	0.125 000	0.296 297	0.244 141	0.216 000	0.223 131
0.40	0.062 500	0.197 531	0.152 588	0.129 600	0.135 335
0.50	0.031 250	0.131 169	0.095 367	0.077 760	0.082 085
0.60	0.015 625	0.087 792	0.059 604	0.046 656	0.049 787
0.70	0.007 813	0.058 528	0.037 253	0.027 994	0.030 197
0.80	0.003 906	0.039 019	0.023 283	0.016 796	0.018 316
0.90	0.001 953	0.026 012	0.014 552	0.010 078	0.011 109
1.00	0.000 977	0.017 342	0.009 095	0.006 045	0.006 738

【例 7-2】 用经典 Runge-Kutta 法求解区间[0,3]内初值问题

$$\begin{cases} u'=\dfrac{t-u}{2}, & 0<t\leqslant 3 \\ u(0)=1 \end{cases}$$

比较 $h=1,0.5,0.25,0.125$ 时的数值解.

解 已知 $f(t,u)=\dfrac{t-u}{2}$,则经典 Runge-Kutta 法计算公式为

$$\begin{cases} u_{n+1}=u_n+\dfrac{h}{6}(k_1+2k_2+2k_3+k_4) \\ k_1=\dfrac{t_n-u_n}{2} \\ k_2=\dfrac{\left(t_n+\dfrac{1}{2}h\right)-\left(u_n+\dfrac{1}{2}hk_1\right)}{2} \\ k_3=\dfrac{\left(t_n+\dfrac{1}{2}h\right)-\left(u_n+\dfrac{1}{2}hk_2\right)}{2} \\ k_4=\dfrac{\left(t_n+\dfrac{1}{2}h\right)-\left(u_n+\dfrac{1}{2}hk_3\right)}{2} \end{cases}$$

对于步长 $h=0.25$ 的一个计算实例为:$n=0$.

$$k_1=\frac{t_0-u_0}{2}=\frac{0.0-1.0}{2}=-0.5$$

$$k_2=\frac{\left(t_0+\dfrac{1}{2}h\right)-\left(u_0+\dfrac{1}{2}hk_1\right)}{2}=\frac{(0.0+0.5\times0.25)-(1.0+0.5\times0.25\times(-0.5))}{2}$$
$$=-0.406\ 250\ 0$$

$$k_3=\frac{\left(t_0+\dfrac{1}{2}h\right)-\left(u_0+\dfrac{1}{2}hk_2\right)}{2}$$
$$=\frac{0.125-(1.0+0.5\times0.25\times(-0.406\ 250\ 0))}{2}$$
$$=-0.412\ 109\ 4$$

$$k_4=\frac{\left(t_0+\dfrac{1}{2}h\right)-\left(u_0+\dfrac{1}{2}hk_3\right)}{2}$$
$$=\frac{0.125-(1.0+0.5\times0.25\times(-0.412\ 109\ 4))}{2}=-0.323\ 486\ 3$$

$$u_1=u_0+\frac{h}{6}(k_1+2k_2+2k_3+k_4)$$
$$=1.0+\frac{0.25}{6}(-0.5+2\times(-0.406\ 25)+2\times(-0.412\ 109\ 4)-0.323\ 486\ 3)$$
$$=0.897\ 491\ 5$$

其余数值结果见表 7-4.

表 7-4　数值结果

t_n	u_n				精确解
	$h=1$	$h=0.5$	$h=0.25$	$h=0.125$	$u(t_n)$
0.000	1.0	1.0	1.0	1.0	1.0
0.125	—	—	—	0.943 239 2	0.943 239 2
0.250	—	—	0.897 491 5	0.897 490 8	0.897 491 7
0.375	—	—	—	0.862 087 4	0.862 087 4
0.500	—	0.836 425 8	0.836 403 7	0.836 402 4	0.836 402 3
0.750	—	—	0.811 869 6	0.811 867 9	0.811 867 8
1.000	0.828 312 5	0.819 628 5	0.819 594 0	0.819 592 1	0.819 592 0
1.500	—	0.917 142 3	0.917 102 1	0.917 099 8	0.917 099 7
2.000	1.104 512 5	1.103 682 6	1.103 640 8	1.103 638 5	1.103 638 3
2.500	—	1.359 557 5	1.359 516 8	1.359 514 5	1.359 514 4
3.000	1.670 186 0	1.669 430 8	1.669 392 8	1.669 390 6	1.669 390 5

这说明,同一个数值方法,用不同的步长计算,其数值结果的精度不同.

【例 7-3】 设初值问题

$$\begin{cases}u'=at+b, & 0<t\leqslant 1\\ u(0)=0\end{cases}$$

有解 $u(t)=\frac{1}{2}at^2+bt$,若 $t_n=nh$,u_n 是由 Euler 法得到的数值解,试证明:Euler 法的整体截断误差为

$$u(t_n)-u_n=\frac{1}{2}aht_n$$

证明 此时 Euler 公式为

$$\begin{cases}u_{k+1}-u_k=h(at_k+b), & k=0,1,2,\cdots\\ u_0=0\end{cases}$$

两端对 k 从 0 到 $n-1$ 求和,得

$$\sum_{k=0}^{n-1}(u_{k+1}-u_k)=h\sum_{k=0}^{n-1}(at_k+b)$$

$$u_n-u_0=h\sum_{k=0}^{n-1}at_k+hnb=ah^2\sum_{k=0}^{n-1}k+hnb=ah^2\frac{n(n-1)}{2}+hnb$$

注意到,$u_0=0$,$t_n=nh$,则有

$$u_n=\frac{a(nh)^2}{2}+(nh)b-\frac{1}{2}anh^2=\frac{1}{2}at_n^2+bt_n-\frac{1}{2}aht_n=u(t_n)-\frac{1}{2}aht_n$$

从而,得到

$$E_n(h)=u(t_n)-u_n=\frac{1}{2}aht_n$$

【例 7-4】 用梯形公式

$$u_{n+1}^{[k+1]}=u_n+\frac{h}{2}(f(t_n,u_n)+f(t_{n+1},u_{n+1}^{[k]})),\quad k=0,1,2,\cdots;n=0,1,2,\cdots,N$$

求解初值问题

$$\begin{cases}u'=e^t\sin(tu), & 0<t\leqslant 1\\ u(0)=1\end{cases}$$

时，如何选取步长 h，使上述格式关于 k 的迭代收敛.

解 设 u_{n+1} 满足如下方程

$$u_{n+1}=u_n+\frac{h}{2}(f(t_n,u_n)+f(t_{n+1},u_{n+1}))$$

由梯形公式与其相减有

$$u_{n+1}^{[k+1]}-u_{n+1}=\frac{h}{2}(f(t_{n+1},u_{n+1}^{[k]})-f(t_{n+1},u_{n+1}))$$

由微分中值定理，进一步得

$$\begin{aligned}|u_{n+1}^{[k+1]}-u_{n+1}|&=\left|\frac{h}{2}(f(t_{n+1},u_{n+1}^{[k]})-f(t_{n+1},u_{n+1}))\right|\\&=\left|\frac{h}{2}f(t_{n+1},\xi_n^{[k]})(u_{n+1}^{[k]}-u_{n+1})\right|\\&\leqslant\frac{h}{2}|f'_u(t_{n+1},\xi_n^{[k]})||u_{n+1}^{[k]}-u_{n+1}|\end{aligned}$$

若 f 关于 u 的偏导函数 $f'_u(t,u)$ 满足 $|f'_u(t_{n+1},\xi_n^{[k]})|\leqslant L$，且选取步长 h，使得 $\frac{hL}{2}<1$，则由递推关系可得

$$|u_{n+1}^{[k+1]}-u_{n+1}|\leqslant\left(\frac{hL}{2}\right)^{k+1}|u_{n+1}^{[0]}-u_{n+1}|$$

由于非负数 $\frac{hL}{2}<1$，故当 $k\to\infty$ 时，$|u_{n+1}^{[k+1]}-u_{n+1}|\to 0$，即迭代公式收敛.

对于上述初值问题，有

$$f(t,u)=e^t\sin(tu),\ |f'_u(t,u)|=|e^t\cos(tu)t|\leqslant|e^t t|\leqslant e,\quad 0\leqslant x\leqslant 1$$

于是，当 $\frac{he}{2}<1$，即 $h<\frac{2}{e}$ 时，梯形公式关于 k 的迭代是收敛的.

【例 7-5】 设初值问题

$$\begin{cases}u'+u=0, & 0<t\leqslant 1\\ u(0)=1\end{cases}$$

试证明：(1)用改进的 Euler 公式所求的近似解为

$$u_n=\left(1-h+\frac{h^2}{2}\right)^n,\quad n=0,1,2,\cdots$$

(2)对于固定的 $t_n=nh$，当 $h\to 0$ 时，u_n 趋近于精确解 e^{-t_n}.

证明 注意到，$f(t,u)=-u$，$t_n=nh$，$n=0,1,2,\cdots$.

(1)改进的 Euler 公式为

$$\begin{aligned}u_{n+1}&=u_n+\frac{h}{2}[f(t_n,u_n)+f(t_{n+1},u_n+hf(t_n,u_n))]\\&=u_n+\frac{h}{2}[-u_n-(u_n-hu_n)]\end{aligned}$$

$$=\left(1-h+\frac{h^2}{2}\right)u_n,\quad n=0,1,2,\cdots$$

从而，递推可得

$$u_n=\left(1-h+\frac{h^2}{2}\right)^n u_0=\left(1-h+\frac{h^2}{2}\right)^n,\quad n=0,1,2,\cdots$$

$$(2)\lim_{h\to 0}u_n=\lim_{h\to 0}\left(1-h+\frac{h^2}{2}\right)^n=\lim_{h\to 0}\left(1+\left(\frac{h^2}{2}-h\right)\right)^{\frac{1}{\left(\frac{h^2}{2}-h\right)}\cdot\left(\frac{h^2}{2}-h\right)n}$$

$$=\lim_{h\to 0}\left(1+\left(\frac{h^2}{2}-h\right)\right)^{\frac{1}{\left(\frac{h^2}{2}-h\right)}\cdot\left(\frac{h}{2}-1\right)t_n}=\mathrm{e}^{-t_n}=u(t_n).$$

【例 7-6】 用 Milne 预估-校正(PECE)格式求解初值问题

$$\begin{cases}u'=-u+t+1,\quad 0\leqslant t\leqslant 1\\ u(0)=1\end{cases}$$

步长 $h=0.1$，附加值 u_1,u_2,u_3 由精确解 $u(t)=\mathrm{e}^{-t}+t$ 给出，要求计算到 $t=0.5$，给出计算结果的误差.

解　首先，已知 $u(0)=u_0=1$，再利用精确解 $u(t)=\mathrm{e}^{-t}+t$ 计算出其余 3 个初值

$$u_1=\mathrm{e}^{-0.1}+0.1\approx 1.004\,837\,418$$
$$u_2=\mathrm{e}^{-0.2}+0.2\approx 1.018\,730\,753$$
$$u_3=\mathrm{e}^{-0.3}+0.3\approx 1.040\,818\,221$$

又已知 $f(t_i,u_i)=-u_i+t_i+1$. 从而

$f_0=0$

$f_1=-u_1+t_1+1\approx -1.004\,837\,42+1.1=0.095\,162\,58$

$f_2=-u_2+t_2+1\approx -1.018\,730\,75+1.2=0.181\,269\,25$

$f_3=-u_3+t_3+1\approx -1.040\,818\,22+1.3=0.259\,181\,78$

由 Milne 预估-校正(PECE)，计算得

$$u_4^{[0]}=u_0^{[1]}+\frac{4h}{3}(2f_3^{[1]}-f_2^{[1]}+2f_1^{[1]})$$
$$=1.0+\frac{0.4}{3}\times(2\times 0.259\,181\,78-0.181\,269\,25+2\times 0.095\,162\,58)$$
$$\approx 1.070\,322\,60$$

$$f_4^{[0]}=f(t_4,u_4^{[0]})=-u_4^{[0]}+t_4+1=-1.070\,322\,60+1.4=0.329\,677\,40$$

$$u_4^{[1]}=u_2^{[1]}+\frac{h}{3}(f_4^{[0]}+4f_3^{[1]}+f_2^{[1]})$$
$$=1.018\,730\,753+\frac{0.1}{3}\times(0.329\,677\,4+4\times 0.259\,181\,78+0.181\,269\,25)$$
$$\approx 1.070\,319\,879$$

$$f_4^{[1]}=f(t_4,u_4^{[1]})=-u_4^{[1]}+t_4+1=-1.070\,319\,879+1.4=0.329\,680\,121$$

$$u_5^{[0]}=u_1^{[1]}+\frac{4h}{3}(2f_4^{[1]}-f_3^{[1]}+2f_2^{[1]})$$
$$=1.004\,837\,418+\frac{0.4}{3}\times(2\times 0.329\,680\,121-0.259\,181\,78+2\times 0.181\,269\,25)$$

$$\approx 1.106\ 533\ 012$$

$$f_5^{[0]}=f(t_5,u_5^{[0]})=-u_5^{[0]}+t_5+1=-1.106\ 533\ 012+1.5=0.393\ 466\ 988$$

$$\begin{aligned}u_5^{[1]}&=u_3^{[1]}+\frac{h}{3}(f_5^{[0]}+4f_4^{[1]}+f_3^{[1]})\\&=1.040\ 818\ 221+\frac{0.1}{3}\times(0.393\ 466\ 988+4\times0.329\ 680\ 121+0.259\ 181\ 78)\\&\approx 1.106\ 530\ 529\end{aligned}$$

误差

$$|u(t_4)-u_4|=|1.070\ 320\ 046-1.070\ 319\ 879|\approx 1.67\times10^{-7}$$

$$|u(t_5)-u_5|=|1.106\ 530\ 660-1.106\ 530\ 529|\approx 1.31\times10^{-7}$$

【例 7-7】 就 $c_2=c_3$ 和 $a_2=a_3$ 导出三阶 Runge-Kutta 法.

解 首先三阶 Runge-Kutta 法的各个系数所满足的方程组为

$$\begin{cases}c_1+c_2+c_3=1\\a_2c_2+a_3c_3=\dfrac{1}{2}\\a_2b_{32}c_3=\dfrac{1}{6}\\a_2^2c_2+a_3^2c_3=\dfrac{1}{3}\end{cases},\ \text{即}\ \begin{cases}c_1+2c_2=1\\2a_2c_2=\dfrac{1}{2}\\a_2b_{32}c_2=\dfrac{1}{6}\\2a_2^2c_2=\dfrac{1}{3}\end{cases},\ \text{即}\ \begin{cases}c_1+2c_2=1\\a_2c_2=\dfrac{1}{4}\\a_2b_{32}c_2=\dfrac{1}{6}\\a_2^2c_2=\dfrac{1}{6}\end{cases}$$

解得

$$\begin{cases}c_1=\dfrac{1}{4}\\c_2=c_3=\dfrac{3}{8}\\a_2=a_3=\dfrac{2}{3}\\b_{32}=\dfrac{2}{3}\end{cases}$$

则三阶 Runge-Kutta 法算法为

$$\begin{cases}u_{n+1}=u_n+\dfrac{h}{8}(2k_1+3k_2+3k_3)\\k_1=f(t_n,u_n)\\k_2=f\left(t_n+\dfrac{2}{3}h,u_n+\dfrac{2}{3}hk_1\right)\\k_3=f\left(t_n+\dfrac{2}{3}h,u_n+\dfrac{2}{3}hk_2\right)\end{cases}$$

此三级三阶 Runge-Kutta 法称为 Nystrom 法.

【例 7-8】 如果 $\rho(\lambda)=\lambda^3-\lambda^2+\frac{1}{4}\lambda-\frac{1}{4}$，求 $\sigma(\lambda)$ 使得 $\sigma(\lambda)$ 是二次多项式，且所构成的多步法是三阶的，并写出具体的差分格式，并证明此格式的收敛性.

解　由已知条件

$$\alpha_0=-\frac{1}{4},\alpha_1=\frac{1}{4},\alpha_2=-1,\alpha_3=1$$

设 $\sigma(\lambda)=\beta_2\lambda^2+\beta_1\lambda+\beta_0$，则系数 β_0,β_1,β_2 应满足如下方程组

$$\begin{cases}\beta_0+\beta_1+\beta_2=\dfrac{5}{4}\\ \beta_1+2\beta_2=\dfrac{21}{8}\\ \beta_1+4\beta_2=\dfrac{77}{12}\end{cases}$$

解之，$\beta_0=\frac{25}{48},\beta_1=-\frac{7}{6},\beta_2=\frac{91}{48}$. 从而

$$\sigma(\lambda)=\frac{91}{48}\lambda^2-\frac{7}{6}\lambda+\frac{25}{48}$$

则具体的差分格式为

$$u_{n+3}-u_{n+2}+\frac{1}{4}u_{n+1}-\frac{1}{4}u_n=\frac{h}{48}(91f_{n+2}-56f_{n+1}+25f_n)$$

此为三步三阶显式方法. 又令

$$\rho(\lambda)=\lambda^3-\lambda^2+\frac{1}{4}\lambda-\frac{1}{4}=\lambda^2(\lambda-1)+\frac{1}{4}(\lambda-1)=(\lambda-1)\left(\lambda^2+\frac{1}{4}\right)=0$$

求得其第一特征多项式的特征值为 $\lambda_1=1,\lambda_2=-\frac{1}{2}\mathrm{i},\lambda_3=\frac{1}{2}\mathrm{i}$，故其满足根条件.

所以此三步三阶方法稳定.

又有 $\rho(1)=1^3-1^3+\frac{1}{4}-\frac{1}{4}=0,\rho'(\lambda)=3\lambda^2-2\lambda+\frac{1}{4}$. 从而得出

$$\rho'(1)=\frac{5}{4}=3-2+\frac{1}{4}=\sigma(1)$$

故此三步三阶方法相容，此方法收敛.

【例 7-9】　用待定系数法求三步四阶类方法，进一步确定三步四阶显式方法.

解　已知 $k=3$，不妨设 $\alpha_3=1,\alpha_0=a,\alpha_1=b$，则所要确定的系数应为 $\alpha_2,\beta_0,\beta_1,\beta_2,\beta_3$. 考虑方程组

$$\begin{cases}c_0=a+b+\alpha_2+1=0\\ c_1=(b+2\alpha_2+3)-(\beta_0+\beta_1+\beta_2+\beta_3)=0\\ c_2=\dfrac{1}{2}(b+4\alpha_2+9)-(\beta_1+2\beta_2+3\beta_3)=0\\ c_3=\dfrac{1}{6}(b+8\alpha_2+27)-\dfrac{1}{2}(\beta_1+4\beta_2+9\beta_3)=0\\ c_4=\dfrac{1}{24}(b+16\alpha_2+81)-\dfrac{1}{6}(\beta_1+8\beta_2+27\beta_3)=0\end{cases}$$

解得

$$\alpha_2=-(1+a+b),\ \beta_0=\frac{1}{24}(1-8a+b)$$

$$\beta_1=\frac{-1}{24}(5+32a+13b),\beta_2=\frac{1}{24}(19-8a-13b),\beta_3=\frac{1}{24}(9+b)$$

即

$$u_{n+3}-(1+a+b)u_{n+2}+bu_{n+1}-au_n=\frac{h}{24}[(9+b)f_{n+3}+(19-8a-13b)f_{n+2}-(5+32a+13b)f_{n+1}+(1-8a+b)f_n]$$

当 $\beta_3=\frac{1}{24}(9+b)=0$ 即 $b=-9$ 时为显式方法.

则有所求的三步四阶显式方法类为

$$u_{n+3}-(a-8)u_{n+2}-9u_{n+1}-au_n=\frac{h}{12}[(68-4a)f_{n+2}+(-56+16a)f_{n+1}+(-4-4a)f_n]$$

【例 7-10】 利用数值积分法,推导出求解初值问题

$$\begin{cases}u'=f(t,u), & a<t\leqslant b\\ u(a)=\alpha\end{cases}$$

的形如

$$u_{n+3}=u_n+h(\beta_2 f_{n+2}+\beta_1 f_{n+1}+\beta_0 f_n)$$

的线性多步法,求出其局部截断误差主项、指出该方法的阶并讨论其收敛性.

解 本题主要目的是,利用数值积分法构造线性多步法.

首先,取 $h=\frac{b-a}{N}$,$t_n=a+nh$,$n=0,1,2,\cdots,N$. 将微分方程在$[t_n,t_{n+3}]$上积分,即

$$u(t_{n+3})=u(t_n)+\int_{t_n}^{t_{n+3}}f(t,u(t))\mathrm{d}t$$

以 t_{n+3},t_{n+2},t_{n+1} 为插值节点,作 $f(t,u(t))$的二次 Lagrange 插值多项式 $p_2(t)$,即

$$\begin{aligned}f(t,u(t))\approx p_2(t)=&\frac{(t-t_{n+2})(t-t_{n+1})}{(t_{n+3}-t_{n+2})(t_{n+3}-t_{n+1})}f(t_{n+3},u(t_{n+3}))+\\&\frac{(t-t_{n+3})(t-t_{n+1})}{(t_{n+2}-t_{n+3})(t_{n+2}-t_{n+1})}f(t_{n+2},u(t_{n+2}))+\\&\frac{(t-t_{n+3})(t-t_{n+2})}{(t_{n+1}-t_{n+3})(t_{n+1}-t_{n+2})}f(t_{n+1},u(t_{n+1}))\end{aligned}$$

$$\begin{aligned}\int_{t_n}^{t_{n+3}}f(t,u(t))\mathrm{d}t\approx\int_{t_{n+1}}^{t_{n+3}}p_2(t)\mathrm{d}t=&\int_{t_{n+1}}^{t_{n+3}}\frac{(t-t_{n+2})(t-t_{n+1})}{(t_{n+3}-t_{n+2})(t_{n+3}-t_{n+1})}\mathrm{d}t\cdot f(t_{n+3},u(t_{n+3}))+\\&\int_{t_{n+1}}^{t_{n+3}}\frac{(t-t_{n+3})(t-t_{n+1})}{(t_{n+2}-t_{n+3})(t_{n+2}-t_{n+1})}\mathrm{d}t\cdot f(t_{n+2},u(t_{n+2}))+\\&\int_{t_{n+1}}^{t_{n+3}}\frac{(t-t_{n+3})(t-t_{n+2})}{(t_{n+1}-t_{n+3})(t_{n+1}-t_{n+2})}\mathrm{d}t\cdot f(t_{n+1},u(t_{n+1}))\end{aligned}$$

令 $t=t_n+\tau h$,$0\leqslant\tau\leqslant 3$,则由

$$\int_{t_{n+1}}^{t_{n+3}}p_2(t)\mathrm{d}t=\frac{1}{2h^2}\int_0^3(\tau-2)(\tau-1)h^3\mathrm{d}\tau\cdot f(t_{n+3},u(t_{n+3}))-$$

$$\frac{1}{h^2}\int_0^3(\tau-3)(\tau-1)h^3\mathrm{d}\tau\cdot f(t_{n+2},u(t_{n+2}))+$$

$$\frac{1}{2h^2}\int_0^3(\tau-2)(\tau-3)h^3\mathrm{d}\tau\cdot f(t_{n+1},u(t_{n+1}))$$

$$=\frac{h}{2}\int_0^3(\tau^2-3\tau+2)\mathrm{d}\tau\cdot f(t_{n+3},u(t_{n+3}))-$$

$$h\int_0^3(\tau^2-4\tau+3)\mathrm{d}\tau\cdot f(t_{n+2},u(t_{n+2}))+$$

$$\frac{h}{2}\int_0^3(\tau^2-5\tau+6)\mathrm{d}\tau\cdot f(t_{n+1},u(t_{n+1}))$$

$$=\frac{3h}{4}f(t_{n+3},u(t_{n+3}))-h\cdot 0\cdot f(t_{n+2},u(t_{n+2}))+\frac{9h}{4}\cdot$$

$$f(t_{n+1},u(t_{n+1}))$$

从而

$$u(t_{n+3})\approx u(t_n)+\frac{3h}{4}f(t_{n+3},u(t_{n+3}))+\frac{9h}{4}\cdot f(t_{n+1},u(t_{n+1}))$$

于是,得到的线性多步法为

$$u_{n+3}=u_n+\frac{3h}{4}\left[f(t_{n+3},u_{n+3})+3f(t_{n+1},u_{n+1})\right]$$

进一步,可知

$$\alpha_3=1,\alpha_2=\alpha_1=0,\alpha_0=-1,\beta_3=\frac{3}{4},\beta_2=\beta_0=0,\beta_1=\frac{9}{4}$$

容易验证

$$c_0=1-1=0,c_1=3-\left(\frac{3}{4}+\frac{9}{4}\right)=0,c_2=\frac{9}{2}-\left(\frac{9}{4}+3\times\frac{3}{4}\right)=0$$

$$c_3=\frac{27}{6}-\frac{1}{2}\left(\frac{9}{4}+9\times\frac{3}{4}\right)=0,c_4=\frac{81}{24}-\frac{1}{6}\left(\frac{9}{4}+27\times\frac{3}{4}\right)=-\frac{9}{24}\neq 0$$

故应为线性三步三阶隐式方法,其局部截断误差主项为$-\frac{9}{24}h^4u^{(4)}(t_n)$.

注意到

$$\rho(\lambda)=\lambda^3-1,\sigma(\lambda)=\frac{3}{4}\lambda^3+\frac{9}{4}\lambda$$

$\rho(\lambda)=0$ 的三个特征值为 $1,-\frac{1}{2}\pm\frac{\sqrt{3}}{2}\mathrm{i}$,满足根条件,因此是稳定的.

又 $\rho(1)=0,\rho'(1)=3=\sigma(1)=\frac{3}{4}+\frac{9}{4}$,故此三步三阶方法相容,从而收敛.

【例 7-11】 确定 α 的变化域,使线性多步法

$$u_{n+3}+\alpha(u_{n+2}-u_{n+1})-u_n=\frac{1}{2}(3+\alpha)h(f_{n+2}+f_{n+1})$$

是稳定的,并说明方法的阶不能大于 2.

解 此线性多步法的第一特征多项式为

$$\rho(\lambda)=\lambda^3+\alpha\lambda^2-\alpha\lambda-1=(\lambda-1)(\lambda^2+(\alpha+1)\lambda+1)$$

显然，$\lambda_3=1$ 是 $\rho(\lambda)=0$ 的一个根，则要使线性多步法稳定，只需使 $\lambda^2+(\alpha+1)\lambda+1=0$ 的两个根 $|\lambda_1|<1,|\lambda_2|<1$.

若 λ_1,λ_2 均为实的，则可得

$$|-(\alpha+1)|<1-(-1)<2$$

然而，显然上式不成立. 则 λ_1,λ_2 必是互为共轭复根的，应有

$$\begin{cases}|\lambda_1|=\left|-\dfrac{\alpha+1}{2}+\dfrac{\sqrt{4-(\alpha+1)^2}}{2}\mathrm{i}\right|<1\\ |\lambda_2|=\left|-\dfrac{\alpha+1}{2}-\dfrac{\sqrt{4-(\alpha+1)^2}}{2}\mathrm{i}\right|<1\\ \Delta=(\alpha+1)^2-4<0\end{cases}$$

解得 $-3<\alpha<1$，即当 $-3<\alpha<1$ 时，线性多步法稳定.

又已知

$$\alpha_3=1,\alpha_2=\alpha,\alpha_1=-\alpha,\alpha_0=-1,\beta_2=\frac{1}{2}(3+\alpha),\beta_1=\frac{1}{2}(3+\alpha),\beta_0=0$$

计算得

$$\begin{aligned}&c_0=\alpha_3+\alpha_2+\alpha_1+\alpha_0=0\\&c_1=(3\alpha_3+2\alpha_2+\alpha_1)-(\beta_2+\beta_1+\beta_0)=0\\&c_2=\frac{1}{2}(9\alpha_3+4\alpha_2+\alpha_1)-(2\beta_2+\beta_1)=0\\&c_3=\frac{1}{6}(27\alpha_3+8\alpha_2+\alpha_1)-\frac{1}{2}(4\beta_2+\beta_1)=\frac{9-\alpha}{12}\end{aligned}$$

若要 $c_3=0$，则必有 $\alpha=9$. 这与 $-3<\alpha<1$ 矛盾，故若要方法稳定，则其阶不能大于 2.

【例 7-12】 确定 a 的值，使

$$u_{n+2}-u_{n+1}=h[af_{n+1}+(1-a)f_n]$$

的线性二步法的阶尽可能高.

(1)证明其收敛性；求出它的局部截断误差主项及绝对稳定区间；

(2)要用此方法解 $u'=-20u,u(0)=1$. 为使方法绝对稳定，求出步长 h 的取值范围并以 $u_0=1,u_1=0.818\ 730\ 753$ 为初值，取步长 $h=0.01$，求出 $u(0.02)$ 的近似解 u_2，并估计其绝对误差和相对误差.

解 (1)取

$$\alpha_0=0,\alpha_1=-1,\alpha_2=1,\beta_0=1-a,\beta_1=a$$

注意到，$c_0=1-1=0,c_1=-1+2-(1-a+a)=0$，又令 $c_2=\frac{1}{2}(-1+4)-a=0$，得 $a=\frac{3}{2}$. 而

$$c_3=\frac{1}{6}(-1+2^3)-\frac{1}{2}\times\frac{3}{2}=\frac{7}{6}-\frac{3}{4}=\frac{5}{12}\neq0$$

故此为显式线性二步二阶方法，其计算公式为

$$u_{n+2}-u_{n+1}=\frac{h}{2}(3f_{n+1}-f_n)$$

其局部截断误差主项为$\frac{5}{12}h^3u^{(3)}(t_n)$.

相应的第一、第二特征多项式分别为$\rho(\lambda)=\lambda^2-\lambda,\sigma(\lambda)=\frac{3}{2}\lambda-\frac{1}{2}$.

令 $\rho(\lambda)=0$,则显然其特征值满足根条件$|\lambda|\leqslant 1$,即稳定.又有

$$\rho(1)=0,\rho'(1)=2\times 1-1=1=\sigma(1)=\frac{3}{2}-\frac{1}{2}$$

故相容且稳定,此差分格式收敛.

对于初值问题

$$u'=\mu u,\quad \mu<0$$

其稳定特征方程为

$$\rho(\lambda)-\bar{h}\sigma(\lambda)=\lambda^2-\left(1+\frac{3}{2}\bar{h}\right)\lambda+\frac{1}{2}\bar{h}=0$$

从而,$|\lambda|<1$ 的充分必要条件为$\left|\frac{2+3\bar{h}}{2}\right|<1+\frac{1}{2}\bar{h}<2$,可推出$\bar{h}>-1$,其中$\bar{h}=\mu h$,则其绝对稳定区间为$(-1,0)$.

(2)对于初值问题:$u'=-20u\ (\mu=-20)$,要使方法数值稳定,则必须使得步长 h 满足$-1<\bar{h}=-20h$,可知步长的取值范围为$0<h<\frac{1}{20}=0.05$.

现取 $u_0=1,u_1=0.818\,730\,753,h=0.01$ 为步长,则精确解 $u(0.02)$的近似解 u_2 为

$$\begin{aligned}u_2&=u_1+\frac{h}{2}(3f_1-f_0)\\&=0.818\,730\,753+\frac{h}{2}(3\times(-20)u_1-(-20)u_0)\\&=0.818\,730\,753-0.1\times(3u_1-u_0)\\&=0.818\,730\,753-0.1\times(3\times 0.818\,730\,753-1)\\&\approx 0.673\,111\,527\end{aligned}$$

则其与精确解的绝对误差界和相对误差界分别为

$$|u(0.02)-u_2|=|e^{-0.4}-0.673\,111\,527|=0.002\,791\,481\,19\leqslant\frac{1}{2}\times 10^{-2}$$

$$\frac{|u(0.02)-u_2|}{e^{-0.4}}\leqslant\frac{1}{2}\times 10^{-2}\times e^{0.4}=0.007\,459\,123\,488$$

【例 7-13】 根据边界轨迹法确定出 Adams-Moulton 法

$$u_{n+3}-u_{n+2}=\frac{h}{24}(9f_{n+3}+19f_{n+2}-5f_{n+1}+f_n)$$

的绝对稳定区域.

解　已知 $\rho(\lambda)=\lambda^3-\lambda^2,\sigma(\lambda)=\frac{h}{24}(9\lambda^3+19\lambda^2-5\lambda+1)$,记稳定特征多项式为

$$\Pi(\lambda,\bar{h})=\rho(\lambda)-\bar{h}\sigma(\lambda)=0$$

则根据边界轨迹法，∂R 的轨迹由

$$\rho(e^{i\theta})-\overline{h}\sigma(e^{i\theta})=0$$

给出，即由

$$\overline{h}=\frac{\rho(e^{i\theta})}{\sigma(e^{i\theta})}=\frac{e^{3i\theta}-e^{2i\theta}}{\frac{1}{24}(9e^{3i\theta}+19e^{2i\theta}-5e^{i\theta}+1)}=\frac{24(e^{3i\theta}-e^{2i\theta})}{9e^{3i\theta}+19e^{2i\theta}-5e^{i\theta}+1}$$

$$=\frac{24[(\cos 3\theta+i\sin 3\theta)-(\cos 2\theta+i\sin 2\theta)]}{9(\cos 3\theta+i\sin 3\theta)+19(\cos 2\theta+i\sin 2\theta)-5(\cos\theta+i\sin\theta)+1}$$

$$=\frac{24(\cos 3\theta-\cos 2\theta)+i24(\sin 3\theta-\sin 2\theta)}{(9\cos 3\theta+19\cos 2\theta-5\cos\theta+1)+i(9\sin 3\theta+19\sin 2\theta-5\sin\theta)}$$

$$=\frac{(36\cos\theta-36\cos^2\theta+12\cos^3\theta-12)+(96\sin\theta-36\cos\theta\sin\theta+12\cos^2\theta\sin\theta)i}{9\cos^3\theta-13\cos^2\theta+11\cos\theta+65}$$

$$=x(\theta)+iy(\theta)$$

注意到，$x(-\theta)=x(\theta)$，$y(-\theta)=-y(\theta)$，则∂R 的轨迹关于 x 轴对称. 对于 θ 的典型值，x,y 相应数值见表 7-5.

表 7-5　数值表

θ	0°	30°	60°	90°	120°	150°	180°
x	0	0	−0.022	−0.185	−0.735	−1.955	−3.000
y	0	0.523	1.026	1.477	1.838	1.707	0

在复平面$\overline{h}=\mu h$ 上，找出这些，并把它们连接起来，就得到该方法的绝对稳定区域边界的近似轨迹.

∂R 的轨迹确定之后，根据下面的事实即可判断 R 在∂R 的哪一边：

(1)绝对稳定区域 R 的边界总通过复平面$\overline{h}=\mu h$ 的圆点；

(2)R 的内部总落在原点的左边.

由于曲线∂R 将平面分为两部分，只要在每部分选一个$\overline{h}$值，考察它的确定的 $\lambda_j(j=1,2,\cdots,k)$是否满足

$$\max_{1\leqslant j\leqslant k-1}|\lambda_j|<1$$

若成立则这个区域属于绝对稳定区域，否则不属于绝对稳定区域. 根据这种检验方法，本例中若在绝对稳定区间内取一点$\overline{h}=-\frac{24}{19}$，由 $\Pi\left(\lambda,-\frac{24}{19}\right)=0$，可得

$$\Pi\left(\lambda,-\frac{24}{19}\right)=\lambda^3-\lambda^2+\frac{9}{19}\lambda^3+\lambda^2-\frac{5}{19}\lambda+\frac{1}{19}=0$$

于是得

$$\frac{28}{19}\lambda^3-\frac{5}{19}\lambda+\frac{1}{19}=0,|\lambda^3|\leqslant\frac{6}{28}\max(|\lambda|,1)$$

显然$|\lambda|<1$，故曲线∂R 的内部就是绝对稳定区域. 从而，进一步可得出 Adams-Moulton 法的绝对稳定区间为$(-3,0)$.

【例 7-14】　利用关系式

$$\rho(\lambda)-\ln(\lambda)\sigma(\lambda)=c(\lambda-1)^{p+1}+O(|\lambda-1|^{p+2}),\lambda\to 1$$

求如下给定显式方法

$$u_{n+3}=u_{n+2}+h\left(\frac{23}{12}f_{n+2}-\frac{4}{3}f_{n+1}+\frac{5}{12}f_n\right)$$

的阶 p 及误差主项系数.

分析　我们主要目的是掌握如何运用上述重要的关系式来确定线性多步法的阶、误差主项系数.

解　首先,多步法 $u_{n+3}=u_{n+2}+h\left(\frac{23}{12}f_{n+2}-\frac{4}{3}f_{n+1}+\frac{5}{12}f_n\right)$ 的相应的第一、第二特征多项式分别为

$$\rho(\lambda)=\lambda^3-\lambda^2,\sigma(\lambda)=\frac{23}{12}\lambda^2-\frac{4}{3}\lambda+\frac{5}{12}$$

其次,作变换 $z\overset{\text{def}}{=\!=}\lambda-1$,代入关系式并进行展开,得

$$\begin{aligned}\rho(\lambda)-\ln(\lambda)\sigma(\lambda)&=(z+1)^3-(z+1)^2-\ln(z+1)\left(\frac{23}{12}(z+1)^2-\frac{4}{3}(z+1)+\frac{5}{12}\right)\\&=z^3+2z^2+z-\left(z-\frac{1}{2}z^2+\frac{1}{3}z^3-\frac{1}{3}z^4+\cdots\right)\left(\frac{23}{12}z^2+\frac{5}{2}z+1\right)\\&=\frac{3}{8}z^4+O(z^5)\end{aligned}$$

故上述三步显式方法是三阶的,误差主项系数 $c_4=\frac{3}{8}$.

【例 7-15】　讨论具有最高阶的三步方法的绝对稳定性.

解　最高阶的三步方法为六阶方法

$$u_{n+3}+\frac{27}{11}u_{n+2}-\frac{27}{11}u_{n+1}-u_n=\frac{h}{11}(3f_{n+3}+27f_{n+2}+27f_{n+1}+3f_n)$$

用于模型方程 $u'=\mu u$,导出

$$u_{n+3}+\frac{27}{11}u_{n+2}-\frac{27}{11}u_{n+1}-u_n=\frac{\bar{h}}{11}(3u_{n+3}+27u_{n+2}+27u_{n+1}+3u_n)$$

其中 $\bar{h}=\mu h$.

第一、二特征多项式分别为

$$\rho(\lambda)=\lambda^3+\frac{27}{11}\lambda^2-\frac{27}{11}\lambda-1,\sigma(\lambda)=\frac{1}{11}(3\lambda^3+27\lambda^2+27\lambda+3)$$

稳定特征方程为 $\rho(\lambda)-\bar{h}\sigma(\lambda)=0$,即

$$(11-3\bar{h})\lambda^3+27(1-\bar{h})\lambda^2-27(1+\bar{h})\lambda-(11+3\bar{h})=0$$

设上式的根为 $\lambda_1=a+b\mathrm{i},\lambda_2=a-b\mathrm{i},\lambda_3=c$. a,b,c 都是与 $\bar{h}$ 相关的实数,若 $|\lambda_1|<1$, $|\lambda_2|<1$, $|\lambda_3|<1$,则由根与系数的关系

$$\lambda_1\cdot\lambda_2\cdot\lambda_3=(a^2+b^2)\cdot c=-\frac{11+3\bar{h}}{11-3\bar{h}}$$

知 $\left|\frac{11+3\bar{h}}{11-3\bar{h}}\right|<1$,由此得 $\bar{h}<0$,进而知,若稳定特征方程为 $\rho(\lambda)-\bar{h}\sigma(\lambda)=0$ 的根均在单位圆内,且在单位圆上为单根,则有 $\bar{h}\leqslant 0$. 亦即当 $\bar{h}>0$ 时,方法均不绝对稳定.

记 $\Pi(\lambda,\bar{h})=\rho(\lambda)-\bar{h}\sigma(\lambda)$，当$\bar{h}\leqslant 0$ 时

$$\Pi(-1,\bar{h})=\rho(-1)-\bar{h}\sigma(-1)=\frac{32}{11}>0$$

$$\Pi(-\infty,\bar{h})=\lim_{\lambda\to-\infty}\Pi(-\infty,\bar{h})=\lim_{\lambda\to-\infty}\left[\rho(\lambda)-\bar{h}\sigma(\lambda)\right]=-\infty$$

因此，稳定特征方程为 $\rho(\lambda)-\bar{h}\sigma(\lambda)=0$ 必有一实根 $\xi(\bar{h})\in(-\infty,-1)$. 因此方法在$\bar{h}\leqslant 0$ 时均不绝对稳定. 从而可知对任何$\bar{h}\in(-\infty,+\infty)$，最高阶的三步方法都不绝对稳定.

【例 7-16】 如下求解初值问题 $u'=f(t,u),u(t_0)=u_0$ 的线性二步法

$$u_{n+2}=u_n+\frac{h}{2}(f_{n+1}+3f_n)$$

(1)确定出它的阶 p、局部截断误差主项和收敛性，求出其绝对稳定区间；

(2)给出上述方法求解方程 $u'=-20u,u(0)=1$ 的步长 h 的取值范围.

解 (1)已知，$\alpha_2=1,\alpha_1=0,\alpha_0=-1,\beta_2=0,\beta_1=\frac{1}{2},\beta_0=\frac{3}{2}$.

$c_0=1-1=0,c_1=2-\frac{1}{2}-\frac{3}{2}=0,c_2=\frac{1}{2}\times 2-\frac{1}{2}=\frac{3}{2}\neq 0$，为二步一阶方法.

局部截断误差主项为$\frac{3}{2}h^2u''(t_n)+O(h^3)$.

又 $\rho(\lambda)=\lambda^2-1$，满足根条件，故此差分格式收敛.

又考虑模型问题 $u'=\mu u$，则有特征多项式

$$\rho(\lambda)-\bar{h}\sigma(\lambda)=\lambda^2-\frac{\bar{h}}{2}\lambda-\left(1+\frac{3}{2}\bar{h}\right)=0$$

其中$\bar{h}=\mu h$.

由判别式可知$|\lambda|<1$ 的充分必要条件是 $\left|\frac{\bar{h}}{2}\right|<-\frac{3\bar{h}}{2}<2$，而 $\left|\frac{\bar{h}}{2}\right|<-\frac{3\bar{h}}{2}$ 自然成立，则由$-\frac{3\bar{h}}{2}<2$ 得出 $\bar{h}\in\left(-\frac{4}{3},0\right)$.

(2)由于 $0>\bar{h}=\mu h=-20h>-\frac{4}{3}$，故 h 的取值范围是 $0<h<\frac{1}{15}$.

【例 7-17】 用精细积分法求解一阶线性常系数齐次微分方程组

$$\begin{cases}\dfrac{\mathrm{d}\boldsymbol{X}(t)}{\mathrm{d}t}=\boldsymbol{AX}(t)\\ \boldsymbol{X}(0)=(1,1,1)^{\mathrm{T}}\end{cases}$$

其中 $\boldsymbol{A}=\begin{bmatrix}3&-1&1\\2&0&-1\\1&-1&2\end{bmatrix}$. 要求计算到 $t=2$.

解 取步长 $\tau=0.2,N=20$，用精细积分法计算的结果见表 7-6.

表 7-6　精细积分法计算结果

时间步	$x_1(t)$ 近似解	$x_2(t)$ 近似解	$x_3(t)$ 近似解	$x_1(t)$ 真解	$x_2(t)$ 真解	$x_3(t)$ 真解
1	1.850 246	1.302 167	1.548 079	1.850 246	1.302 167	1.548 079
2	3.480 719	1.933 974	2.546 745	3.480 719	1.933 974	2.546 745
3	6.572 805	3.206 373	4.366 432	6.572 805	3.206 373	4.366 432
4	12.387 72	5.705 601	7.682 118	12.387 72	5.705 601	7.682 118
5	23.252 85	10.529 16	13.723 69	23.252 85	10.529 16	13.723 69
6	43.452 72	19.720 57	24.732 16	43.452 72	19.720 57	24.732 16
7	80.859 45	37.068 56	44.790 89	80.859 45	37.068 56	44.790 89
8	149.914 3	69.574 01	81.340 28	149.914 3	69.574 01	81.340 28
9	277.076 1	130.138 5	147.937 6	277.076 1	130.138 5	147.937 6
10	510.772 6	242.486 8	269.285 9	510.772 6	242.486 8	269.285 9

通过与真解的对比发现，近似解与真解是一致的.

习题 7

1. 填空题

(1)求解初值问题 $u'=f(t,u),u(t_0)=u_0$ 的 Euler 法是________阶方法，局部截断误差主项是________.

隐式 Euler 法 $u_{n+1}=u_n+hf(t_{n+1},u_{n+1})$ 是________阶方法，其局部截断误差是________.

梯形法 $u_{n+1}=u_n+\frac{h}{2}[f(t_n,u_n)+f(t_{n+1},u_{n+1})]$是________阶方法，其局部截断误差是________.

(2)解初值 $u'=-50u,u(0)=1$ 时，若用经典 Runge-kutta 法，步长 $h<$________；若用 Euler 法，步长 $0<h<$________.

2. 用 Euler 法和改进的 Euler 法求 $u'=-5u(0\leqslant t\leqslant 1),u(0)=1$ 的数值解，步长 $h=0.1$，并比较两个算法的精度.

3. 将 $u''=-u(0\leqslant t\leqslant 1),u(0)=0,u'(0)=1$ 化为一阶方程组，并用 Euler 法和改进的 Euler 法求解，步长 $h=0.1$，并比较两个算法的精度.

4. 对初值问题 $u'+u=0,u(0)=1$. 试证明：梯形公式求得的近似解为

$$u_n=\left(\frac{2-h}{2+h}\right)^n$$

并证明当步长 $h\to 0$ 时，$u_n\to e^{-t}$.

5. 满足条件 $\beta_j=0, j=0,1,2,\cdots,k-1$ 的 k 阶 k 步方法叫 Gear 法，试对 $k=1,2,3,4$ 求 Gear 法的表达式.

6. 证明：Heaun 法

$$u_{n+1}=u_n+\frac{h}{4}\left[f(t_n,u_n)+3f\left(t_n+\frac{2}{3}h,u_n+\frac{2}{3}hf(t_n,u_n)\right)\right]$$

是二阶的.

7. 确定 α 的变化范围，使

$$u_{n+3}+\alpha(u_{n+2}-u_{n+1})-u_n=\frac{1}{2}(3+\alpha)h(f_{n+2}+f_{n+1})$$

的线性多步法为四阶方法.

8. 证明：线性多步法

$$u_{n+2}+(b-1)u_{n+1}-bu_n=\frac{h}{4}[(3+b)f_{n+2}+(3b+1)f_n]$$

当 $b\neq-1$ 时为二阶方法；当 $b=-1$ 时为三阶方法.

9. 试求如下的线性二步法的绝对稳定区间.

(1) $u_{n+2}-u_{n+1}=\dfrac{h}{12}(5f_{n+2}+8f_{n+1}-f_n)$；

(2) $u_{n+2}-\dfrac{4}{3}u_{n+1}+\dfrac{1}{3}u_n=\dfrac{2h}{3}f_{n+2}$；

(3) $u_{n+2}-\dfrac{4}{5}u_{n+1}-\dfrac{1}{5}u_n=\dfrac{h}{5}(2f_{n+2}+4f_{n+1})$.

10. 求二级二阶隐式 Runge-Kutta 法

$$u_{n+1}=u_n+\frac{h}{2}(k_1+k_2)$$

$$k_1=f(t_n,u_n)$$

$$k_2=f\left(t_n+h,u_n+\frac{h}{2}(k_1+k_2)\right)$$

的绝对稳定区间.

11. 证明：如下的公式

$$u_{n+1}=u_n+\frac{h}{2}(k_2+k_3)$$

$$k_1=f(t_n,u_n)$$

$$k_2=f(t_n+\alpha h,u_n+\alpha hk_1)$$

$$k_3=f[t_n+(1-\alpha)h,u_n+(1-\alpha)hk_1]$$

对任意参数 α 都是二阶的，并求其绝对稳定区间.

12. 给定问题

$$\begin{cases}u'=-0.1u+199.9v\\ v'=-200v\end{cases},\begin{cases}u(0)=2\\ v(0)=1\end{cases}$$

(1)求出问题的精确解；

(2)求出问题的刚性比；

(3)若用四级四阶 Runge-Kutta 法求解时，试问步长 h 允许取多大才能保证计算稳定？

13. 试用差分法解两点边值问题(取 $h=0.5$)

$$\begin{cases} u''=(1+t^2)u, -1<t<1 \\ u(-1)=u(1)=1 \end{cases}$$

自测题

自测题一

一、选择和填空题(44 分,每空 2 分)

1. 设 x 为精确值,a 是其近似值,且 $\frac{|x-a|}{|a|}\leqslant\frac{1}{2}\times10^{-4}$,则 $\left|\frac{\sqrt[5]{x}-\sqrt[5]{a}}{\sqrt[5]{a}}\right|\leqslant$________.

2. 下列函数为三次样条函数的是(　　).

A. $\begin{cases}x^3+x^2, & -1\leqslant x<0\\ x^3, & 0\leqslant x\leqslant1\end{cases}$　B. $\begin{cases}x^3+x^2, & -1\leqslant x<0\\ 2x^3+x^2, & 0\leqslant x\leqslant1\end{cases}$　C. $\begin{cases}x^3+x^2, & -1\leqslant x<0\\ 2x^3-x^2, & 0\leqslant x\leqslant1\end{cases}$

3. 已知方程 $f(x)=x^3-5x-3=0$ 在区间$[-2,3]$上有三个实根,其各个单根区间为________;求解此方程的 Newton 迭代法为________,其收敛阶为________.

4. 已知 $\boldsymbol{A}=\begin{pmatrix}1 & \frac{1}{2}\\ \frac{1}{2} & \frac{1}{3}\end{pmatrix}$,则其谱半径 $\rho(\boldsymbol{A})=$________,$\mathrm{cond}_\infty(\boldsymbol{A})=$________.

5. $\{\phi_k(x)\}_{k=0}^{n}$ 为$[-1,1]$上权函数 $\rho(x)=|x|$ 的正交多项式族,则 $\phi_2(x)=$________,$\int_{-1}^{1}|x|\cdot\phi_1(x)\cdot(2x^2-1)\mathrm{d}x=$________.

6. 已知 $f(x)=\frac{1}{5-x}$,且 $x_i=0,1,2$,则一阶均差 $f[0,1]=$________,二阶均差 $f[0,1,2]=$________,$f(x)$以 0,1,2 为节点的二阶 Newton 插值多项式 $p_2(x)=$________________.

7. 已知 $\boldsymbol{s}=\begin{pmatrix}1\\2\\0\end{pmatrix}$,则 $\boldsymbol{A}=\boldsymbol{s}\boldsymbol{s}^{\mathrm{T}}=$________,$\left(\frac{\boldsymbol{A}}{\boldsymbol{s}^{\mathrm{T}}\boldsymbol{s}}\right)^k=$________,$\sum_{k=1}^{\infty}\boldsymbol{A}^k=$________.

8. 已知多项式求值的秦九韶表达式为$((((5x+4)x+3)x+2)x+1$,则原多项式的表达式为________________.

9. 设 $\boldsymbol{A}$ 为实对称矩阵,则存在 n 阶酉矩阵 $\boldsymbol{U}$ 及________,使得 $\boldsymbol{A}=\boldsymbol{URU}^{\mathrm{H}}$.

10. 矩阵 $\boldsymbol{A}=\begin{pmatrix}3 & 4\\ 4 & 6\end{pmatrix}$的 $\boldsymbol{LL}^{\mathrm{T}}$ 分解中 $\boldsymbol{L}=$________,$\boldsymbol{QR}$ 分解中 $\boldsymbol{Q}=$________.

11. 计算$\int_0^1 x\cdot f(x)\mathrm{d}x$(其中 $\rho(x)=x$ 为权函数)的具有两个等距求积节点的数值求积公式为________________.

12. 设初值问题 $u'=\cos\sqrt{u(t)}$,$u(0)=1$,则梯形公式为________________;其绝对稳定区间为________________.

二、(8 分)根据如下离散数据,请用最小二乘法拟合出形如 $y=\dfrac{x}{ax+b}$ 的曲线.

x_i	1	$\frac{1}{2}$	$\frac{1}{3}$	$\frac{1}{4}$	$\frac{1}{5}$
y_i	$\frac{1}{2}$	$\frac{1}{4}$	$\frac{5}{32}$	$\frac{1}{8}$	$\frac{5}{43}$

三、(20 分) (1)用 Doolittle 分解法求解如下线性方程组 $\begin{cases} x_1 \qquad\quad +4x_3=1 \\ x_1+3x_2+4x_3=10 \\ \qquad 3x_2+2x_3=11 \end{cases}$;

(2)利用(1)中所得到的 $\boldsymbol{A}=\boldsymbol{LU}$ 分解求出 $\boldsymbol{A}^{-1}$;

(3)讨论用 Gauss-Seidel 迭代法求解上述线性方程组的收敛性,并对给定的初始向量 $\boldsymbol{x}=(0,0,0)^{\mathrm{T}}$,用 Gauss-Seidel 迭代法求出 $\boldsymbol{x}^{(3)}$.

四、(8 分)设求解初值问题 $u'=f(t,u)$, $u(a)=u_0$ 的线性二步法 $u_{n+2}=u_n+2hf(t_{n+1},u_{n+1})$.

(1)讨论此格式的收敛性,给出局部截断误差主项;

(2)讨论此格式的绝对稳定性.

五、(8 分)求矩阵 $\mathbf{A}=\begin{pmatrix}0 & 0\\1 & 1\end{pmatrix}$的奇异值分解，计算 $\|\mathbf{A}\|_2$，$\|\mathbf{A}\|_F$.

六、(8 分)已知 $\boldsymbol{A}=\begin{pmatrix}0 & 0 & 0\\ 1 & 0 & -1\\ 0 & 0 & 0\end{pmatrix}$,求 $\boldsymbol{A}$ 的 Jordan 标准型及计算 $\mathrm{e}^{t\boldsymbol{A}}$.

七、(4 分) 证明:求解线性方程组的迭代法 $\boldsymbol{x}^{(k+1)}=\boldsymbol{B}\boldsymbol{x}^{(k)}+\boldsymbol{f}$,当 $\rho(\boldsymbol{B})=0$ 时,迭代法最多在有限步 $k=n$(n 为方程组的阶数)时得到方程组的精确解.

自测题二

一、选择和填空题(50 分,每空 2 分)

1. 设 $a=2.449$ 作为$\sqrt{6}$的近似值,其相对误差界为________,有________位有效数字.

2. 由$(0,0)$,$(0.5,y)$和$(1,3)$构造的二次插值多项式 $p_2(x)$ 中 x^2 的系数是 3,则$y=$________.

3. 下列哪个是 $\mathbf{R}^3$ 中的向量范数( ).

A. $x_1^2+x_2^2+x_3^2$ B. $|x_1+x_2|-|x_3|$ C. $|x_1+x_2|+|x_2+x_3|+|x_3+x_1|$

4. 已知方程 $f(x)=x^3-3x-1=0$ 在$[-3,3]$上有三个实根,其各个单根区间为________________;写出弦截法求 $f(x)=0$ 在 1.5 附近的根的迭代格式________________.

5. 已知 $\mathbf{A}=\begin{pmatrix}0.1 & 0.2\\ 0.3 & 0.2\end{pmatrix}$,计算 $\mathbf{A}^{100}=$________________,$\lim\limits_{k\to\infty}\mathbf{A}^k=$________________.

6. $\{\phi_k(x)\}_{k=0}^n$ 为$[0,1]$上权函数 $\rho(x)=1$ 的正交多项式族,则 $\phi_2(x)=$________,$\int_0^1\phi_1(x)\cdot(x^2-x)\mathrm{d}x=$________.

7. 已知 $f(x)=x^3-x^2+5x-2$,则二阶均差 $f[0,1,2]=$________,四阶均差 $f[0,1,2,3,4]=$________,$f(x)$ 以 0,1,2 为节点的二阶 Newton 插值多项式 $p_2(x)=$________.

8. 已知 $\boldsymbol{s}=(2,1,2)^{\mathrm{T}}$,则 Householder 变换 $\boldsymbol{H}=$________,可使得 $\boldsymbol{Hs}=\lambda\boldsymbol{e}_1$,对应的$\lambda=$________,这里 $\boldsymbol{e}_1$ 是三阶单位阵的第一列.

9. 设三阶方阵 $\mathbf{A}$ 的特征值为λ,其代数重复度为 3,写出 $\mathbf{A}$ 的 Jordan 标准型的所有可能的形式________________.

10. 矩阵 $\mathbf{A}=\begin{bmatrix}2 & 0 & 0\\ 0 & 3 & 1\\ 0 & -3 & -2\end{bmatrix}$,其 $\boldsymbol{LU}$ 分解是否唯一______,其 1-条件数 $\mathrm{cond}_1(\mathbf{A})=$________.

11. 计算$\int_0^1 1\cdot f(x)\mathrm{d}x$(其中 $\rho(x)=1$ 为权函数)的具有两个求积节点的 Gauss 型数值求积公式为________,其代数精度为________.

12. 设初值问题 $u'=t^2u+t$,$u(0)=1$,则梯形公式为________,隐式 Euler 公式为________.

13. $s(x)$为三次样条函数,当 $x<-2$ 时,$s(x)=1-2x$;当$-2\leqslant x\leqslant -1$ 时,$s(x)=x^3+6x^2+10x+9$,则当 $x>-1$ 时,$s(x)=$________.

14. $l_i(x)$ 是关于节点组$\{x_i\}_{i=0}^n(n\geqslant 3)$的 Lagrange 插值基函数,则$\sum\limits_{i=0}^n(x_i^2-x_i)l_i(x)=$________.

15. 写出 $\boldsymbol{A}=\begin{pmatrix}3 & 4\\ 3 & 4\end{pmatrix}$ 的奇异值分解 $\boldsymbol{A}=$____________.

二、(14 分)设 $\boldsymbol{A}=\begin{bmatrix}1 & 0 & a\\ 0 & 1 & 0\\ a & 0 & 1\end{bmatrix}$，$\boldsymbol{b}=\begin{bmatrix}1\\ 1\\ 1\end{bmatrix}$，考虑求解方程组 $\boldsymbol{Ax}=\boldsymbol{b}$.

(1)问 a 是何值时，Jacobi 和 Gauss-Seidel 迭代法是收敛的?

(2)问 a 是何值时，$\boldsymbol{A}$ 有 Cholesky 分解，并写出其分解形式?

(3)给定初始向量 $\boldsymbol{x}=(0,0,0)^{\mathrm{T}}$，写出 Jacobi 迭代格式，并由此计算 $\boldsymbol{x}^{(3)}$.

三、(8 分)求解初值问题 $u'=f(t,u)$，$u(t_0)=u_0$ 的线性二步法 $u_{n+2}=u_n+h(\beta f_{n+2}+\gamma f_n)$.

(1)求 β 和 γ，使得此格式具有尽可能高的精度；

(2)讨论格式的收敛性，给出局部截断误差主项；

(3)求此格式的绝对稳定区间.

四、(8 分)考虑方程 $f(x)=(x-1)e^x-1=0$.

(1)确定一个长度不超过 0.5 的有根区间;

(2)写出两种收敛的单步迭代法的迭代格式,并说明其收敛阶.

五、(7 分)根据如下离散数据,请用最小二乘法拟合出形如 $y=ae^{-\frac{b}{t}}$ 的曲线.

t_i	1	$\frac{1}{2}$	$\frac{1}{3}$	$\frac{1}{4}$	$\frac{1}{5}$
y_i	$e^{0.1}$	$e^{0.2}$	$e^{0.4}$	$e^{0.5}$	$e^{0.8}$

六、(9分) 已知 $\boldsymbol{A}=\frac{1}{2}\begin{bmatrix}0&0&0\\1&1&0\\0&0&0\end{bmatrix}$，求 $\boldsymbol{A}$ 的 Jordan 标准型，并计算 $\sin(2t\boldsymbol{A})$ 和 $\sum_{n=1}^{\infty}\boldsymbol{A}^{i}$.

七、(4分) 设非零 n 阶实方阵 $\boldsymbol{P}$ 是对称的，且 $\boldsymbol{P}^2=\boldsymbol{P}$. 记 $\boldsymbol{P}$ 的秩为 r，求 $\|\boldsymbol{A}\|_2$，$\|\boldsymbol{A}\|_{\mathrm{F}}$.

自测题三

一、选择、判断(若正确填√,若错误填×)和填空题(50 分,每空 2 分)

1. 解非线性方程 $f(x)=0$ 的弦截法迭代法为(　　).

A. $x_{k+1}=x_k-\dfrac{f(x_k)}{f'(x_k)}$

B. $x_{k+1}=x_k-\dfrac{f(x_k)(x_k-x_{k-1})}{f(x_k)-f(x_{k-1})}$

C. $x_{k+1}=x_k-f(x_k)$

2. 为使两点数值求积公式 $\int_{-1}^{1}\dfrac{f(x)}{\sqrt{1-x^2}}\mathrm{d}x\approx A_0f(x_0)+A_1f(x_1)$ 具有最高的代数精度,其求积节点和求积系数应为(　　).

A. $x_0=-\dfrac{1}{\sqrt{2}},x_1=\dfrac{1}{\sqrt{2}};A_0=A_1=\dfrac{1}{2}$

B. $x_0=-\dfrac{\sqrt{2}}{2},x_1=\dfrac{\sqrt{2}}{2}\ A_0=A_1=\dfrac{\pi}{2}$

C. $x_0=-\sqrt{\dfrac{1}{3}},x_1=\sqrt{\dfrac{1}{3}};A_0=A_1=1$

3. 设 $s(x)=\begin{cases}x^3+x, & 0\leqslant x<1\\ x^3+2x^2-x, & 1\leqslant x\leqslant 2\end{cases}$,则 $s(x)$ 为(　　).

A. 三次样条函数

B. 分段三次 Hermite 函数

C. 分段三次多项式

4. 已知 $\varphi_6(x)$ 为$[0,1]$上权函数 $\rho(x)=x^2$ 的正交多项式,则有 $\int_0^1\varphi_6(x)\cdot(x^6+3x^4+5x^2)\mathrm{d}x=0$.　(　　)

5. 设矩阵 $\boldsymbol{A}=(a_{ij})\in\mathbf{R}^{n\times n}$,则有 $\|\boldsymbol{A}^{\mathrm{T}}\|_1=\max\limits_{1\leqslant i\leqslant n}\sum\limits_{j=1}^{n}|a_{ij}|$.　(　　)

6. 若 $\boldsymbol{A}$ 为非奇异矩阵,则 $\sin\boldsymbol{A}$ 必可逆.　(　　)

7. $\int_a^b f(x)\mathrm{d}x\approx f\left(\dfrac{a+b}{2}\right)(b-a)$ 与梯形求积公式的代数精度相同.　(　　)

8. 设 $\boldsymbol{A}$ 为反对称矩阵,则存在 n 阶酉矩阵 $\boldsymbol{U}$ 及上对角矩阵 $\boldsymbol{D}\in\mathbf{R}^{n\times n}$,使得 $\boldsymbol{A}=\boldsymbol{UDU}^{\mathrm{H}}$.　(　　)

9. 设 $l_0(x),l_1(x),\cdots,l_6(x)$ 是以 0,1,2,3,4,5,6 为插值节点的 Lagrange 基函数，则 $\sum\limits_{k=0}^{6}(k^3+k^2)l_k(x)=$ ________，$\sum\limits_{k=0}^{6}k^4 l_k(-2)=$ ________.

10. 如下离散数据：

x_i	-2	-1	0	1	2
$f(x_i)$	-3	0	1	0	-3

用最小二乘法拟合形如 $s(x)=ax^2+b$ 曲线，其中 $a=$ ________，$b=$ ________.

11. 矩阵 $\boldsymbol{A}=\begin{pmatrix}4&3\\3&4\end{pmatrix}$ 的 $\boldsymbol{QR}$ 分解中 $\boldsymbol{Q}=$ ________，$\boldsymbol{LL}^{\mathrm{T}}$ 分解中 $\boldsymbol{L}=$ ________.

12. 设求积公式 $\int_0^1 \frac{1}{x+1}f(x)\mathrm{d}x\approx A_0f(x_0)+A_1f(x_1)+A_2f(x_2)$ 为 Gauss 型求积公式，则 $A_0(x_0^3+1)+A_1(x_1^3+1)+A_2(x_2^3+1)=$ ________.

13. 已知近似值 $a_1=3.11,a_2=-3.00,a_3=3.10$，由四舍五入得到的，则 $|(x_1+x_3\cdot x_2)-(a_1+a_3\cdot a_2)|\leqslant$ ________.

14. 用形如 $x_{k+1}=x_k-\lambda(x_k)f(x_k)$ 的迭代法，求 $f(x)=1+x-\mathrm{e}^x=0$ 的根 $x=0$，若要使其至少局部平方收敛，则 $\lambda(x_k)=$ ________.

15. 设 $\boldsymbol{A}=\begin{pmatrix}2&-1&0\\-1&2&-1\\0&-1&2\end{pmatrix}$，则 $\|\boldsymbol{A}\|_2=$ ________.

16. 为了减少运算次数，应将表达式 $\frac{4x^3-3x^2-2x-1}{x^4+x^2+x-1}$ 改写为________.

17. 设方程组 $\begin{cases}2x_1-x_2=2\\-x_1+3x_2-x_3=1\\-x_2+2x_3=2\end{cases}$，则 Jacobi 迭代法的迭代矩阵 $\boldsymbol{B}_{\mathrm{J}}=$ ________，Gauss-Seidel 迭代公式为________，对任给初值两个迭代法是否收敛________.

18. 求方程 $f(x)=\mathrm{e}^x-\mathrm{e}^{-x}=0$ 的根 $x^*=0$ 的 Newton 迭代法为________，其收敛阶 $p=$ ________.

19. 已知 $\boldsymbol{A}=\begin{pmatrix}\frac{1}{2}&1\\0&\frac{1}{2}\end{pmatrix}$，则 $\sum\limits_{k=1}^{\infty}\boldsymbol{A}^k=$ ________.

二、(8 分) 取定求积节点：

x_i	-0.5	-0.25	0	0.25	0.5
$f(x_i)$	-3	0	2	1	3

请用复化梯形公式和复化 Simpson 公式计算$\int_{-0.5}^{0.5} f(x)\mathrm{d}x$ 的近似值.

三、(10 分)某线性多步法的第二特征多项式为 $\sigma(\lambda)=\dfrac{2}{3}\lambda^2$，且已知其第一特征多项式 $\rho(\lambda)$是最高次项系数为 1 的二次多项式.

(1)试求出 $\rho(\lambda)$使得所构成的线性多步法的阶尽可能地高；

(2)写出此多步法的具体的差分格式及局部截断误差主项；

(3)讨论此格式的收敛性及绝对稳定区间.

四、(10 分)设 $\boldsymbol{x}=\begin{pmatrix}1\\1\end{pmatrix}$.

(1)求矩阵序列 $\boldsymbol{A}_k=\left(\frac{\boldsymbol{x}\boldsymbol{x}^{\mathrm{T}}}{2}\right)^k$ 的极限矩阵 $\boldsymbol{A}$;

(2)求 $\boldsymbol{A}$ 的奇异值分解;

(3)计算 $\|\boldsymbol{A}\|_2,\|\boldsymbol{A}\|_{\mathrm{F}}$.

五、(10 分)已知 $\boldsymbol{A}=\begin{pmatrix}1 & 1\\ 4 & 1\end{pmatrix}$,求 $e^{\boldsymbol{A}t}$.

六、(12 分)已知 $\boldsymbol{A}\boldsymbol{x}=\boldsymbol{b}$ 为

$$\begin{pmatrix} -1 & 8 & -2 \\ -6 & 49 & -10 \\ -4 & 34 & -5 \end{pmatrix} \begin{pmatrix} x_1 \\ x_2 \\ x_3 \end{pmatrix} = \begin{pmatrix} 5 \\ 33 \\ 25 \end{pmatrix}$$

(1)请用 Doolittle 分解法求解上述方程组；

(2)再利用 Doolittle 分解法求 $\boldsymbol{A}^{-1}$.

自测题四

一、选择和填空题(50 分,每空 2 分)

1. 解非线性方程 $f(x)=xe^x-1=0$ 的 Newton 迭代法为(　　).

A. $x_{k+1}=x_k-\dfrac{x_k e^{x_k}-1}{x_k e^{x_k}-x_{k-1}e^{x_{k-1}}}(x_k-x_{k-1})$

B. $x_{k+1}=x_k-\dfrac{x_k e^{x_k}-1}{e^{x_k}(1+x_k)}$

C. $x_{k+1}=e^{-x_k}$

2. 在求解矩阵方程组 $\boldsymbol{AB}^2\boldsymbol{C}^3\boldsymbol{x}=\boldsymbol{b}$ 时,使用 Doolittle 分解法和 Gauss 消元法的乘法运算次数大约为(　　).

A. n^3 和 $2n^3$　　B. $\dfrac{n^3}{3}$和 $2n^3$　　C. $\dfrac{n^3}{3}$和$\dfrac{4n^3}{3}$

3. 计算 $f(x)=\sqrt{x}$ 在 $x=2$ 处的一阶导数的近似值. 当取 $h=0.000\,05$ 时,高精度的数值微分公式为(　　).

A. $f'(2)\approx\dfrac{\sqrt{2+h}-\sqrt{2-h}}{2h}$

B. $f'(2)\approx\dfrac{1}{\sqrt{2+h}+\sqrt{2-h}}$

C. $f'(2)\approx\dfrac{\sqrt{2+h}-\sqrt{2}}{h}$

4. 设 x 为精确值,a 是其近似值,且$\dfrac{|x-a|}{|a|}\leqslant\dfrac{1}{2}\times10^{-3}$,则$\left|\dfrac{\sqrt[4]{x}-\sqrt[4]{a}}{\sqrt[4]{a}}\right|\leqslant$________.

5. 已知 $f(0)=1,f'(0)=0,f(1)=0,f'(1)=0$,则满足此插值条件的 Hermite 插值多项式 $H_3(x)=$________.

6. 设矩阵 $\boldsymbol{A}=\begin{pmatrix}1&1&1\\1&2&2\\1&2&3\end{pmatrix}$,在 $\boldsymbol{A}$ 的 $\boldsymbol{A}=\boldsymbol{LL}^{\mathrm{T}}$ 分解中 $\boldsymbol{L}=$________,已知 $\boldsymbol{A}^{-1}=\begin{pmatrix}2&-1&0\\-1&2&-1\\0&-1&1\end{pmatrix}$,则条件数 $\mathrm{cond}_\infty(\boldsymbol{A})=$________.

7. 用反幂法求矩阵 $\boldsymbol{A}=\begin{pmatrix}3&2\\4&5\end{pmatrix}$ 的过程中,已得到 $\boldsymbol{u}^{(8)}=\begin{pmatrix}1.000\,000\\-0.999\,999\end{pmatrix}$,则 $\boldsymbol{A}$ 的模最

小的特征值的近似值$\boldsymbol{\lambda}_2 \approx \dfrac{1}{\max(\boldsymbol{v}^{(9)})}=$________,相应的特征向量$\boldsymbol{u}^{(9)}=$________.

8. 如下离散数据:

x_i	-2	-1	0	1	2
$f(x_i)$	3	0	1	0	3

用最小二乘法拟合形如$s(x)=ax^2+b$曲线所形成的法方程组为________.

9. 设$\varphi(x)=x-\delta(x^2-15)$,要使迭代法$x_{k+1}=\varphi(x_k)$局部平方收敛到$x^*=\sqrt{15}$,则应取$\delta=$________.

10. 用CG法解线性方程组$\begin{pmatrix}6 & 3\\3 & 2\end{pmatrix}\begin{pmatrix}x_1\\x_2\end{pmatrix}=\begin{pmatrix}0\\-1\end{pmatrix}$,$\boldsymbol{x}_0=\begin{pmatrix}0\\0\end{pmatrix}$. 已经算出$\boldsymbol{r}_0=\boldsymbol{b}-\boldsymbol{A}\boldsymbol{x}_0=\begin{pmatrix}0\\-1\end{pmatrix}=\boldsymbol{p}_0$,$\alpha_0=\dfrac{(\boldsymbol{r}_0,\boldsymbol{r}_0)}{(\boldsymbol{p}_0,\boldsymbol{A}\boldsymbol{p}_0)}=\dfrac{1}{2}$,$\boldsymbol{x}_1=\boldsymbol{x}_0+\alpha_0\boldsymbol{p}_0=\begin{pmatrix}0\\-\dfrac{1}{2}\end{pmatrix}$,$\boldsymbol{r}_1=\boldsymbol{r}_0-\alpha_0\boldsymbol{A}\boldsymbol{p}_0=\begin{pmatrix}\dfrac{3}{2}\\0\end{pmatrix}$,则$\beta_0=$________,$\boldsymbol{p}_1=$________.

11. 已知$s(x)=\begin{cases}(1-x)^2-1, & x\in[-1,0]\\ ax, & x\in[0,1]\end{cases}$为二次样条函数,则$a=$________.

12. 设$\boldsymbol{x}\neq\boldsymbol{0},\boldsymbol{y}\neq\boldsymbol{0}\in\mathbf{C}^n$,$\boldsymbol{A}=\boldsymbol{x}\boldsymbol{y}^{\mathrm{H}}$,则在$\boldsymbol{A}$的奇异值分解中,$\boldsymbol{\Sigma}=$________.

13. 计算定积分$\int_0^1 \mathrm{e}^{x(x-1)}\mathrm{d}x$的近似值,用复化梯形公式计算求得的$T_2=$________,用复化Simpson公式求得$S_2=$________.

14. 若$\boldsymbol{A}$是n阶可逆矩阵,则$\int_0^1 \mathrm{e}^{\boldsymbol{A}x}\mathrm{d}x=$________,若$\boldsymbol{A}$是$n$阶实反对称矩阵,则$\mathrm{e}^{\boldsymbol{A}}$为________矩阵.

15. 已知某一数值求积公式为$\int_0^1 f(x)\mathrm{d}x\approx\sum_{k=0}^{2}A_k f(x_k)$,若它是Newton-Cotes公式,则$\sum_{k=0}^{2}A_k\left(x_k^2+\dfrac{2}{3}\right)=$________,若它是Gauss型求积公式,则$\sum_{k=0}^{2}A_k(5x_k^4+3x_k^2)=$________.

16. 设$x_0,x_1,\cdots,x_n$是$n+1$个互异节点,$l_i(x)=\prod_{\substack{j=0\\j\neq i}}^{n}\dfrac{x-x_j}{x_i-x_j}$为Lagrange插值基函数,则$\sum_{i=0}^{n}(x_i-x)^k l_i(x)=$________,$\sum_{i=0}^{n}x_i^k l_i(x)=$________,其中$k=1,2,\cdots,n$.

17. 使得求解方程组$\boldsymbol{A}\boldsymbol{x}=\boldsymbol{b}$的Jacobi迭代法和Gauss-Seidel迭代法均收敛的一个充分条件是$\boldsymbol{A}$为________矩阵.

18. 已知Newton插值多项式$N(x)=4-3x+\dfrac{3}{2}x(x-1)$,则$f[0,1,2]=$________.

二、(5 分)设 $\boldsymbol{A}=\begin{pmatrix} t & 1 & 1 \\ \frac{1}{t} & t & 0 \\ \frac{1}{t} & 0 & t \end{pmatrix}$，$\boldsymbol{b}=\begin{pmatrix} 1 \\ 1 \\ 0 \end{pmatrix}$，$\boldsymbol{Ax}=\boldsymbol{b}$，若 Gauss-Seidel 迭代法解方程组收敛，求 t 的取值范围.

三、(10 分)设 $\boldsymbol{A}=\begin{pmatrix}-2 & 1 & 0\\ -4 & 2 & 0\\ 1 & 0 & 1\end{pmatrix}$,求 $\sin \boldsymbol{A}t$.

四、(10 分)求矩阵 $\boldsymbol{A}=\begin{pmatrix}0 & 1\\0 & 1\end{pmatrix}$的奇异值分解.

五、(10 分)(1) 构造$\int_{-1}^{1}|x|f(x)\mathrm{d}x\approx A_0f(x_0)+A_1f(x_1)$的 Gauss 型求积公式；

(2) 利用(1) 的结果计算$\int_{-5}^{5}|x|\sin\left(\frac{x}{5}\right)^2\mathrm{d}x$ 的近似值.

六、(10 分)设求解一阶常微分方程初值问题:$u'=f(t,u)$,$u(0)=u_0$ 的差分格式的第一、第二特征多项式分别为 $\rho(\lambda)=\lambda^4-1$,$\sigma(\lambda)=2(\lambda^4+1)$.

(1)求其局部截断误差主项、讨论其收敛性;

(2)求其绝对稳定区间.

七、(5 分)设 $\mathbf{A}\in\mathbf{R}^{n\times n}$ 为对称正定矩阵,$\boldsymbol{x}\neq\mathbf{0}\in\mathbf{R}^{n}$,考虑 n 元函数

$$\varphi(\boldsymbol{x})=\frac{1}{2}\boldsymbol{x}^{\mathrm{T}}\mathbf{A}\boldsymbol{x}-\boldsymbol{x}^{\mathrm{T}}\boldsymbol{b}=\frac{1}{2}(\mathbf{A}\boldsymbol{x},\boldsymbol{x})-(\boldsymbol{b},\boldsymbol{x})$$

求证:

(1)$-\dfrac{\mathrm{d}\varphi(\boldsymbol{x})}{\mathrm{d}\boldsymbol{x}}=-\dfrac{\mathrm{d}\varphi(\boldsymbol{x})}{\mathrm{d}\boldsymbol{x}}\Big|_{\boldsymbol{x}=\boldsymbol{x}_0}=\boldsymbol{b}-\mathbf{A}\boldsymbol{x}_0$;

(2)若令 $\boldsymbol{r}_0=\boldsymbol{b}-\mathbf{A}\boldsymbol{x}_0$,则当取 $\alpha_0=\dfrac{(\boldsymbol{r}_0,\boldsymbol{r}_0)}{(\mathbf{A}\boldsymbol{r}_0,\boldsymbol{r}_0)}$,必有

$$\min_{\alpha\in\mathbf{R}}\varphi(\boldsymbol{x}_0+\alpha\boldsymbol{r}_0)=\varphi(\boldsymbol{x}_0+\alpha_0\boldsymbol{r}_0)$$

习题参考答案与提示

习题 1

1. 解：

(1)$0.002m$. a^m 的相对误差为

$$\left|\frac{x^m-a^m}{a^m}\right|\leqslant\frac{|ma^{m-1}(x-a)|}{|a^m|}\leqslant 0.002m$$

(2)$a=8.37$. 因 $\sqrt{70}=8.366\ 600\ 265\ 34\cdots$，$a_1=8$，要使得相对误差限不超过0.1%，即$\frac{|\sqrt{70}-a|}{|a|}\leqslant 0.001$，则$\frac{|\sqrt{70}-a|}{|a|}\leqslant\frac{10^{1-n}}{2a_1}=\frac{1}{16}\times 10^{1-n}\leqslant 0.001$时，有 $n=3$.

(3)$0.405\ 2\times 10^{-3}$，0.2×10^{-2}，$0.178\ 95\times 10^{-2}$. 事实上

$$\frac{|x-a|}{a}\leqslant\frac{1}{a}\times\frac{1}{2}\times 10^{1-4}=0.405\ 2\times 10^{-3}$$

$$|(3x-y)-(3a-b)|\leqslant 3|x-a|+|y-b|\leqslant\frac{4}{2}\times 10^{1-4}=0.2\times 10^{-2}$$

$$|xy-ab|\leqslant a|y-b|+b|x-a|\leqslant 0.178\ 95\times 10^{-2}$$

(4)$[(4x+3)x+2]x+1$，$\|\boldsymbol{A}\|_1=\frac{\sqrt{2}}{2}$，$\|\boldsymbol{A}\|_\infty=\sqrt{2}$，$\|\boldsymbol{A}\|_{m_1}=\frac{3\sqrt{2}}{2}$，$\rho(\boldsymbol{A}^{\mathrm{T}}\boldsymbol{A})=1$，$\|\boldsymbol{A}\|_2=1$.

(5)$\|\boldsymbol{x}\|_1=8$，$\|\boldsymbol{x}\|_\infty=4$，$\|\boldsymbol{x}\|_2=\sqrt{26}$，$\|\boldsymbol{x}\|_3=\sqrt[3]{92}$.

(6)(是)；为给定向量 1-范数的加权的范数，其中取对角矩阵 $\boldsymbol{W}=\begin{pmatrix}1&&\\&2&\\&&3\end{pmatrix}$.

(不是)；不满足向量范数非负性条件；

(不是)；不满足向量范数非负性条件.

2. 解：(1) 由于 $|\mathrm{e}-x_A|\leqslant\frac{1}{2}\times 10^{-1}$，由有效数字定义可知，$x_A$ 有 2 位有效数字；又 $a_1=2$，再由相对误差界的公式，$\frac{|\mathrm{e}-x_A|}{|x_A|}\leqslant\frac{1}{2\times 2}\times 10^{1-2}=\frac{1}{4}\times 10^{-1}$；

(2)由于 $|\mathrm{e}-x_A|\leqslant\frac{1}{2}\times 10^{-3}$，由有效数字定义可知，$x_A$ 有 4 位有效数字；又 $a_1=2$，

再由相对误差界的公式，$\frac{|e-x_A|}{|x_A|}\leqslant\frac{1}{2\times2}\times10^{1-4}=\frac{1}{4}\times10^{-3}$；

(3)由于$|e-x_A|\leqslant\frac{1}{2}\times10^{-3}$，由有效数字定义可知，$x_A$ 有 2 位有效数字；又 $a_1=2$，再由相对误差界的公式，$\frac{|e-x_A|}{|x_A|}\leqslant\frac{1}{2\times2}\times10^{1-2}=\frac{1}{4}\times10^{-1}$；

(4)由于$|e-x_A|\leqslant\frac{1}{2}\times10^{-5}$，由有效数字定义可知，$x_A$ 有 4 位有效数字；又 $a_1=2$，再由相对误差界的公式，$\frac{|e-x_A|}{|x_A|}\leqslant\frac{1}{2\times2}\times10^{1-4}=\frac{1}{4}\times10^{-3}$.

3. 解：公式推导直接由分子有理化可直接得到，此处略去。用公式(1)和公式(2)计算可得

$$x_1=13+\sqrt{168}\approx25.961=a_1$$

$$x_2=13-\sqrt{168}=\frac{1}{13+\sqrt{168}}\approx\frac{1}{25.961}\approx0.038\,519=a_2$$

则此方程的两个近似根 a_1,a_2 均具有 5 位有效数字. 它们的绝对误差界和相对误差界分别为

$$|x_1-a_1|\leqslant\frac{1}{2}\times10^{2-5}=\frac{1}{2}\times10^{-3};\frac{|x_1-a_1|}{|a_1|}\leqslant\frac{1}{2\times2}\times10^{1-5}=\frac{1}{4}\times10^{-4}$$

$$|x_2-a_2|\leqslant\frac{1}{2}\times10^{-1-5}=\frac{1}{2}\times10^{-6};\frac{|x_2-a_2|}{|a_2|}\leqslant\frac{1}{2\times3}\times10^{1-5}=\frac{1}{6}\times10^{-4}$$

注：由二次方程求根公式知，$x_1=13+\sqrt{168}$，$x_2=13-\sqrt{168}$. 若利用 $\sqrt{168}\approx12.961$，则近似根 $a_1=25.961$ 具有 5 位有效数字，而 $x_2=13-\sqrt{168}\approx13-12.961=0.039=a_2$，只有 2 位有效数字.

4. $s=545\,494+\sum_{i=1}^{100}\varepsilon_i+\sum_{i=1}^{50}\delta_i$，其中 $\varepsilon_i=0.8$，$\delta_i=2$，计算机作加减法时，先将相加数阶码对齐，根据字长舍入，则

$$\begin{aligned}s=&\;0.545\,49\times10^6+\underbrace{0.000\,000\,8\times10^6+\cdots+0.000\,000\,8\times10^6}_{100\text{个}}+\\&\underbrace{0.000\,002\times10^6+\cdots+0.000\,002\times10^6}_{50\text{个}}\\=&\;0.545\,49\times10^6\end{aligned}$$

545 494 与 $0.000\,008\times10^6$ 和 $0.000\,002\times10^6$ 在计算机上作和时，545 494 由于阶码升为 5 位尾数左移变成机器零，这便说明用小数作除数或用大数作乘数时，容易产生大的舍入误差，应尽量避免.

若改变运算次序，先把 $100\varepsilon_i$ 相加，$50\delta_i$ 相加. 再与 545 494 相加. 即

$$\begin{aligned}s&=\underbrace{0.8+\cdots+0.8}_{100\text{个}}+\underbrace{2+\cdots+2}_{50\text{个}}+0.545\,49\times10^6\\&=0.8\times10^2+0.2\times10\times50+0.545\,49\times10^6\\&=1.8\times10^2+0.545\,49\times10^6=0.000\,18\times10^6+0.545\,49\times10^6\end{aligned}$$

$= 0.54567 \times 10^6 = 545670$

5. 分析：由于 $f(x) = \ln(x - \sqrt{x^2 - 1})$，求 $f(x)$ 的值应看成复合函数. 先令 $y = x - \sqrt{x^2 - 1}$，由于开方用6位函数表，则 y 的误差为已知，故应看成 $z = g(y) = \ln(y)$，由 y 的误差限 $|y - y^*|$，求 $g(y)$ 的误差限 $|\ln(y) - \ln(y^*)|$.

解：当 $x = 30$ 时，求 $y = 30 - \sqrt{30^2 - 1}$，用 6 位开方表得

$$y^* = 30 - 29.9833 = 0.0167 = 10^{-1} \times 0.167$$

其具有 3 位有效数字. 故

$$|y - y^*| \leqslant \frac{1}{2} \times 10^{k-n} = \frac{1}{2} \times 10^{-1-3} = \frac{1}{2} \times 10^{-4}$$

由 $z = g(y) = \ln(y)$，得 $g'(y) = \dfrac{1}{y}$，故 $z - z^* \approx \dfrac{y - y^*}{y}$. 于是

$$|z - z^*| \approx \frac{|y - y^*|}{|y^*|} \approx \frac{0.5}{0.0167} \times 10^{-4} \leqslant 0.3 \times 10^{-2}$$

若用公式 $f(x) = -\ln(x + \sqrt{x^2 - 1})$，令 $y = x + \sqrt{x^2 - 1}$，此时 $z = g(y) = -\ln(y)$，则 $y^* = 30 + 29.9833 = 59.9833 = 10^2 \times 0.599833$，其具有 6 位有效数字. 故

$$|y - y^*| \leqslant \frac{1}{2} \times 10^{k-n} = \frac{1}{2} \times 10^{2-6} = \frac{1}{2} \times 10^{-4}$$

而 $z - z^* \approx \dfrac{y - y^*}{y}$. 于是

$$|z - z^*| \approx \frac{|y - y^*|}{|y^*|} \approx \frac{0.5}{59.9833} \times 10^{-4} \leqslant 0.834 \times 10^{-6}$$

可见，用公式 $f(x) = -\ln(x + \sqrt{x^2 - 1})$ 计算更精确.

6. 解：方法(1) 的误差由 Taylor 展开可得，$|e^{-5} - a_1| \leqslant \dfrac{e^{\eta}}{10!} \times 5^{10}$，其中 η 在 -5 与 0 之间. 而方法(2) 的误差是

$$|e^{-5} - a_1| = \left| \left(\sum_{i=0}^{9} \frac{5^i}{i!} + \frac{e^{\zeta}}{10!} \times 5^{10} \right)^{-1} - \left(\sum_{i=0}^{9} \frac{5^i}{i!} \right)^{-1} \right|$$

$$= \frac{\dfrac{e^{\zeta}}{10!} \times 5^{10}}{\left(\sum\limits_{i=0}^{9} \dfrac{5^i}{i!} + \dfrac{e^{\zeta}}{10!} \times 5^{10} \right) - \left(\sum\limits_{i=0}^{9} \dfrac{5^i}{i!} \right)}$$

$$= \frac{\dfrac{5^{10}}{10!} \cdot e^{\zeta}}{e^5 \cdot \left(\sum\limits_{i=0}^{9} \dfrac{5^i}{i!} \right)} = \frac{\dfrac{5^{10}}{10!} \cdot e^{\zeta - 5}}{\left(\sum\limits_{i=0}^{9} \dfrac{5^i}{i!} \right)}$$

其中 $-5 < \zeta - 5 < 0$.

由此可知方法(2) 的误差是方法(1) 的 $\dfrac{1}{\left(\sum\limits_{i=0}^{9} \dfrac{5^i}{i!} \right)} \approx \dfrac{1}{143.7}$ 倍，故方法(2) 给出较准确的近似值.

7. 解:所给出的 5 个公式可分别看作

$$f(x)=(x-1)^6, f_1(x)=(x+1)^{-6}, f_2(x)=(3-2x)^3,$$
$$f_3(x)=(3+2x)^{-3}, f_4(x)=99-70x$$

取 $x=\sqrt{2}$ 的近似值 $a=1.4$ 时相应函数的计算值. 而 $\left|\sqrt{2}-a\right|\leqslant 0.02=\varepsilon$. 利用函数计算的误差估计公式可得:

$$\left|f(\sqrt{2})-f(a)\right|\approx\left|f'(a)\right|\left|\sqrt{2}-a\right|\leqslant 6|a-1|^5\cdot\varepsilon\leqslant 6\times 0.4^5\varepsilon\leqslant 0.061\,44\varepsilon;$$
$$\left|f_1(\sqrt{2})-f_1(a)\right|\leqslant 6|a+1|^{-7}\cdot\varepsilon\leqslant 6\times 2.4^{-7}\cdot\varepsilon\leqslant 0.013\,08\varepsilon;$$
$$\left|f_2(\sqrt{2})-f_2(a)\right|\leqslant 6|3-2a|^2\cdot\varepsilon\leqslant 6\times 0.4\cdot\varepsilon\leqslant 0.24\varepsilon;$$
$$\left|f_3(\sqrt{2})-f_3(a)\right|\leqslant 6|3+2a|^{-4}\cdot\varepsilon\leqslant 0.005\,302\varepsilon;$$
$$\left|f_4(\sqrt{2})-f_4(a)\right|\leqslant 70\varepsilon.$$

由此可见,使用公式 $\dfrac{1}{(3+2\sqrt{2})^3}$ 计算时误差最小.

8. 以(2) 和(3) 为例,其他同理.

解:(2) 只需取 $\sqrt{x+\dfrac{1}{x}}-\sqrt{x-\dfrac{1}{x}}=\dfrac{2}{x\left(\sqrt{x+\dfrac{1}{x}}+\sqrt{x-\dfrac{1}{x}}\right)}$;

(3) $\displaystyle\int_N^{N+1}\frac{\mathrm{d}x}{1+x^2}=\arctan(N+1)-\arctan N=\arctan\frac{1}{1+N(N+1)}$.

注:令 $\alpha=\arctan(N+1)$,$\beta=\arctan N$,则 $\tan\alpha=N+1$,$\tan\beta=N$.

由于 $\alpha-\beta=\arctan(N+1)-\arctan N$,由差角公式

$$\tan(\alpha-\beta)=\frac{\tan\alpha-\tan\beta}{1+\tan\alpha\cdot\tan\beta}$$

得 $\alpha-\beta=\arctan\dfrac{\tan\alpha-\tan\beta}{1+\tan\alpha\cdot\tan\beta}$,进而有

$$\arctan(N+1)-\arctan N=\arctan\frac{1}{1+N(N+1)}$$

9. 只就(2)证明 ,由定义可得

$$\|\boldsymbol{x}\|_\infty^2=\max_k|x_k|^2\leqslant\sum_{k=1}^n|x_k|^2=\|\boldsymbol{x}\|_2^2\leqslant\sum_{k=1}^n\max_k|x_k|^2=n\|\boldsymbol{x}\|_\infty^2$$

从而 $\|\boldsymbol{x}\|_\infty\leqslant\|\boldsymbol{x}\|_2\leqslant\sqrt{n}\|\boldsymbol{x}\|_\infty$.

10. 首先,证明 $\|\boldsymbol{x}\|_P=\|\boldsymbol{Px}\|$ 是一向量范数. 事实上:

(1)因 $\boldsymbol{P}\in\mathbf{R}^{n\times n}$ 是非奇异矩阵,故 $\forall\,\boldsymbol{x}\neq\boldsymbol{0}$,$\boldsymbol{Px}\neq\boldsymbol{0}$,故 $\|\boldsymbol{Px}\|=0$ 时,$\boldsymbol{x}=\boldsymbol{0}$,且当 $\boldsymbol{x}=\boldsymbol{0}$ 时,$\|\boldsymbol{Px}\|=0$,于是,$\|\boldsymbol{x}\|_P=\|\boldsymbol{Px}\|\geqslant 0$ 当且仅当 $\boldsymbol{x}=\boldsymbol{0}$ 时,$\|\boldsymbol{x}\|_P=\|\boldsymbol{Px}\|=0$ 成立;

(2) $\forall\,\alpha\in\mathbf{R}$,$\|\alpha\boldsymbol{x}\|_P=\|\boldsymbol{P}(\alpha\boldsymbol{x})\|=\|\alpha(\boldsymbol{Px})\|=|\alpha|\cdot\|\boldsymbol{Px}\|=|\alpha|\cdot\|\boldsymbol{x}\|_P$;

(3) $\|\boldsymbol{x}+\boldsymbol{y}\|_P=\|\boldsymbol{P}(\boldsymbol{x}+\boldsymbol{y})\|=\|\boldsymbol{Px}+\boldsymbol{Py}\|\leqslant\|\boldsymbol{Px}\|+\|\boldsymbol{Py}\|=\|\boldsymbol{x}\|_P+\|\boldsymbol{y}\|_P$.

故 $\|\boldsymbol{x}\|_P$ 是一向量范数. 再

$$\|\boldsymbol{A}\|_P=\max_{\boldsymbol{x}\neq\boldsymbol{0}}\frac{\|\boldsymbol{Ax}\|_P}{\|\boldsymbol{x}\|_P}=\max_{\boldsymbol{x}\neq\boldsymbol{0}}\frac{\|\boldsymbol{PAx}\|}{\|\boldsymbol{Px}\|}=\max_{\boldsymbol{x}\neq\boldsymbol{0}}\frac{\|(\boldsymbol{PAP}^{-1})\boldsymbol{Px}\|}{\|\boldsymbol{Px}\|}$$

令 $\boldsymbol{y}=\boldsymbol{P}\boldsymbol{x}$，因 $\boldsymbol{P}$ 非奇异，故 $\boldsymbol{x}$ 与 $\boldsymbol{y}$ 为一对一，于是

$$\|\boldsymbol{A}\|_P=\max_{\boldsymbol{y}\neq\boldsymbol{0}}\frac{\|(\boldsymbol{PAP}^{-1})\boldsymbol{y}\|}{\|\boldsymbol{y}\|}=\|\boldsymbol{PAP}^{-1}\|$$

11. 证明：显然非负性和齐次性成立. 下面验证三角不等式成立. 设 $\boldsymbol{A},\boldsymbol{B}\in\mathbf{C}^{n\times n}$，则

$$\|\boldsymbol{A}+\boldsymbol{B}\|_{m_\infty}=n\cdot\max_{ij}|a_{ij}+b_{ij}|\leqslant n\cdot(\max_{ij}|a_{ij}|+\max_{ij}|b_{ij}|)=\|\boldsymbol{A}\|_{m_\infty}+\|\boldsymbol{B}\|_{m_\infty}$$

三角不等式成立. 最后验证相容性

$$\|\boldsymbol{AB}\|_{m_\infty}=n\cdot\max_{ij}|c_{ij}|=n\cdot\max_{ij}\left|\sum_{k=1}^{n}a_{ik}b_{kj}\right|\leqslant n\cdot\max_{ij}\left|\sum_{k=1}^{n}a_{ik}\right|\cdot\max_{ij}|b_{ij}|$$
$$\leqslant n\cdot n\cdot\max_{ij}|a_{ij}|\cdot\max_{ij}|b_{ij}|=\|\boldsymbol{A}\|_{m_\infty}\|\boldsymbol{B}\|_{m_\infty}$$

相容性成立，结论成立。

12. 证明：(1)由算子范数的定义

$$\|\boldsymbol{U}\|_2^2=\max_{\boldsymbol{x}\neq\boldsymbol{0}}\frac{\|\boldsymbol{Ux}\|_2^2}{\|\boldsymbol{x}\|_2^2}=\max_{\boldsymbol{x}\neq\boldsymbol{0}}\frac{(\boldsymbol{Ux})^{\mathrm{H}}(\boldsymbol{Ux})}{\|\boldsymbol{x}\|_2^2}=\max_{\boldsymbol{x}\neq\boldsymbol{0}}\frac{\boldsymbol{x}^{\mathrm{H}}\boldsymbol{U}^{\mathrm{H}}\boldsymbol{Ux}}{\|\boldsymbol{x}\|_2^2}$$
$$=\max_{\boldsymbol{x}\neq\boldsymbol{0}}\frac{\boldsymbol{x}^{\mathrm{H}}\boldsymbol{x}}{\|\boldsymbol{x}\|_2^2}=\max_{\boldsymbol{x}\neq\boldsymbol{0}}\frac{\|\boldsymbol{x}\|_2^2}{\|\boldsymbol{x}\|_2^2}=1$$

(2) $$\|\boldsymbol{UA}\|_2^2=\max_{\boldsymbol{x}\neq\boldsymbol{0}}\frac{\|(\boldsymbol{UA})\boldsymbol{x}\|_2^2}{\|\boldsymbol{x}\|_2^2}=\max_{\boldsymbol{x}\neq\boldsymbol{0}}\frac{(\boldsymbol{UAx}\|)^{\mathrm{H}}(\boldsymbol{UAx})}{\|\boldsymbol{x}\|_2^2}=\max_{\boldsymbol{x}\neq\boldsymbol{0}}\frac{\boldsymbol{x}^{\mathrm{H}}\boldsymbol{A}^{\mathrm{H}}\boldsymbol{U}^{\mathrm{H}}\boldsymbol{UAx}}{\|\boldsymbol{x}\|_2^2}$$
$$=\max_{\boldsymbol{x}\neq\boldsymbol{0}}\frac{(\boldsymbol{Ax})^{\mathrm{H}}\boldsymbol{Ax}}{\|\boldsymbol{x}\|_2^2}=\max_{\boldsymbol{x}\neq\boldsymbol{0}}\frac{\|\boldsymbol{Ax}\|_2^2}{\|\boldsymbol{x}\|_2^2}=\|\boldsymbol{A}\|_2^2$$

(3) $\|\boldsymbol{UA}\|_{\mathrm{F}}^2=\mathrm{tr}[(\boldsymbol{UA})^{\mathrm{H}}(\boldsymbol{UA})]=\mathrm{tr}[\boldsymbol{A}^{\mathrm{H}}\boldsymbol{U}^{\mathrm{H}}\boldsymbol{UA}]=\mathrm{tr}(\boldsymbol{A}^{\mathrm{H}}\boldsymbol{A})=\|\boldsymbol{A}\|_{\mathrm{F}}^2$.

注意相似矩阵的迹相同的性质，可得 $\|\boldsymbol{AV}\|_{\mathrm{F}}=\|\boldsymbol{A}\|_{\mathrm{F}}$，从而进一步得 $\|\boldsymbol{UAV}\|_{\mathrm{F}}=\|\boldsymbol{A}\|_{\mathrm{F}}$.

此结论表明酉矩阵具有保 2-范数和 F-范数的不变性.

13. 证明：设 $\boldsymbol{A}$ 的属于特征值 λ 的特征向量为 $\boldsymbol{x}$，即 $\boldsymbol{Ax}=\lambda\boldsymbol{x}$，从而有 $\boldsymbol{A}^{-1}\boldsymbol{x}=\frac{1}{\lambda}\boldsymbol{x}$. 取向量范数 $\|\boldsymbol{x}\|$ 与所给的矩阵范数相容，则有

$$\left|\frac{1}{\lambda}\right|\|\boldsymbol{x}\|=\|\boldsymbol{A}^{-1}\boldsymbol{x}\|\leqslant\|\boldsymbol{A}^{-1}\|\cdot\|\boldsymbol{x}\|$$

即 $\left|\frac{1}{\lambda}\right|\leqslant\|\boldsymbol{A}^{-1}\|$，也就是 $|\lambda|\geqslant\frac{1}{\|\boldsymbol{A}^{-1}\|}$.

14. 证明：设 $\boldsymbol{A}$ 的属于特征值 λ 的特征向量为 $\boldsymbol{x}$，即 $\boldsymbol{Ax}=\lambda\boldsymbol{x}$，从而有 $\boldsymbol{A}^n\boldsymbol{x}=\lambda^n\boldsymbol{x}$. 取向量范数 $\|\boldsymbol{x}\|$ 与所给的矩阵范数相容，则有

$$|\lambda|^n\|\boldsymbol{x}\|=\|\lambda^n\boldsymbol{x}\|=\|\boldsymbol{A}^n\boldsymbol{x}\|\leqslant\|\boldsymbol{A}^n\|\cdot\|\boldsymbol{x}\|$$

即 $|\lambda|^n\leqslant\|\boldsymbol{A}\|^n$，也就是 $|\lambda|\leqslant\sqrt[n]{\|\boldsymbol{A}^n\|}$.

习题 2

1. (1) $a\neq-1$. 提示：只需一阶顺序主子式不等于零即可.

(2) $a>2$，$\boldsymbol{L}=\begin{pmatrix}\sqrt{2} & 0\\ -\sqrt{2} & \sqrt{a-2}\end{pmatrix}$. 提示：$\boldsymbol{A}$ 必须是对称正定矩阵才可以用平方根法，矩阵对称正定的充分必要条件是 $\boldsymbol{A}$ 的各阶顺序主子式均大于零.

(3)由于

$$\mathrm{cond}_2(\boldsymbol{A})=\|\boldsymbol{A}\|_2\|\boldsymbol{A}^{-1}\|_2=\sqrt{\frac{\lambda_{\max}(\boldsymbol{A}^{\mathrm{H}}\boldsymbol{A})}{\lambda_{\min}(\boldsymbol{A}^{\mathrm{H}}\boldsymbol{A})}}$$

而

$$\boldsymbol{A}^{\mathrm{H}}\boldsymbol{A}=\begin{pmatrix}5&-4&1\\-4&6&-4\\1&-4&5\end{pmatrix},\lambda_{\max}(\boldsymbol{A}^{\mathrm{H}}\boldsymbol{A})=6+4\sqrt{2},\lambda_{\min}(\boldsymbol{A}^{\mathrm{H}}\boldsymbol{A})=6-4\sqrt{2}$$

所以

$$\mathrm{cond}_2(\boldsymbol{A})=\|\boldsymbol{A}\|_2\|\boldsymbol{A}^{-1}\|_2=\sqrt{\frac{\lambda_{\max}(\boldsymbol{A}^{\mathrm{H}}\boldsymbol{A})}{\lambda_{\min}(\boldsymbol{A}^{\mathrm{H}}\boldsymbol{A})}}=\sqrt{\frac{6+4\sqrt{2}}{6-4\sqrt{2}}}=3+2\sqrt{2}$$

(4)由于

$$\|\boldsymbol{s}\boldsymbol{s}^{\mathrm{T}}\|_2=\sqrt{\lambda_{\max}((\boldsymbol{s}\boldsymbol{s}^{\mathrm{T}})^{\mathrm{T}}(\boldsymbol{s}\boldsymbol{s}^{\mathrm{T}}))}=\sqrt{\lambda_{\max}(\boldsymbol{s}\boldsymbol{s}^{\mathrm{T}}\boldsymbol{s}\boldsymbol{s}^{\mathrm{T}})}=\sqrt{\boldsymbol{s}^{\mathrm{T}}\boldsymbol{s}\cdot\lambda_{\max}(\boldsymbol{s}\boldsymbol{s}^{\mathrm{T}})}=\boldsymbol{s}^{\mathrm{T}}\boldsymbol{s}$$

所以$\left\|\dfrac{\boldsymbol{s}\boldsymbol{s}^{\mathrm{T}}}{(\boldsymbol{s},\boldsymbol{s})}\right\|_2=\dfrac{1}{(\boldsymbol{s},\boldsymbol{s})}\|\boldsymbol{s}\boldsymbol{s}^{\mathrm{T}}\|_2=1$. 上面用到范数的齐次性及$\lambda_{\max}(\boldsymbol{s}\boldsymbol{s}^{\mathrm{T}})=\boldsymbol{s}^{\mathrm{T}}\boldsymbol{s}$. 事实上,对于任意的 n 元列向量 $\boldsymbol{a}$,可以验证矩阵 $\boldsymbol{a}\boldsymbol{a}^{\mathrm{T}}$ 的特征值为 $\boldsymbol{a}^{\mathrm{T}}\boldsymbol{a}$,0($n-1$ 重).

(5)$\begin{pmatrix}2&1\\-4&2\end{pmatrix}\xrightarrow{r_1\leftrightarrow r_2}\begin{pmatrix}-4&2\\2&1\end{pmatrix}\xrightarrow{r_2+\frac{1}{2}r_1}\begin{pmatrix}-4&2\\0&2\end{pmatrix}$,写成矩阵乘法为

$$\begin{pmatrix}1&0\\\frac{1}{2}&1\end{pmatrix}\begin{pmatrix}0&1\\1&0\end{pmatrix}\begin{pmatrix}2&1\\-4&2\end{pmatrix}=\begin{pmatrix}-4&2\\0&2\end{pmatrix}$$

从而

$$\boldsymbol{L}=\begin{pmatrix}1&0\\\frac{1}{2}&1\end{pmatrix}^{-1}=\begin{pmatrix}1&0\\-2&1\end{pmatrix}$$

(6)显然 $\boldsymbol{A}$ 的三个特征值为 1,1,2. 而

$$\boldsymbol{I}-\boldsymbol{A}=\begin{pmatrix}0&0&0\\-1&0&0\\-2&-3&-1\end{pmatrix}$$

容易看到 1 的几何重复度为 $3-\mathrm{rank}(\boldsymbol{I}-\boldsymbol{A})=1$,因此 $\boldsymbol{A}$ 的 Jordan 标准型为

$$\begin{pmatrix}1&0&0\\1&1&0\\0&0&2\end{pmatrix}$$

(7)对角,$\boldsymbol{R}$ 的对角元素,$\boldsymbol{U}$ 的列向量;实对角;纯虚数对角.

2. 解:简单计算可得

$$\boldsymbol{A}\xrightarrow[r_3-4r_1]{r_2-2r_1}\begin{pmatrix}1&2&3\\0&0&-5\\0&-2&-5\end{pmatrix}$$

由于-2无法进一步被消去，因此矩阵$\boldsymbol{A}$不能$\boldsymbol{LU}$分解.

$$\boldsymbol{B}\xrightarrow[r_3-3r_1]{r_2-2r_1}\begin{pmatrix}1&1&1\\0&0&-1\\0&0&4\end{pmatrix}\xrightarrow{r_3+4r_2}\begin{pmatrix}1&1&1\\0&0&-1\\0&0&0\end{pmatrix}$$

因此$\boldsymbol{B}$可以$\boldsymbol{LU}$分解，但是并不唯一，经过简单计算可以发现矩阵$\boldsymbol{A}$和$\boldsymbol{B}$的二阶顺序主子式都为零. 对于矩阵$\boldsymbol{C}$，经过简单计算可知，各阶顺序主子式分别为1，1，1，因此矩阵$\boldsymbol{C}$可以$\boldsymbol{LU}$分解并且分解唯一.

3. 解：由于

$$\boldsymbol{A}=\begin{pmatrix}2&4&-2\\1&-1&5\\4&1&-2\end{pmatrix}\xrightarrow[r_3-2r_1]{r_2-1/2r_1}\begin{pmatrix}2&4&-2\\0&-3&6\\0&-7&2\end{pmatrix}\xrightarrow{r_3-7/3r_2}\begin{pmatrix}2&4&-2\\0&-3&6\\0&0&-12\end{pmatrix}$$

所以$\boldsymbol{L}_2\boldsymbol{L}_1\boldsymbol{A}=\boldsymbol{U}$，其中

$$\boldsymbol{L}_1=\begin{pmatrix}1&0&0\\-\frac{1}{2}&1&0\\-2&0&1\end{pmatrix},\boldsymbol{L}_2=\begin{pmatrix}1&0&0\\0&1&0\\0&-\frac{7}{3}&1\end{pmatrix}$$

因此可得矩阵$\boldsymbol{A}$的Doolittle分解为$\boldsymbol{A}=\boldsymbol{LU}$，其中

$$\boldsymbol{L}=(\boldsymbol{L}_2\boldsymbol{L}_1)^{-1}=\begin{pmatrix}1&0&0\\\frac{1}{2}&1&0\\2&\frac{7}{3}&1\end{pmatrix},\boldsymbol{U}=\begin{pmatrix}2&4&-2\\0&-3&6\\0&0&-12\end{pmatrix}$$

进一步可得Crout分解为

$$\boldsymbol{A}=\begin{pmatrix}2&0&0\\1&-3&0\\4&-7&-12\end{pmatrix}\begin{pmatrix}1&2&-1\\0&1&-2\\0&0&1\end{pmatrix}$$

$\boldsymbol{LDU}$分解为

$$\boldsymbol{A}=\begin{pmatrix}1&0&0\\\frac{1}{2}&1&0\\2&\frac{7}{3}&1\end{pmatrix}\begin{pmatrix}2&0&0\\0&-3&0\\0&0&-12\end{pmatrix}\begin{pmatrix}1&2&-1\\0&1&-2\\0&0&1\end{pmatrix}$$

4. 解：方程组的增广矩阵为

$$(\boldsymbol{A}\mid\boldsymbol{b})=\left(\begin{array}{ccc:c}12&-3&3&15\\-18&3&-1&-15\\1&1&3&6\end{array}\right)\xrightarrow{r_1\leftrightarrow r_2}\left(\begin{array}{ccc:c}-18&3&-1&-15\\12&-3&3&15\\1&1&3&6\end{array}\right)$$

$$\xrightarrow[r_3+1/18r_1]{r_2-2/3r_1}\left(\begin{array}{ccc:c}-18 & 3 & -1 & -15\\ 0 & -1 & \frac{7}{3} & 5\\ 0 & \frac{7}{6} & \frac{53}{18} & \frac{31}{6}\end{array}\right)\xrightarrow{r_2\leftrightarrow r_3}\left(\begin{array}{ccc:c}-18 & 3 & -1 & -15\\ 0 & \frac{7}{6} & \frac{53}{18} & \frac{31}{6}\\ 0 & -1 & \frac{7}{3} & 5\end{array}\right)$$

$$\xrightarrow{r_3+6/7r_2}\left(\begin{array}{ccc:c}-18 & 3 & -1 & -15\\ 0 & \frac{7}{6} & \frac{53}{18} & \frac{31}{6}\\ 0 & 0 & \frac{34}{7} & \frac{66}{7}\end{array}\right)$$

用回代法可得方程组的解为 $\boldsymbol{x}=\left(\frac{11}{17},-\frac{8}{17},\frac{33}{17}\right)^{\mathrm{T}}$. 在上述过程中,只有行交换会改变行列式的值,所以

$$\det \boldsymbol{A}=(-1)^2\times(-18)\times\frac{7}{6}\times\frac{34}{7}=-102$$

5. 解:先用 Gauss 消去法.

$$(\boldsymbol{A}|\boldsymbol{b})=\left(\begin{array}{cccc:c}1 & 2 & 1 & -2 & 4\\ 2 & 5 & 3 & -2 & 7\\ -2 & -2 & 3 & 5 & -1\\ 1 & 3 & 2 & 3 & 0\end{array}\right)\xrightarrow[\substack{r_3+2r_1\\ r_4-r_1}]{r_2-2r_1}\left(\begin{array}{cccc:c}1 & 2 & 1 & -2 & 4\\ 0 & 1 & 1 & 2 & -1\\ 0 & 2 & 5 & 1 & 7\\ 0 & 1 & 1 & 5 & -4\end{array}\right)$$

$$\xrightarrow[r_4-r_2]{r_3-2r_2}\left(\begin{array}{cccc:c}1 & 2 & 1 & -2 & 4\\ 0 & 1 & 1 & 2 & -1\\ 0 & 0 & 3 & -3 & 9\\ 0 & 0 & 0 & 3 & -3\end{array}\right)$$

用回代法可得方程组的解为 $\boldsymbol{x}=(2,-1,2,1)^{\mathrm{T}}$.

使用 Gauss 列主元消去法.

$$(\boldsymbol{A}|\boldsymbol{b})=\left(\begin{array}{cccc:c}1 & 2 & 1 & -2 & 4\\ 2 & 5 & 3 & -2 & 7\\ -2 & -2 & 3 & 5 & -1\\ 1 & 3 & 2 & 3 & 0\end{array}\right)\xrightarrow{r_1\leftrightarrow r_2}\left(\begin{array}{cccc:c}2 & 5 & 3 & -2 & 7\\ 1 & 2 & 1 & -2 & 4\\ -2 & -2 & 3 & 5 & -1\\ 1 & 3 & 2 & 3 & 0\end{array}\right)$$

$$\xrightarrow[\substack{r_3+r_1\\ r_4-1/2r_1\\ r_2\leftrightarrow r_3}]{r_2-1/2r_1}\left(\begin{array}{cccc:c}2 & 5 & 3 & -2 & 7\\ 0 & 3 & 6 & 3 & 6\\ 0 & -\frac{1}{2} & -\frac{1}{2} & -1 & \frac{1}{2}\\ 0 & \frac{1}{2} & \frac{1}{2} & 4 & -\frac{7}{2}\end{array}\right)$$

$$\xrightarrow[r_4-1/6r_2]{r_3+1/6r_2}\left(\begin{array}{cccc:c}2&5&3&-2&7\\0&3&6&3&6\\0&0&\frac{1}{2}&-\frac{1}{2}&\frac{3}{2}\\0&0&-\frac{1}{2}&\frac{7}{2}&-\frac{9}{2}\end{array}\right)$$

$$\xrightarrow{r_4+r_3}\left(\begin{array}{cccc:c}2&5&3&-2&7\\0&3&6&3&6\\0&0&\frac{1}{2}&-\frac{1}{2}&\frac{3}{2}\\0&0&0&3&-3\end{array}\right)$$

用回代法可得方程组的解为 $\boldsymbol{x}=(2,-1,2,1)^{\mathrm{T}}$.

6. (1)求得 $\boldsymbol{A}$ 的 Doolittle 分解中的 $\boldsymbol{L}=\begin{pmatrix}1&0&0\\\frac{1}{4}&1&0\\0&\frac{8}{19}&1\end{pmatrix}$，$\boldsymbol{U}=\begin{pmatrix}4&1&0\\0&\frac{19}{4}&2\\0&0&\frac{136}{19}\end{pmatrix}$，解两个三角方程组：$\boldsymbol{Ly}=\boldsymbol{b}$，$\boldsymbol{Ux}=\boldsymbol{y}$，得上述线性方程组的解为 $\boldsymbol{x}=(1,1,1)^{\mathrm{T}}$；

(2)求得 $\boldsymbol{A}$ 的 $\boldsymbol{LL}^{\mathrm{T}}$ 分解中的 $\boldsymbol{L}=\begin{pmatrix}2&0&0\\\frac{1}{2}&\frac{\sqrt{19}}{2}&0\\0&\frac{4}{\sqrt{19}}&\sqrt{\frac{136}{19}}\end{pmatrix}$，解两个三角方程组：$\boldsymbol{Ly}=\boldsymbol{b}$，$\boldsymbol{L}^{\mathrm{T}}\boldsymbol{x}=\boldsymbol{y}$，得上述线性方程组的解为 $\boldsymbol{x}=(1,1,1)^{\mathrm{T}}$；

(3)由追赶法的计算公式可得 $\boldsymbol{L}=\begin{pmatrix}1&0&0\\\frac{1}{4}&1&0\\0&\frac{8}{19}&1\end{pmatrix}$，$\boldsymbol{U}=\begin{pmatrix}4&1&0\\0&\frac{19}{4}&2\\0&0&\frac{136}{19}\end{pmatrix}$，解两个三角方程组：$\boldsymbol{Ly}=\boldsymbol{b}$，$\boldsymbol{L}^{\mathrm{T}}\boldsymbol{x}=\boldsymbol{y}$，得上述线性方程组的解为 $\boldsymbol{x}=(1,1,1)^{\mathrm{T}}$.

7. (1) $(\boldsymbol{A}\mid\boldsymbol{I})\to\left(\begin{array}{ccc:ccc}-1&8&-2&1&0&0\\-6&49&-10&0&1&0\\-4&34&-5&0&0&1\end{array}\right)\to\left(\begin{array}{ccc:ccc}1&-8&2&-1&0&0\\0&1&2&-6&1&0\\0&2&3&-4&0&1\end{array}\right)$

$$\to\left(\begin{array}{ccc:ccc}1&0&18&-49&8&0\\0&1&2&-6&1&0\\0&0&-1&8&-2&1\end{array}\right)\to\left(\begin{array}{ccc:ccc}1&0&0&95&-28&18\\0&1&0&10&-3&2\\0&0&1&-8&2&-1\end{array}\right)$$

解得 $\boldsymbol{A}^{-1}=\begin{pmatrix}95&-28&18\\10&-3&2\\-8&2&-1\end{pmatrix}$.

(2)求得 $\boldsymbol{A}$ 的 Doolittle 分解中的 $\boldsymbol{L}=\begin{pmatrix}1&0&0\\6&1&0\\4&2&1\end{pmatrix}$，$\boldsymbol{U}=\begin{pmatrix}-1&8&-2\\0&1&2\\0&0&-1\end{pmatrix}$.

解如下方程组：

①$\boldsymbol{LY}_1=\boldsymbol{e}_1,\boldsymbol{UX}_1=\boldsymbol{Y}_1$，有 $\boldsymbol{Y}_1=(1,-6,8)^{\mathrm{T}},\boldsymbol{X}_1=(95,10,-8)^{\mathrm{T}}$；

②$\boldsymbol{LY}_2=\boldsymbol{e}_2,\boldsymbol{UX}_2=\boldsymbol{Y}_2$，有 $\boldsymbol{Y}_2=(0,1,-2)^{\mathrm{T}},\boldsymbol{X}_2=(-28,-3,2)^{\mathrm{T}}$；

③$\boldsymbol{LY}_3=\boldsymbol{e}_3,\boldsymbol{UX}_3=\boldsymbol{Y}_3$，有 $\boldsymbol{Y}_3=(0,0,1)^{\mathrm{T}},\boldsymbol{X}_3=(18,2,-1)^{\mathrm{T}}$.

同样解得 $\boldsymbol{A}^{-1}=(\boldsymbol{X}_1,\boldsymbol{X}_2,\boldsymbol{X}_3)=\begin{pmatrix}95&-28&18\\10&-3&2\\-8&2&-1\end{pmatrix}$.

8. 解：将 $\boldsymbol{A}$ 按列分块为 $\boldsymbol{A}=(\boldsymbol{a}_1,\boldsymbol{a}_2,\boldsymbol{a}_3)$，其中 $\boldsymbol{a}_1=(0,1,0)^{\mathrm{T}},\|\boldsymbol{a}_1\|_2=1$，取

$$\boldsymbol{\omega}_1=\boldsymbol{a}_1-\|\boldsymbol{a}_1\|_2\boldsymbol{e}_1=(-1,1,0)^{\mathrm{T}}$$

则令

$$\boldsymbol{Q}_1=\boldsymbol{H}(\boldsymbol{\omega}_1)=\boldsymbol{I}-\frac{2}{\boldsymbol{\omega}_1^{\mathrm{T}}\boldsymbol{\omega}_1}\boldsymbol{\omega}_1\boldsymbol{\omega}_1^{\mathrm{T}}=\begin{pmatrix}0&1&0\\1&0&0\\0&0&1\end{pmatrix}$$

$$\boldsymbol{H}(\boldsymbol{\omega}_1)\boldsymbol{A}=\begin{pmatrix}1&1&1\\0&4&1\\0&3&2\end{pmatrix}=\begin{pmatrix}1&\boldsymbol{b}^{\mathrm{T}}\\\boldsymbol{0}&\boldsymbol{A}_2\end{pmatrix}$$

其中 $\boldsymbol{b}=(1,1)^{\mathrm{T}},\boldsymbol{A}_2=\begin{pmatrix}4&1\\3&2\end{pmatrix}=(\tilde{\boldsymbol{a}}_1,\tilde{\boldsymbol{a}}_2),\tilde{\boldsymbol{a}}_1=(4,3)^{\mathrm{T}},\tilde{\boldsymbol{a}}_2=(1,2)^{\mathrm{T}},\|\tilde{\boldsymbol{a}}_1\|_2=5$. 取

$$\boldsymbol{\omega}_2=\tilde{\boldsymbol{a}}_1-\|\tilde{\boldsymbol{a}}_1\|_2\boldsymbol{e}_1=(-1,3)^{\mathrm{T}},\boldsymbol{H}(\boldsymbol{\omega}_2)=\boldsymbol{I}-\frac{2}{\boldsymbol{\omega}_2^{\mathrm{T}}\boldsymbol{\omega}_2}\boldsymbol{\omega}_2\boldsymbol{\omega}_2^{\mathrm{T}}=\begin{pmatrix}\frac{4}{5}&\frac{3}{5}\\\frac{3}{5}&-\frac{4}{5}\end{pmatrix}$$

$$\boldsymbol{H}(\boldsymbol{\omega}_2)\boldsymbol{A}_2=\begin{pmatrix}5&2\\0&-1\end{pmatrix}$$

令

$$\boldsymbol{Q}_2=\begin{pmatrix}1&\boldsymbol{0}^{\mathrm{T}}\\\boldsymbol{0}&\boldsymbol{H}(\boldsymbol{\omega}_2)\end{pmatrix}=\begin{pmatrix}1&0&0\\0&\frac{4}{5}&\frac{3}{5}\\0&\frac{3}{5}&-\frac{4}{5}\end{pmatrix}$$

则

$$\boldsymbol{Q}_2\boldsymbol{Q}_1\boldsymbol{A}=\begin{pmatrix}1&\boldsymbol{0}^{\mathrm{T}}\\\boldsymbol{0}&\boldsymbol{H}(\boldsymbol{\omega}_2)\end{pmatrix}\begin{pmatrix}1&\boldsymbol{b}^{\mathrm{T}}\\\boldsymbol{0}&\boldsymbol{A}_2\end{pmatrix}=\begin{pmatrix}1&\boldsymbol{b}^{\mathrm{T}}\\\boldsymbol{0}&\boldsymbol{H}(\boldsymbol{\omega}_2)\boldsymbol{A}_2\end{pmatrix}=\begin{pmatrix}1&1&1\\0&5&2\\0&0&-1\end{pmatrix}=\boldsymbol{R}$$

$$Q^{\mathrm{T}}=Q_2Q_1=\begin{pmatrix}1 & 0 & 0\\ 0 & \frac{4}{5} & \frac{3}{5}\\ 0 & \frac{3}{5} & -\frac{4}{5}\end{pmatrix}\begin{pmatrix}0 & 1 & 0\\ 1 & 0 & 0\\ 0 & 0 & 1\end{pmatrix}=\begin{pmatrix}0 & 1 & 0\\ \frac{4}{5} & 0 & \frac{3}{5}\\ \frac{3}{5} & 0 & -\frac{4}{5}\end{pmatrix}$$

则 $\boldsymbol{A}=\boldsymbol{QR}$.

9. 解：由 $\|\boldsymbol{x}\|_2=\|\boldsymbol{y}\|_2$ 和 $t>0$，知 $t=13$. $\boldsymbol{\omega}=\boldsymbol{x}-\boldsymbol{y}=\begin{pmatrix}5\\0\\-1\end{pmatrix}$，$\boldsymbol{H}(\boldsymbol{\omega})=\begin{pmatrix}-\frac{12}{13} & 0 & \frac{5}{13}\\ 0 & 1 & 0\\ \frac{5}{13} & 0 & \frac{12}{13}\end{pmatrix}$.

10. 证明：$\mathrm{cond}\,(\boldsymbol{AB})=\|\boldsymbol{AB}\|\|(\boldsymbol{AB})^{-1}\|\leqslant\|\boldsymbol{A}\|\|\boldsymbol{B}\|\|\boldsymbol{B}^{-1}\|\|\boldsymbol{A}^{-1}\|=\mathrm{cond}\,(\boldsymbol{A})\cdot\mathrm{cond}(\boldsymbol{B})$.

11. 证明：$\sum_{i=1}^{n}\sum_{j=1}^{n}|a_{ij}|^2=\|\boldsymbol{A}\|_{\mathrm{F}}^2=\|\boldsymbol{URU}^{\mathrm{H}}\|_{\mathrm{F}}^2=\|\boldsymbol{R}\|_{\mathrm{F}}^2=\sum_{i=1}^{n}\sum_{j=i+1}^{n}|r_{ij}|^2\geqslant\sum_{i=1}^{n}|r_{ii}|^2=\sum_{i=1}^{n}|\lambda_i|^2$.

上式中等号当且仅当 $r_{ij}=0,1\leqslant i<j\leqslant n$ 时成立，即 $\boldsymbol{R}$ 为 n 阶对角矩阵. 这时 $\boldsymbol{A}$ 为正规矩阵，因此等号当且仅当 $\boldsymbol{A}$ 为正规矩阵时成立.

12. 解：由

$$\det(\lambda\boldsymbol{I}-\boldsymbol{A})=\begin{vmatrix}\lambda-4 & 1 & 1 & 0\\ -4 & \lambda & 2 & 0\\ 0 & 0 & \lambda-2 & 0\\ 0 & 0 & -6 & \lambda-1\end{vmatrix}=(\lambda-1)(\lambda-2)^3$$

可得 $\boldsymbol{A}$ 的特征值为 $\lambda_1=1,\lambda_2=2$(3 重). 再由

$$\lambda_2\boldsymbol{I}-\boldsymbol{A}=\begin{pmatrix}-2 & 1 & 1 & 0\\ -4 & 2 & 2 & 0\\ 0 & 0 & 0 & 0\\ 0 & 0 & -6 & 1\end{pmatrix}\longrightarrow\begin{pmatrix}-2 & 1 & 1 & 0\\ 0 & 0 & -6 & 1\\ 0 & 0 & 0 & 0\\ 0 & 0 & 0 & 0\end{pmatrix}$$

可知 $\mathrm{rank}(\lambda_2\boldsymbol{I}-\boldsymbol{A})=2$，从而有 $\lambda_2=2$ 的几何重复度为 $4-2=2$，因此 Jordan 标准型中 $\lambda_2=2$对应 2 个 Jordan 块，由此可判断 $\boldsymbol{A}$ 的 Jordan 标准型为

$$\boldsymbol{J}=\begin{pmatrix}1 & 0 & 0 & 0\\ 0 & 2 & 0 & 0\\ 0 & 0 & 2 & 1\\ 0 & 0 & 0 & 2\end{pmatrix}$$

由上面的化简过程可得 $\lambda_2\boldsymbol{I}-\boldsymbol{A}$ 的两个线性无关的解为$\boldsymbol{v}_1=(0,-1,1,6)^{\mathrm{T}}$，$\boldsymbol{v}_2=(1,2,0,0)^{\mathrm{T}}$. 选取 $\boldsymbol{t}_1=k_1\boldsymbol{v}_1+k_2\boldsymbol{v}_2=(k_2,-k_1+2k_2,k_1,6k_1)^{\mathrm{T}}$ 作为链首，则

$$(\lambda_2 \boldsymbol{I}-\boldsymbol{A},-\boldsymbol{t}_1)=\begin{pmatrix}-2 & 1 & 1 & 0 & -k_2\\ -4 & 2 & 2 & 0 & k_1-2k_2\\ 0 & 0 & 0 & 0 & -k_1\\ 0 & 0 & -6 & 1 & -6k_1\end{pmatrix}\longrightarrow\begin{pmatrix}-2 & 1 & 1 & 0 & -k_2\\ 0 & 0 & -6 & 1 & -6k_1\\ 0 & 0 & 0 & 0 & k_1\\ 0 & 0 & 0 & 0 & 0\end{pmatrix}$$

显然只有当 $k_1=0$ 时方程组才有解.因此令 $k_1=0, k_2=1$,此时链首 $\boldsymbol{t}_1=\boldsymbol{v}_2$,并且可得方程组的一个解为 $\boldsymbol{t}_2=(0,-1,0,0)^{\mathrm{T}}$.另外 $\boldsymbol{v}_1$ 可选为变换矩阵中 2(一阶 Jordan 块)对应的向量.下面求 $\lambda_1=1$ 的特征向量.

$$\lambda_1 \boldsymbol{I}-\boldsymbol{A}=\begin{pmatrix}-3 & 1 & 1 & 0\\ -4 & 1 & 2 & 0\\ 0 & 0 & -1 & 0\\ 0 & 0 & -6 & 0\end{pmatrix}\longrightarrow\begin{pmatrix}1 & 0 & 0 & 0\\ 0 & 1 & 0 & 0\\ 0 & 0 & 1 & 0\\ 0 & 0 & 0 & 0\end{pmatrix}$$

由此可求出特征向量为 $\boldsymbol{v}_3=(0,0,0,1)^{\mathrm{T}}$.综上变换矩阵可取为

$$\boldsymbol{T}=(\boldsymbol{v}_3,\boldsymbol{v}_1,\boldsymbol{t}_1,\boldsymbol{t}_2)=\begin{pmatrix}0 & 0 & 1 & 0\\ 0 & -1 & 2 & -1\\ 0 & 1 & 0 & 0\\ 1 & 6 & 0 & 0\end{pmatrix}$$

13. 解:由 $r_1=2$ 可知以 $\lambda=2$ 为特征值的 Jordan 块的个数为 $4-2=2$.其中阶数为 1 的 Jordan 块的个数为 $r_2+r_0-2r_1=0+4-4=0$.因此 $\boldsymbol{M}$ 的 Jordan 标准型为

$$\boldsymbol{J}=\begin{pmatrix}2 & 1 & & \\ & 2 & & \\ & & 2 & 1\\ & & & 2\end{pmatrix}$$

14. 证明:由 Jordan 分解定理知对于任意的 n 阶方阵 $\boldsymbol{A}$,一定存在可逆矩阵 $\boldsymbol{T}$ 使得

$$\boldsymbol{A}=\boldsymbol{T}\boldsymbol{J}\boldsymbol{T}^{-1}$$

其中 $\boldsymbol{J}$ 为 Jordan 标准型,显然是上三角矩阵.将矩阵 $\boldsymbol{T}$ 进行 $\boldsymbol{QR}$ 分解,即设 $\boldsymbol{T}=\boldsymbol{U}\boldsymbol{M}$,其中 $\boldsymbol{U}$ 为酉矩阵,$\boldsymbol{M}$ 为上三角矩阵,这样便有

$$\boldsymbol{A}=\boldsymbol{T}\boldsymbol{J}\boldsymbol{T}^{-1}=(\boldsymbol{U}\boldsymbol{M})\boldsymbol{J}(\boldsymbol{U}\boldsymbol{M})^{-1}=\boldsymbol{U}(\boldsymbol{M}\boldsymbol{J}\boldsymbol{M}^{-1})\boldsymbol{U}^{-1}=\boldsymbol{U}(\boldsymbol{M}\boldsymbol{J}\boldsymbol{M}^{-1})\boldsymbol{U}^{\mathrm{H}}$$

令 $\boldsymbol{R}=\boldsymbol{M}\boldsymbol{J}\boldsymbol{M}^{-1}$,下面只需要说明 $\boldsymbol{R}$ 为上三角矩阵即可,这可从上三角矩阵的逆为上三角矩阵和上三角矩阵的乘积仍为上三角矩阵这两条结论得到.

15. 矩阵 $\boldsymbol{A}$ 的特征多项式为

$$\det(\lambda \boldsymbol{I}-\boldsymbol{A})=(\lambda-1)(\lambda-\omega)(\lambda-\omega^2)=\lambda^3-1$$

由 Hamilton-Cayley 定理,知 $\boldsymbol{A}^3-\boldsymbol{I}=\boldsymbol{O}$,即 $\boldsymbol{A}^3=\boldsymbol{I}$,所以 $\boldsymbol{A}^{100}=(\boldsymbol{A}^3)^{33}\boldsymbol{A}=\boldsymbol{A}$.

16. 提示:与满秩矩阵相乘不改变原矩阵的秩.

17. 证明:由于 $\boldsymbol{A}$ 为正规矩阵,由 Schur 定理,可得

$$\boldsymbol{U}^{\mathrm{H}}\boldsymbol{A}^{\mathrm{H}}\boldsymbol{A}\boldsymbol{U}=(\boldsymbol{U}^{\mathrm{H}}\boldsymbol{A}^{\mathrm{H}}\boldsymbol{U})(\boldsymbol{U}^{\mathrm{H}}\boldsymbol{A}\boldsymbol{U})=\mathrm{diag}(|\lambda_1|^2,|\lambda_2|^2,\cdots,|\lambda_n|^2)$$

则 $\boldsymbol{A}$ 的奇异值 $\sigma_i=\sqrt{|\lambda_i|^2}=|\lambda_i|\ (i=1,2,\cdots,n)$.

18. 证明:当 $\boldsymbol{A}$ 为非奇异矩阵时,$\boldsymbol{A}^{\mathrm{H}}\boldsymbol{A}$ 与 $\boldsymbol{A}\boldsymbol{A}^{\mathrm{H}}$ 都是 Hermite 正定矩阵,则

$$\|\boldsymbol{A}^{-1}\|_2^2=\lambda_{\max}((\boldsymbol{A}^{-1})^{\mathrm{H}}\boldsymbol{A}^{-1})=\lambda_{\max}((\boldsymbol{A}\boldsymbol{A}^{\mathrm{H}})^{-1})=\frac{1}{\lambda_{\min}(\boldsymbol{A}\boldsymbol{A}^{\mathrm{H}})}=\frac{1}{\lambda_{\min}(\boldsymbol{A}^{\mathrm{H}}\boldsymbol{A})}=\frac{1}{\sigma_n^2}$$

两边开方即得结论成立.

19. $\|\boldsymbol{A}\|_2=8$，$\|\boldsymbol{A}^{-1}\|_2=\frac{1}{2}$，$\mathrm{cond}_2(\boldsymbol{A})=\|\boldsymbol{A}\|_2\|\boldsymbol{A}^{-1}\|_2=4$，$\|\boldsymbol{A}\|_{\mathrm{F}}=\sqrt{8^2+6^2+2^2}=\sqrt{104}$.

20. 解：(1)因为

$$\boldsymbol{A}^{\mathrm{H}}\boldsymbol{A}=\begin{pmatrix}5&0&0\\0&0&0\\0&0&0\end{pmatrix}$$

所以 $\boldsymbol{A}^{\mathrm{H}}\boldsymbol{A}$ 的特征值为 $\lambda_1=5,\lambda_2=0,\lambda_3=0$，对应的特征向量为

$$\boldsymbol{p}_1=\begin{pmatrix}1\\0\\0\end{pmatrix},\boldsymbol{p}_2=\begin{pmatrix}0\\1\\0\end{pmatrix},\boldsymbol{p}_3=\begin{pmatrix}0\\0\\1\end{pmatrix}$$

三个向量均为单位向量，令 $\boldsymbol{V}=(\boldsymbol{p}_1,\boldsymbol{p}_2,\boldsymbol{p}_3)=\boldsymbol{I}$，则

$$\boldsymbol{V}^{\mathrm{H}}\boldsymbol{A}^{\mathrm{H}}\boldsymbol{A}\boldsymbol{V}=\begin{pmatrix}5&&\\&0&\\&&0\end{pmatrix}=\begin{pmatrix}\boldsymbol{\Sigma}^2&&\\&0&\\&&0\end{pmatrix}$$

$\boldsymbol{V}_1=\boldsymbol{p}_1$，计算得

$$\boldsymbol{U}_1=\boldsymbol{A}\boldsymbol{V}_1\boldsymbol{\Sigma}^{-1}=\begin{pmatrix}1&0&0\\2&0&0\end{pmatrix}\begin{pmatrix}1\\0\\0\end{pmatrix}\frac{1}{\sqrt{5}}=\begin{pmatrix}\frac{1}{\sqrt{5}}\\\frac{2}{\sqrt{5}}\end{pmatrix}$$

取 $\boldsymbol{U}_2=\begin{pmatrix}-\frac{2}{\sqrt{5}}\\\frac{1}{\sqrt{5}}\end{pmatrix}$，以使得 $\boldsymbol{U}=(\boldsymbol{U}_1,\boldsymbol{U}_2)$ 是酉矩阵. 故 $\boldsymbol{A}$ 的奇异值分解为

$$\boldsymbol{A}=\boldsymbol{U}(\boldsymbol{\Sigma}\quad\boldsymbol{0})\boldsymbol{V}^{\mathrm{H}}=\begin{pmatrix}\frac{1}{\sqrt{5}}&-\frac{2}{\sqrt{5}}\\\frac{2}{\sqrt{5}}&\frac{1}{\sqrt{5}}\end{pmatrix}\begin{pmatrix}\sqrt{5}&0&0\\0&0&0\end{pmatrix}\begin{pmatrix}1&&\\&1&\\&&1\end{pmatrix}$$

(2)因为

$$\boldsymbol{A}^{\mathrm{H}}\boldsymbol{A}=\begin{pmatrix}2&1\\1&2\end{pmatrix}$$

所以 $\boldsymbol{A}^{\mathrm{H}}\boldsymbol{A}$ 的特征值为 $\lambda_1=3,\lambda_2=1$，对应的特征向量为

$$\boldsymbol{p}_1=\begin{pmatrix}1\\1\end{pmatrix},\boldsymbol{p}_2=\begin{pmatrix}1\\-1\end{pmatrix}$$

标准化得

$$\boldsymbol{V}=\begin{pmatrix}\frac{1}{\sqrt{2}} & \frac{1}{\sqrt{2}}\\ \frac{1}{\sqrt{2}} & -\frac{1}{\sqrt{2}}\end{pmatrix}$$

使得

$$\boldsymbol{V}^{\mathrm{H}}\boldsymbol{A}^{\mathrm{H}}\boldsymbol{A}\boldsymbol{V}=\begin{pmatrix}3 & 0\\ 0 & 1\end{pmatrix}=\boldsymbol{\Sigma}^2$$

$\boldsymbol{V}_1=\boldsymbol{V}$,计算得

$$\boldsymbol{U}_1=\boldsymbol{A}\boldsymbol{V}_1\boldsymbol{\Sigma}^{-1}=\begin{pmatrix}1 & 0\\ 0 & 1\\ 1 & 1\end{pmatrix}\begin{pmatrix}\frac{1}{\sqrt{2}} & \frac{1}{\sqrt{2}}\\ \frac{1}{\sqrt{2}} & -\frac{1}{\sqrt{2}}\end{pmatrix}\begin{pmatrix}\frac{1}{\sqrt{3}} & 0\\ 0 & 1\end{pmatrix}=\begin{pmatrix}\frac{1}{\sqrt{6}} & \frac{1}{\sqrt{2}}\\ \frac{1}{\sqrt{6}} & -\frac{1}{\sqrt{2}}\\ \frac{2}{\sqrt{6}} & 0\end{pmatrix}$$

取 $\boldsymbol{U}_2=\left(-\frac{1}{\sqrt{3}},-\frac{1}{\sqrt{3}},\frac{1}{\sqrt{3}}\right)^{\mathrm{T}}$,以使得 $\boldsymbol{U}=(\boldsymbol{U}_1,\boldsymbol{U}_2)$是酉矩阵.故 $\boldsymbol{A}$ 的奇异值分解为

$$\boldsymbol{A}=\boldsymbol{U}(\boldsymbol{\Sigma}\quad \boldsymbol{0})^{\mathrm{T}}\boldsymbol{V}^{\mathrm{H}}=\begin{pmatrix}\frac{1}{\sqrt{6}} & \frac{1}{\sqrt{2}} & -\frac{1}{\sqrt{3}}\\ \frac{1}{\sqrt{6}} & -\frac{1}{\sqrt{2}} & -\frac{1}{\sqrt{3}}\\ \frac{2}{\sqrt{6}} & 0 & \frac{1}{\sqrt{3}}\end{pmatrix}\begin{pmatrix}\sqrt{3} & 0\\ 0 & 1\\ 0 & 0\end{pmatrix}\begin{pmatrix}\frac{1}{\sqrt{2}} & \frac{1}{\sqrt{2}}\\ \frac{1}{\sqrt{2}} & -\frac{1}{\sqrt{2}}\end{pmatrix}$$

习题 3

1. (1)C.

提示:幂级数 $\sum_{k=1}^{\infty}k^2x^k$ 的收敛半径为 1,因此当 $\|\boldsymbol{A}\|<1$ 时,$\sum_{k=1}^{\infty}k^2\boldsymbol{A}^k$ 绝对收敛.

(2)A.

提示:该题有两种方法,一种方法可以令 $\boldsymbol{B}=\begin{pmatrix}0 & 1\\ 0 & 0\end{pmatrix}$,则 $\boldsymbol{A}=\boldsymbol{B}^{\mathrm{T}}$,$\mathrm{e}^{\boldsymbol{A}}=\mathrm{e}^{\boldsymbol{B}^{\mathrm{T}}}=(\mathrm{e}^{\boldsymbol{B}})^{\mathrm{T}}$,然后再套公式计算;另外一种方法可以直接求出 $\boldsymbol{A}$ 的 Jordan 标准型,然后再套公式计算.

(3)$\rho(\boldsymbol{A})<\frac{1}{2}$.

提示:$\sum_{k=0}^{\infty}2^kx^k=\sum_{k=0}^{\infty}(2x)^k$ 的收敛半径为$\frac{1}{2}$.

(4)$|a|<1$.

提示:$\lim_{k\to\infty}\boldsymbol{A}^k=\boldsymbol{0}$ 的充分必要条件是 $\rho(\boldsymbol{A})<1$,而本题中

$$\rho(\boldsymbol{A})=\max\left\{\frac{1}{2},|a|\right\}<1$$

因此 a 应满足 $|a|<1$.

(5)不正确.

提示：可取 $\boldsymbol{A}$ 为零矩阵，这时 $\cos\boldsymbol{A}=\boldsymbol{I}$ 可逆.

(6)$\boldsymbol{I}$.

提示：Householder 矩阵为对称矩阵，且其特征值为 $-1,1(n-1$ 重)，可以对角化，因此存在正交矩阵 $\boldsymbol{U}$ 使得

$$\boldsymbol{A}=\boldsymbol{U}^{-1}\mathrm{diag}(-1,1,\cdots,1)\boldsymbol{U}$$

因此

$$\cos 2\pi\boldsymbol{A}=\boldsymbol{U}^{-1}\mathrm{diag}(\cos(-2\pi),\cos(2\pi),\cdots,\cos(2\pi))\boldsymbol{U}=\boldsymbol{U}^{-1}\boldsymbol{I}\boldsymbol{U}=\boldsymbol{I}$$

(7)$\boldsymbol{A}^{-1}(\mathrm{e}^{\boldsymbol{A}}-\boldsymbol{I})$.

提示：$\int_0^1 \mathrm{e}^{\boldsymbol{A}t}\,\mathrm{d}t=\boldsymbol{A}^{-1}\mathrm{e}^{\boldsymbol{A}t}\Big|_0^1=\boldsymbol{A}^{-1}(\mathrm{e}^{\boldsymbol{A}}-\boldsymbol{I})$.

2. 解：(1)由于 $\rho(\boldsymbol{A})<\frac{5}{6}<1$，从而 $\lim\limits_{k\to\infty}\boldsymbol{A}^k=\boldsymbol{0}$.

(2)注意到 $\|\boldsymbol{A}\|_1=0.9<1$，所以 $\lim\limits_{k\to\infty}\boldsymbol{A}^k=\boldsymbol{0}$.

3. 证明：注意到 $\|\boldsymbol{A}\|_\infty=0.9<1$，故 $\boldsymbol{A}$ 的谱半径 $\rho(\boldsymbol{A})<1$，可知 $\sum\limits_{k=0}^{\infty}\boldsymbol{A}^k$ 收敛，且

$$\sum_{k=0}^{\infty}\boldsymbol{A}^k=(\boldsymbol{I}-\boldsymbol{A})^{-1}=\begin{pmatrix}0.2 & 0\\ -0.4 & 0.5\end{pmatrix}^{-1}=\begin{pmatrix}5 & 0\\ 4 & 2\end{pmatrix}$$

4. 解：注意到 $\boldsymbol{A}=\boldsymbol{x}\boldsymbol{x}^{\mathrm{H}}$ 为秩 1 矩阵，且 $\rho(\boldsymbol{A})=\boldsymbol{x}^{\mathrm{H}}\boldsymbol{x}$.

$$\left(\frac{\boldsymbol{A}}{\rho(\boldsymbol{A})}\right)^k=\frac{\boldsymbol{A}^k}{\rho^k(\boldsymbol{A})}=\frac{(\boldsymbol{x}\boldsymbol{x}^{\mathrm{H}})^k}{\rho^k(\boldsymbol{A})}=\frac{(\boldsymbol{x}\boldsymbol{x}^{\mathrm{H}})(\boldsymbol{x}\boldsymbol{x}^{\mathrm{H}})\cdots(\boldsymbol{x}\boldsymbol{x}^{\mathrm{H}})}{\rho^k(\boldsymbol{A})}=\frac{(\boldsymbol{x}^{\mathrm{H}}\boldsymbol{x})^{k-1}(\boldsymbol{x}\boldsymbol{x}^{\mathrm{H}})}{\rho^k(\boldsymbol{A})}=\frac{\boldsymbol{A}}{\rho(\boldsymbol{A})}$$

因此矩阵序列 $\left\{\left(\frac{\boldsymbol{A}}{\rho(\boldsymbol{A})}\right)^k\right\}_{k=1}^{\infty}$ 必收敛，且收敛于 $\frac{\boldsymbol{A}}{\rho(\boldsymbol{A})}$.

5. 证法 1：由于 $\rho(\boldsymbol{A})<1$，所以 $\sum\limits_{k=0}^{\infty}\boldsymbol{A}^k$ 必然绝对收敛，且 $\sum\limits_{k=0}^{\infty}\boldsymbol{A}^k=(\boldsymbol{I}-\boldsymbol{A})^{-1}$.

取 $\boldsymbol{P}=\boldsymbol{A},\boldsymbol{Q}=(\boldsymbol{I}-\boldsymbol{A})^{-1}$，则有 $\boldsymbol{P}(\sum\limits_{k=1}^{\infty}\boldsymbol{A}^k)\boldsymbol{Q}=\boldsymbol{A}(\boldsymbol{I}-\boldsymbol{A})^{-2}$. 注意到

$$\boldsymbol{P}(\sum_{k=1}^{\infty}\boldsymbol{A}^k)\boldsymbol{Q}=\sum_{k=1}^{\infty}\boldsymbol{P}\boldsymbol{A}^k\boldsymbol{Q}=\sum_{k=1}^{\infty}(\boldsymbol{A}\boldsymbol{A}^k\sum_{n=0}^{\infty}\boldsymbol{A}^n)=\sum_{k=0}^{\infty}(\boldsymbol{A}^{k+1}\sum_{n=0}^{\infty}\boldsymbol{A}^n)$$

当 $k=0$ 时，$\boldsymbol{A}(\boldsymbol{I}+\boldsymbol{A}+\boldsymbol{A}^2+\cdots)=\boldsymbol{A}+\boldsymbol{A}^2+\boldsymbol{A}^3+\cdots$,

当 $k=1$ 时，$\boldsymbol{A}^2(\boldsymbol{I}+\boldsymbol{A}+\boldsymbol{A}^2+\cdots)=\boldsymbol{A}^2+\boldsymbol{A}^3+\boldsymbol{A}^4+\cdots$,

当 $k=2$ 时，$\boldsymbol{A}^3(\boldsymbol{I}+\boldsymbol{A}+\boldsymbol{A}^2+\cdots)=\boldsymbol{A}^3+\boldsymbol{A}^4+\boldsymbol{A}^5+\cdots$,

⋮

由绝对收敛的矩阵级数的性质，可得

$$\boldsymbol{A}+2\boldsymbol{A}^2+3\boldsymbol{A}^3+\cdots+k\boldsymbol{A}^k+\cdots=\sum_{k=1}^{\infty}k\boldsymbol{A}^k=\boldsymbol{A}(\boldsymbol{I}-\boldsymbol{A})^{-2}$$

证法 2：由于 $\rho(\boldsymbol{A}) < 1$，所以 $\sum_{k=0}^{\infty} \boldsymbol{A}^k$ 必然绝对收敛，且

$$\boldsymbol{A}\Big(\sum_{k=0}^{\infty}\boldsymbol{A}^k\Big) = \boldsymbol{A}(\boldsymbol{I}-\boldsymbol{A})^{-1}$$

$$\boldsymbol{A}^2\Big(\sum_{k=0}^{\infty}\boldsymbol{A}^k\Big) = \boldsymbol{A}(\boldsymbol{I}-\boldsymbol{A})^{-1}\boldsymbol{A}$$

$$\boldsymbol{A}^3\Big(\sum_{k=0}^{\infty}\boldsymbol{A}^k\Big) = \boldsymbol{A}(\boldsymbol{I}-\boldsymbol{A})^{-1}\boldsymbol{A}^2$$

$$\vdots$$

如此继续将左右两端的无穷项相加，由矩阵幂级数收敛定理可得

$$\sum_{k=1}^{\infty} k\boldsymbol{A}^k = \sum_{k=0}^{\infty}\Big(\boldsymbol{A}^{k+1}\sum_{n=0}^{\infty}\boldsymbol{A}^n\Big) = \boldsymbol{A}(\boldsymbol{I}-\boldsymbol{A})^{-1}\Big(\sum_{k=0}^{\infty}\boldsymbol{A}^k\Big) = \boldsymbol{A}(\boldsymbol{I}-\boldsymbol{A})^{-2}$$

6. 证明：(1)设 $\boldsymbol{A}=\boldsymbol{TJT}^{-1}$，其中 $\boldsymbol{J}$ 为 Jordan 标准型，则 $\mathrm{e}^{\boldsymbol{A}}=\boldsymbol{T}\mathrm{e}^{\boldsymbol{J}}\boldsymbol{T}^{-1}$，因此有

$$\det(\mathrm{e}^{\boldsymbol{A}}) = \det \boldsymbol{J}\cdot\det \mathrm{e}^{\boldsymbol{J}}\cdot\det \boldsymbol{T}^{-1} = \det \mathrm{e}^{\boldsymbol{J}} = \prod_{i=1}^{n}\mathrm{e}^{\lambda_i} = \mathrm{e}^{\lambda_1+\cdots+\lambda_n} = \mathrm{e}^{\mathrm{tr}\,\boldsymbol{A}}$$

上式中 λ_i 表示 $\boldsymbol{A}$ 的特征值.

(2)$\mathrm{e}^{\boldsymbol{A}}\cdot\mathrm{e}^{-\boldsymbol{A}}=\mathrm{e}^{\boldsymbol{A}-\boldsymbol{A}}=\mathrm{e}^0=\boldsymbol{I}$，所以 $(\mathrm{e}^{\boldsymbol{A}})^{-1}=\mathrm{e}^{-\boldsymbol{A}}$ 成立.

(3) 由 $\|\boldsymbol{S}_N\| = \Big\|\sum_{k=0}^{N}\frac{1}{k!}\boldsymbol{A}^k\Big\| \leqslant \sum_{k=0}^{N}\frac{1}{k!}\|\boldsymbol{A}\|^k$，则 $N\to\infty$ 时，有 $\|\mathrm{e}^{\boldsymbol{A}}\|\leqslant \mathrm{e}^{\|\boldsymbol{A}\|}$.

(4) 因为 $(\mathrm{e}^{\mathrm{i}\boldsymbol{A}})^{\mathrm{H}} = \mathrm{e}^{(\mathrm{i}\boldsymbol{A})^{\mathrm{H}}} = \mathrm{e}^{-\mathrm{i}\boldsymbol{A}^{\mathrm{H}}} = \mathrm{e}^{-\mathrm{i}\boldsymbol{A}}$，故 $(\mathrm{e}^{\mathrm{i}\boldsymbol{A}})^{\mathrm{H}}\mathrm{e}^{\mathrm{i}\boldsymbol{A}} = \mathrm{e}^{-\mathrm{i}\boldsymbol{A}}\mathrm{e}^{\mathrm{i}\boldsymbol{A}} = \mathrm{e}^{\mathrm{i}(\boldsymbol{A}-\boldsymbol{A})} = \mathrm{e}^0 = \boldsymbol{I}$，则 $\mathrm{e}^{\mathrm{i}\boldsymbol{A}}$ 是酉矩阵.

(5) 因为 $(\mathrm{e}^{\boldsymbol{A}})^{\mathrm{T}} = \mathrm{e}^{\boldsymbol{A}^{\mathrm{T}}} = \mathrm{e}^{-\boldsymbol{A}}$，故 $(\mathrm{e}^{\boldsymbol{A}})^{\mathrm{T}}\mathrm{e}^{\boldsymbol{A}} = \mathrm{e}^{-\boldsymbol{A}}\mathrm{e}^{\boldsymbol{A}} = \mathrm{e}^{(\boldsymbol{A}-\boldsymbol{A})} = \mathrm{e}^0 = \boldsymbol{I}$，则 $\mathrm{e}^{\boldsymbol{A}}$ 是正交矩阵.

7. 解：设 $f(\boldsymbol{A}) = \sum_{k=0}^{\infty} a_k\boldsymbol{A}^k$，则

$$f(\boldsymbol{A}^{\mathrm{T}}) = \sum_{k=0}^{\infty}a_k(\boldsymbol{A}^{\mathrm{T}})^k = \Big[\sum_{k=0}^{\infty}a_k(\boldsymbol{A})^k\Big]^{\mathrm{T}} = [f(\boldsymbol{A})]^{\mathrm{T}}$$

注意到，$\boldsymbol{A}^{\mathrm{T}} = \begin{pmatrix} 1 & 1 & & \\ & 1 & 1 & \\ & & 1 & 1 \\ & & & 1 \end{pmatrix}$，则

$$\mathrm{e}^{\boldsymbol{A}^{\mathrm{T}}t} = \begin{pmatrix} \mathrm{e}^t & t\mathrm{e}^t & \frac{t^2}{2}\mathrm{e}^t & \frac{t^3}{6}\mathrm{e}^t \\ & \mathrm{e}^t & t\mathrm{e}^t & \frac{t^2}{2}\mathrm{e}^t \\ & & \mathrm{e}^t & t\mathrm{e}^t \\ & & & \mathrm{e}^t \end{pmatrix}, \mathrm{e}^{\boldsymbol{A}t} = (\mathrm{e}^{\boldsymbol{A}^{\mathrm{T}}t})^{\mathrm{T}} = \begin{pmatrix} \mathrm{e}^t & & & \\ t\mathrm{e}^t & \mathrm{e}^t & & \\ \frac{t^2}{2}\mathrm{e}^t & t\mathrm{e}^t & \mathrm{e}^t & \\ \frac{t^3}{6}\mathrm{e}^t & \frac{t^2}{2}\mathrm{e}^t & t\mathrm{e}^t & \mathrm{e}^t \end{pmatrix}$$

同理

$$\sin tA=\begin{pmatrix}\sin t & & & \\ t\cos t & \sin t & & \\ -\frac{t^2}{2}\sin t & t\cos t & \sin t & \\ -\frac{t^3}{6}\cos t & -\frac{t^2}{2}\sin t & t\cos t & \sin t\end{pmatrix}$$

8. 解：原矩阵 A 包括两个不同阶数的 Jordan 块，分别是

$$J_1=\begin{pmatrix}2 & 1\\ 0 & 2\end{pmatrix},J_2=\begin{pmatrix}3 & 1 & 0\\ 0 & 3 & 1\\ 0 & 0 & 3\end{pmatrix}$$

又因为 $f(z)=6z^3+z+4$，所以取 $\lambda_1=2,\lambda_2=3$

$$f(J_1)=\begin{pmatrix}f(\lambda_1) & f'(\lambda_1)\\ & f(\lambda_1)\end{pmatrix}=\begin{pmatrix}54 & 73\\ & 54\end{pmatrix}$$

$$f(J_2)=\begin{pmatrix}f(\lambda_2) & f'(\lambda_2) & \frac{1}{2}f''(\lambda_2)\\ & f(\lambda_2) & f'(\lambda_2)\\ & & f(\lambda_2)\end{pmatrix}=\begin{pmatrix}169 & 163 & 54\\ & 169 & 163\\ & & 169\end{pmatrix}$$

综上得到

$$f(A)=\begin{pmatrix}54 & 73 & & & \\ & 54 & & & \\ & & 169 & 163 & 54\\ & & & 169 & 163\\ & & & & 169\end{pmatrix}$$

9. 解：对 A 进行 Jordan 分解可得

$$A=\begin{pmatrix}-3 & -1 & 1\\ 1 & -1 & 1\\ 1 & 2 & 1\end{pmatrix}\begin{pmatrix}1 & 0 & 0\\ 0 & 2 & 0\\ 0 & 0 & 5\end{pmatrix}\begin{pmatrix}-\frac{1}{4} & \frac{1}{4} & 0\\ 0 & -\frac{1}{3} & \frac{1}{3}\\ \frac{1}{4} & \frac{1}{12} & \frac{1}{6}\end{pmatrix}$$

所以

$$\cos A=\begin{pmatrix}-3 & -1 & 1\\ 1 & -1 & 1\\ 1 & 2 & 1\end{pmatrix}\begin{pmatrix}\cos 1 & 0 & 0\\ 0 & \cos 2 & 0\\ 0 & 0 & \cos 5\end{pmatrix}\begin{pmatrix}-\frac{1}{4} & \frac{1}{4} & 0\\ 0 & -\frac{1}{3} & \frac{1}{3}\\ \frac{1}{4} & \frac{1}{12} & \frac{1}{6}\end{pmatrix}$$

$$
=\begin{bmatrix}
\frac{3}{4}\cos 1+\frac{1}{4}\cos 5 & \frac{3}{4}\cos 1+\frac{1}{3}\cos 2+\frac{1}{12}\cos 5 & -\frac{1}{3}\cos 2+\frac{1}{6}\cos 5 \\
-\frac{1}{4}\cos 1+\frac{1}{4}\cos 5 & \frac{1}{4}\cos 1+\frac{1}{3}\cos 2+\frac{1}{12}\cos 5 & -\frac{1}{3}\cos 2+\frac{1}{6}\cos 5 \\
-\frac{1}{4}\cos 1+\frac{1}{4}\cos 5 & \frac{1}{4}\cos 1-\frac{2}{3}\cos 2+\frac{1}{12}\cos 5 & \frac{2}{3}\cos 2+\frac{1}{6}\cos 5
\end{bmatrix}
$$

矩阵 $\boldsymbol{B}$ 已是 Jordan 标准型形式，直接套用公式可得

$$
\mathrm{e}^{\boldsymbol{B}t}=\begin{bmatrix}
\mathrm{e}^{2t} & & & \\
 & \mathrm{e}^{2t} & t\mathrm{e}^{2t} & \frac{t^2}{2}\mathrm{e}^{2t} \\
 & & \mathrm{e}^{2t} & t\mathrm{e}^{2t} \\
 & & & \mathrm{e}^{2t}
\end{bmatrix}
$$

10. 解：(1)矩阵 $\boldsymbol{A}$ 的特征多项式为 $\det(\lambda\boldsymbol{I}-\boldsymbol{A})=(\lambda-1)(\lambda-2)(\lambda-5)$，所以可设 $q(\lambda)=b_2\lambda^2+b_1\lambda+b_0$，$f(\lambda)=\cos\lambda$，则有

$$
\begin{cases}
q(1)=b_2+b_1+b_0=\cos 1 \\
q(2)=4b_2+2b_1+b_0=\cos 2 \\
q(5)=25b_2+5b_1+b_0=\cos 5
\end{cases}
$$

求解该方程组可得

$$
(b_2,b_1,b_0)=\left(\frac{1}{4}\cos 1-\frac{1}{3}\cos 2+\frac{1}{12}\cos 5,-\frac{7}{4}\cos 1+2\cos 2-\frac{1}{4}\cos 5,\frac{5}{2}\cos 1-\frac{5}{3}\cos 2+\frac{1}{6}\cos 5\right)
$$

则

$$
\cos\boldsymbol{A}=b_2\boldsymbol{A}^2+b_1\boldsymbol{A}+b_0\boldsymbol{I}
$$

$$
=\begin{bmatrix}
\frac{3}{4}\cos 1+\frac{1}{4}\cos 5 & \frac{3}{4}\cos 1+\frac{1}{3}\cos 2+\frac{1}{12}\cos 5 & -\frac{1}{3}\cos 2+\frac{1}{6}\cos 5 \\
-\frac{1}{4}\cos 1+\frac{1}{4}\cos 5 & \frac{1}{4}\cos 1+\frac{1}{3}\cos 2+\frac{1}{12}\cos 5 & -\frac{1}{3}\cos 2+\frac{1}{6}\cos 5 \\
-\frac{1}{4}\cos 1+\frac{1}{4}\cos 5 & \frac{1}{4}\cos 1-\frac{2}{3}\cos 2+\frac{1}{12}\cos 5 & \frac{2}{3}\cos 2+\frac{1}{6}\cos 5
\end{bmatrix}
$$

(2)此题若利用矩阵 $\boldsymbol{B}$ 的最小多项式，且其次数低于 $\boldsymbol{B}$ 的特征多项式的次数，则计算就简便一些了. 由于已知 $\boldsymbol{B}$ 的 Jordan 标准型

$$
\boldsymbol{J}=\begin{bmatrix}
2 & & & \\
 & 2 & 1 & \\
 & & 2 & 1 \\
 & & & 2
\end{bmatrix}
$$

于是矩阵 $\boldsymbol{B}$ 的最小多项式为 $m_{\boldsymbol{B}}=(\lambda-2)^3$. 设 $q(\lambda)=b_2\lambda^2+b_1\lambda+b_0$，因此，有

$$\begin{cases} q(2)=4b_2+2b_1+b_0=e^{2t} \\ q'(2)=4b_2+b_1=te^{2t} \\ q''(2)=2b_2=t^2e^{2t} \end{cases}$$

解得 $\begin{cases} b_0=(1-2t+2t^2)e^{2t} \\ b_1=(1-2t)te^{2t} \\ b_2=\dfrac{t^2}{2}e^{2t} \end{cases}$.

于是 $e^{Bt}=b_2A^2+b_1A+b_0I=\begin{bmatrix} e^{2t} & & & \\ & e^{2t} & te^{2t} & \dfrac{t^2}{2}e^{2t} \\ & & e^{2t} & te^{2t} \\ & & & e^{2t} \end{bmatrix}$.

11. 证明:根据矩阵函数的性质

$$\sin^2 A=\left[\frac{1}{2i}(e^{iA}-e^{-iA})\right]^2=-\frac{1}{4}(e^{2iA}+e^{-2iA}-2I_n)$$

$$\cos^2 A=\left[\frac{1}{2}(e^{iA}+e^{-iA})\right]^2=\frac{1}{4}(e^{2iA}+e^{-2iA}+2I_n)$$

因此,两式相加便可得结论成立,证毕.

12. 解:取

$$\begin{aligned} f(\boldsymbol{x})&=\|\boldsymbol{Ax}-\boldsymbol{b}\|_2^2=(\boldsymbol{Ax}-\boldsymbol{b})^{\mathrm{T}}(\boldsymbol{Ax}-\boldsymbol{b}) \\ &=\boldsymbol{x}^{\mathrm{T}}\boldsymbol{A}^{\mathrm{T}}\boldsymbol{Ax}-\boldsymbol{x}^{\mathrm{T}}\boldsymbol{A}^{\mathrm{T}}\boldsymbol{b}-\boldsymbol{b}^{\mathrm{T}}\boldsymbol{Ax}+\boldsymbol{b}^{\mathrm{T}}\boldsymbol{b} \end{aligned}$$

则 $\dfrac{df(\boldsymbol{x})}{d\boldsymbol{x}}=2\boldsymbol{A}^{\mathrm{T}}\boldsymbol{Ax}-\boldsymbol{A}^{\mathrm{T}}\boldsymbol{b}-(\boldsymbol{b}^{\mathrm{T}}\boldsymbol{A})^{\mathrm{T}}=2(\boldsymbol{A}^{\mathrm{T}}\boldsymbol{Ax}-\boldsymbol{A}^{\mathrm{T}}\boldsymbol{b})$. 若向量 $\boldsymbol{x}^{(0)}$ 称为 $f(\boldsymbol{x})$ 的极小点,则应有

$$\left.\frac{df(\boldsymbol{x})}{d\boldsymbol{x}}\right|_{\boldsymbol{x}=\boldsymbol{x}^{(0)}}=2(\boldsymbol{A}^{\mathrm{T}}\boldsymbol{Ax}^{(0)}-\boldsymbol{A}^{\mathrm{T}}\boldsymbol{b})=\boldsymbol{O}$$

即 $\boldsymbol{A}^{\mathrm{T}}\boldsymbol{Ax}^{(0)}=\boldsymbol{A}^{\mathrm{T}}\boldsymbol{b}$.

又 $\dfrac{d^2f(\boldsymbol{x})}{d\boldsymbol{x}^2}=\dfrac{d}{d\boldsymbol{x}}\left(\dfrac{df(\boldsymbol{x})}{d\boldsymbol{x}}\right)=2\boldsymbol{A}^{\mathrm{T}}\boldsymbol{A}$,而 $\boldsymbol{A}^{\mathrm{T}}\boldsymbol{A}$ 是半正定矩阵,故 $\boldsymbol{x}^{(0)}$ 称为 $f(\boldsymbol{x})$ 的极小点,从而是最小点,它满足 $\boldsymbol{A}^{\mathrm{T}}\boldsymbol{Ax}^{(0)}=\boldsymbol{A}^{\mathrm{T}}\boldsymbol{b}$,称之为 $\boldsymbol{Ax}=\boldsymbol{b}$ 的法方程.

13. 解:$\displaystyle\int_0^1 A(x)dx=\int_0^1\begin{bmatrix} x & \sin\pi x \\ 1 & -x \end{bmatrix}dx=\begin{bmatrix} \int_0^1 x dx & \int_0^1 \sin\pi x dx \\ \int_0^1 1dx & \int_0^1(-x)dx \end{bmatrix}=\begin{bmatrix} \dfrac{1}{2} & \dfrac{2}{\pi} \\ 1 & -\dfrac{1}{2} \end{bmatrix}$.

14. 解:$\dfrac{d\int_0^{t^2} A(x)dx}{dt}=A(t^2)\cdot 2t=2t\begin{bmatrix} \sin t^2 & -\cos t^2 \\ \cos t^2 & \sin t^2 \end{bmatrix}$.

15. 解：$\boldsymbol{A}=\begin{pmatrix}2&0&0\\1&1&1\\1&-1&3\end{pmatrix}$，$\det(\lambda\boldsymbol{I}-\boldsymbol{A})=\begin{vmatrix}\lambda-2&0&0\\-1&\lambda-1&-1\\-1&1&\lambda-3\end{vmatrix}=(\lambda-2)^3=0$，其代数重复度为 3，几何重复度为 2. 因此其 Jordan 矩阵为 $\boldsymbol{J}=\begin{pmatrix}2&0&0\\&2&1\\&&2\end{pmatrix}$，解得对应于特征值的两个线性无关的特征向量为

$$\boldsymbol{\xi}_1=\begin{pmatrix}1\\1\\0\end{pmatrix},\boldsymbol{\xi}_2=\begin{pmatrix}1\\0\\-1\end{pmatrix}$$

令 $\boldsymbol{\eta}_1=\boldsymbol{\xi}_1=\begin{pmatrix}1\\1\\0\end{pmatrix}$，$\boldsymbol{\eta}_2^1=k_1\boldsymbol{\xi}_1+k_2\boldsymbol{\xi}_2$，则

$$(\boldsymbol{A}-2\boldsymbol{I},\boldsymbol{\eta}_2^1)=\begin{pmatrix}0&0&0&k_1+k_2\\1&-1&1&k_1\\1&-1&1&-k_2\end{pmatrix}$$

求得 $k_1=-k_2$，不妨令 $k_1=-k_2=1$，则 $\boldsymbol{\eta}_2^1=\begin{pmatrix}0\\1\\1\end{pmatrix}$，代入得到 $\boldsymbol{\eta}_2^2=\begin{pmatrix}0\\0\\1\end{pmatrix}$，则 $\boldsymbol{T}=\begin{pmatrix}1&0&0\\1&1&0\\0&1&1\end{pmatrix}$，因此，$\boldsymbol{T}^{-1}=\begin{pmatrix}1&0&0\\-1&1&0\\1&-1&1\end{pmatrix}$，从而

$$\boldsymbol{A}=\boldsymbol{T}\boldsymbol{J}\boldsymbol{T}^{-1}$$

$$\boldsymbol{X}(t)=\mathrm{e}^{\boldsymbol{A}t}\boldsymbol{X}(0)=\begin{pmatrix}1&0&0\\1&1&0\\0&1&1\end{pmatrix}\begin{pmatrix}\mathrm{e}^{2t}&&\\&\mathrm{e}^{2t}&t\mathrm{e}^{2t}\\&&\mathrm{e}^{2t}\end{pmatrix}\begin{pmatrix}1&0&0\\-1&1&0\\1&-1&1\end{pmatrix}\begin{pmatrix}1\\1\\1\end{pmatrix}=\begin{pmatrix}\mathrm{e}^{2t}\\t\mathrm{e}^{2t}+\mathrm{e}^{2t}\\t\mathrm{e}^{2t}+\mathrm{e}^{2t}\end{pmatrix}$$

16. 解：该问题的解为

$$\boldsymbol{X}(t)=\mathrm{e}^{\boldsymbol{A}t}\boldsymbol{X}(0)+\int_0^t\mathrm{e}^{\boldsymbol{A}(t-\tau)}\boldsymbol{F}(\tau)\mathrm{d}\tau$$

其中

$$\boldsymbol{A}=\begin{pmatrix}-2&1&0\\-4&2&0\\1&0&1\end{pmatrix},\boldsymbol{F}=\begin{pmatrix}1\\2\\\mathrm{e}^t-1\end{pmatrix}$$

容易求得 $\det(\lambda\boldsymbol{I}-\boldsymbol{A})=\lambda^2(\lambda-1)$，从而可求得其特征值为 $\lambda_1=1,\lambda_2=0$（2 重）. 由于 $\mathrm{rank}(\lambda_2\boldsymbol{I}-\boldsymbol{A})=2$，所以其几何重复度为 $3-2=1$，因此 $\boldsymbol{A}$ 的 Jordan 标准型为

$$\boldsymbol{J}=\begin{pmatrix}0 & 1 & 0\\0 & 0 & 0\\0 & 0 & 1\end{pmatrix}$$

再求得其变换矩阵

$$\boldsymbol{T}=\begin{pmatrix}-2 & 1 & 0\\-4 & 0 & 0\\2 & 1 & -1\end{pmatrix}$$

其逆为

$$\boldsymbol{T}^{-1}=\begin{pmatrix}0 & -\frac{1}{4} & 0\\1 & -\frac{1}{2} & 0\\1 & -1 & -1\end{pmatrix}$$

因此

$$\mathrm{e}^{\boldsymbol{A}t}\boldsymbol{X}(0)=\boldsymbol{T}\begin{pmatrix}\mathrm{e}^0 & t\mathrm{e}^0 & 0\\0 & \mathrm{e}^0 & 0\\0 & 0 & \mathrm{e}^t\end{pmatrix}\boldsymbol{T}^{-1}\boldsymbol{X}(0)$$

$$=\begin{pmatrix}-2 & 1 & 0\\-4 & 0 & 0\\2 & 1 & -1\end{pmatrix}\begin{pmatrix}\mathrm{e}^0 & t\mathrm{e}^0 & 0\\0 & \mathrm{e}^0 & 0\\0 & 0 & \mathrm{e}^t\end{pmatrix}\begin{pmatrix}0 & -\frac{1}{4} & 0\\1 & -\frac{1}{2} & 0\\1 & -1 & -1\end{pmatrix}\begin{pmatrix}1\\1\\-1\end{pmatrix}$$

$$=(1-t,1-2t,t-\mathrm{e}^t)^{\mathrm{T}}$$

同理

$$\mathrm{e}^{\boldsymbol{A}(t-\tau)}\boldsymbol{F}(\tau)=\boldsymbol{T}\begin{pmatrix}\mathrm{e}^0 & (t-\tau)\mathrm{e}^0 & 0\\0 & \mathrm{e}^0 & 0\\0 & 0 & \mathrm{e}^{t-\tau}\end{pmatrix}\boldsymbol{T}^{-1}\boldsymbol{F}(\tau)$$

$$=\begin{pmatrix}-2 & 1 & 0\\-4 & 0 & 0\\2 & 1 & -1\end{pmatrix}\begin{pmatrix}\mathrm{e}^0 & (t-\tau)\mathrm{e}^0 & 0\\0 & \mathrm{e}^0 & 0\\0 & 0 & \mathrm{e}^{t-\tau}\end{pmatrix}\begin{pmatrix}0 & -\frac{1}{4} & 0\\1 & -\frac{1}{2} & 0\\1 & -1 & -1\end{pmatrix}\begin{pmatrix}1\\2\\\mathrm{e}^{\tau}-1\end{pmatrix}$$

$$=(1,2,\mathrm{e}^{t-\tau}-1+\mathrm{e}^{t-\tau}(\mathrm{e}^{\tau}-1))^{\mathrm{T}}$$

对变量 τ 积分可得

$$\int_0^t \mathrm{e}^{\boldsymbol{A}(t-\tau)}\boldsymbol{F}(\tau)\mathrm{d}\tau=(t,2t,t(\mathrm{e}^t-1))^{\mathrm{T}}$$

这样便得到解

$$\boldsymbol{X}(t)=\mathrm{e}^{\boldsymbol{A}t}\boldsymbol{X}(0)+\int_0^t \mathrm{e}^{\boldsymbol{A}(t-\tau)}\boldsymbol{F}(\tau)\mathrm{d}\tau=(1,1,\mathrm{e}^t(t-1))^{\mathrm{T}}$$

习题 4

1. (1)不正确.

(2)不正确.提示:对含重根的非线性方程不成立.

(3)正确.

(4)B.局部超线性收敛速,收敛速度为 1.618.

(5)C.

(6)$0<\beta<1/\sqrt{7}$.提示:令$|\varphi'(\sqrt{7})|<1$,求解不等式可得结果.

(7)$\dfrac{1}{3x_k^2-2x_k-1}$.提示:Newton 迭代法.

(8)17.提示:令$\dfrac{3-2}{2^{n+1}}<\dfrac{1}{2}\times 10^{-5}$,求解可得 $n\geqslant 17$.

(9)1;$x-\dfrac{5x-\mathrm{e}^x}{5-\mathrm{e}^x}$,2.

(10)$|a|<1$.

2. 解:迭代改善后得到近似解为 $\boldsymbol{x}^*=(1.581,1.895,-1.949)^{\mathrm{T}}$.

3. 解:选定初值 $\boldsymbol{x}^{(0)}=(0,0,0)^{\mathrm{T}}$.对于 Jacobi 迭代法,通过迭代公式,迭代 22 步之后得到近似解为

$$(-4.000\,002\,394\,995\,230,3.000\,001\,237\,198\,884,2.000\,001\,801\,426\,436)^{\mathrm{T}}$$

若用 Gauss-Seidel 迭代法求解,则只需要迭代 10 步就可得近似解

$$(-3.999\,993\,547\,602\,905,3.000\,000\,818\,712\,372,1.999\,998\,955\,134\,292)^{\mathrm{T}}$$

4. 略.

5. 证明:(1)先作矩阵分解 $\boldsymbol{A}=\boldsymbol{D}-\boldsymbol{L}-\boldsymbol{U}$.

Jacobi 迭代公式的矩阵形式 $\boldsymbol{x}_{n+1}=\boldsymbol{D}^{-1}(\boldsymbol{L}+\boldsymbol{U})\boldsymbol{x}_n+\boldsymbol{D}^{-1}\boldsymbol{b}$,其中

$$\boldsymbol{B}_{\mathrm{J}}=\boldsymbol{D}^{-1}(\boldsymbol{L}+\boldsymbol{U})=\begin{pmatrix} 0 & -\dfrac{a_{12}}{a_{11}} \\ -\dfrac{a_{21}}{a_{22}} & 0 \end{pmatrix}$$

由$|\lambda\boldsymbol{I}-\boldsymbol{B}_{\mathrm{J}}|=0$ 得 $\lambda^2=\dfrac{a_{12}a_{21}}{a_{11}a_{22}}$,解之得

$$|\lambda^2|=|\lambda|^2=\left|\frac{a_{12}a_{21}}{a_{11}a_{22}}\right|$$

由迭代收敛的充分必要条件 $\rho(\boldsymbol{B}_{\mathrm{J}})<1$ 得到$|\lambda|<1$,$|\lambda|^2<1$,$\left|\dfrac{a_{12}a_{21}}{a_{11}a_{22}}\right|<1$.

Gauss-Seidel 迭代公式的矩阵形式 $\boldsymbol{x}_{n+1}=(\boldsymbol{D}-\boldsymbol{L})^{-1}\boldsymbol{U}\boldsymbol{x}_n+(\boldsymbol{D}-\boldsymbol{L})^{-1}\boldsymbol{b}$,其中

$$\boldsymbol{B}_{\mathrm{G}}=(\boldsymbol{D}-\boldsymbol{L})^{-1}\boldsymbol{U}=\begin{pmatrix}a_{11}&0\\a_{21}&a_{22}\end{pmatrix}^{-1}\begin{pmatrix}0&-a_{12}\\0&0\end{pmatrix}=\begin{pmatrix}0&-\dfrac{a_{12}}{a_{11}}\\0&-\dfrac{a_{12}a_{21}}{a_{11}a_{22}}\end{pmatrix}$$

由 $|\lambda\boldsymbol{I}-\boldsymbol{B}_{\mathrm{G}}|=0$ 得 $\lambda\left(\lambda-\dfrac{a_{12}a_{21}}{a_{11}a_{22}}\right)=0$,解之得 $\lambda_1=0,\lambda_2=\dfrac{a_{12}a_{21}}{a_{11}a_{22}}$.由迭代收敛的充分必要条件 $\rho(\boldsymbol{B}_{\mathrm{G}})=|\lambda_2|<1$ 可得 $\left|\dfrac{a_{12}a_{21}}{a_{11}a_{22}}\right|<1$.

(2)显然,$\left|\dfrac{a_{12}a_{21}}{a_{11}a_{22}}\right|<1$,二者都收敛,反之都发散.

6. 解:(1)Jacobi 迭代公式的矩阵形式 $\boldsymbol{x}_{n+1}=\boldsymbol{D}^{-1}(\boldsymbol{L}+\boldsymbol{U})\boldsymbol{x}_n+\boldsymbol{D}^{-1}\boldsymbol{b}$,其中

$$\boldsymbol{B}_{\mathrm{J}}=\boldsymbol{D}^{-1}(\boldsymbol{L}+\boldsymbol{U})=\begin{pmatrix}\frac{1}{3}&&\\&\frac{1}{4}&\\&&-1\end{pmatrix}\begin{pmatrix}0&-7&-1\\0&0&-(t+1)\\0&t-1&0\end{pmatrix}=\begin{pmatrix}0&-\frac{7}{3}&-\frac{1}{3}\\0&0&-\frac{t+1}{4}\\0&-t+1&0\end{pmatrix}$$

(2)由 $|\lambda\boldsymbol{I}-\boldsymbol{B}_{\mathrm{J}}|=0$ 得到 $\lambda\left(\lambda^2-\dfrac{t^2-1}{4}\right)=0$,从而根据迭代收敛的充分必要条件 $\rho(\boldsymbol{B}_{\mathrm{J}})<1$ 可得 $\left|\dfrac{t^2-1}{4}\right|<1$,求解可得 $|t|<\sqrt{5}$.

7. 解:Gauss-Seidel 迭代公式的矩阵形式 $\boldsymbol{x}_{n+1}=(\boldsymbol{D}-\boldsymbol{L})^{-1}\boldsymbol{U}\boldsymbol{x}_n+(\boldsymbol{D}-\boldsymbol{L})^{-1}\boldsymbol{b}$,其中

$$\boldsymbol{B}_{\mathrm{G}}=(\boldsymbol{D}-\boldsymbol{L})^{-1}\boldsymbol{U}=\begin{pmatrix}t&&\\\frac{1}{t}&t&\\\frac{1}{t}&0&t\end{pmatrix}^{-1}\begin{pmatrix}0&-1&-1\\&0&0\\&&0\end{pmatrix}=\begin{pmatrix}0&-\frac{1}{t}&-\frac{1}{t}\\0&\frac{1}{t^3}&\frac{1}{t^3}\\0&\frac{1}{t^3}&\frac{1}{t^3}\end{pmatrix}$$

由 $|\lambda\boldsymbol{I}-\boldsymbol{B}_{\mathrm{G}}|=0$ 得到 $\lambda\left(\lambda-\dfrac{1}{t^3}\right)^2-\dfrac{\lambda}{t^6}=0$,从而根据迭代收敛的充分必要条件 $\rho(\boldsymbol{B}_{\mathrm{G}})<1$ 可得 $\left|\dfrac{2}{t^3}\right|<1$,求解可得 $|t|>\sqrt[3]{2}$.

8. 证明:先作矩阵分解 $\boldsymbol{A}=\boldsymbol{D}-\boldsymbol{L}-\boldsymbol{U}$.

(1)Jacobi 迭代公式的矩阵形式 $\boldsymbol{x}_{n+1}=\boldsymbol{B}_{\mathrm{J}}\boldsymbol{x}_n+\boldsymbol{D}^{-1}\boldsymbol{b}$,其中

$$\boldsymbol{B}_{\mathrm{J}}=\boldsymbol{D}^{-1}(\boldsymbol{L}+\boldsymbol{U})$$

由 $|\lambda\boldsymbol{I}-\boldsymbol{B}_{\mathrm{J}}|=\lambda^3+\dfrac{5}{4}\lambda=0$,解得 $\rho(\boldsymbol{B}_{\mathrm{J}})=\dfrac{\sqrt{5}}{2}>1$,于是 Jacobi 迭代法求解发散.

Gauss-Seidel 迭代公式的矩阵形式 $\boldsymbol{x}_{n+1}=\boldsymbol{B}_{\mathrm{G}}\boldsymbol{x}_n+\boldsymbol{D}^{-1}\boldsymbol{b}$,其中

$$\boldsymbol{B}_{\mathrm{G}}=(\boldsymbol{D}-\boldsymbol{L})^{-1}\boldsymbol{U}$$

由 $|\lambda\boldsymbol{I}-\boldsymbol{B}_{\mathrm{G}}|=\lambda\left(\lambda+\dfrac{1}{2}\right)^2=0$,解得 $\rho(\boldsymbol{B}_{\mathrm{G}})=\dfrac{1}{2}<1$,于是 Gauss-Seidel 迭代法求解收敛.

取终止条件为$\max\limits_{1\leqslant i\leqslant 3}|\boldsymbol{x}_i^{k+1}-\boldsymbol{x}_i^k|<10^{-5}$，初值条件为零向量，则迭代 18 步后可得近似解为$(0.666\ 664,0.333\ 336,0)^{\mathrm{T}}$.

注：本题的精确解为 $\boldsymbol{x}=\left(\dfrac{2}{3},\dfrac{1}{3},0\right)^{\mathrm{T}}$.

(2)与(1)解法类似.通过计算可得 $\boldsymbol{B}_{\mathrm{J}}$ 的特征值全为零，因此$\rho(\boldsymbol{B}_{\mathrm{J}})=0<1$，于是 Jacobi 迭代法求解收敛.并且通过 Jacobi 迭代可得精确解$(-3,7,9)^{\mathrm{T}}$.

在 Gauss-Seidel 迭代公式中，通过计算得到$\rho(\boldsymbol{B}_{\mathrm{G}})=2(1+\sqrt{2})>1$，因此是发散的.

9. 解：(1)先作矩阵分解 $\boldsymbol{A}=\boldsymbol{D}-\boldsymbol{L}-\boldsymbol{U}$.

Jacobi 迭代公式的迭代矩阵 $\boldsymbol{B}_{\mathrm{J}}=\boldsymbol{D}^{-1}(\boldsymbol{L}+\boldsymbol{U})$，由$|\lambda\boldsymbol{I}-\boldsymbol{B}_{\mathrm{J}}|=\lambda^2+\dfrac{15}{2}=0$，解得$\rho(\boldsymbol{B}_{\mathrm{J}})=\sqrt{\dfrac{15}{2}}>1$，于是 Jacobi 迭代法求解发散.

Gauss-Seidel 迭代公式的迭代矩阵 $\boldsymbol{B}_{\mathrm{G}}=(\boldsymbol{D}-\boldsymbol{L})^{-1}\boldsymbol{U}$，由$|\lambda\boldsymbol{I}-\boldsymbol{B}_{\mathrm{G}}|=\lambda\left(\lambda-\dfrac{15}{2}\right)=0$，解得$\rho(\boldsymbol{B}_{\mathrm{G}})=\dfrac{15}{2}>1$，于是 Gauss-Seidel 迭代法求解发散.

(2)交换方程次序后，系数矩阵变为$\begin{bmatrix}9 & -4\\ 3 & -10\end{bmatrix}$，它严格对角占优，因此 Jacobi 迭代法和 Gauss-Seidel 迭代法都收敛.

10. 解：先判断方程根的区间.令 $f(x)=x^3-x^2-1$，则 $f(1.4)=-\dfrac{27}{125}<0$，$f(1.6)=\dfrac{67}{125}>0$，可见在$[1.4,1.6]$中 $f(x)$至少有一个实根.而 $f'(x)=3x^2-2x=x(3x-2)$，当$x\in[1.4,1.6]$时，$f'(x)>0$，可见在$[1.4,1.6]$中 $f(x)$仅有一个实根.通过计算可得：

(1)$\varphi_1'(x)=\left(1+\dfrac{1}{x^2}\right)'=-\dfrac{2}{x^3}<1,\ \forall x\in[1.4,1.6]$；

(2)$\varphi_2'(x)=(\sqrt[3]{1+x^2})'=\dfrac{2x}{3(1+x^2)^{\frac{2}{3}}}<1,\ \forall x\in[1.4,1.6]$；

(3)$\varphi_3'(x)=(\sqrt{x^3-1})'=\dfrac{3x^2}{2\sqrt{x^3-1}}\approx 2.19>1$，当 $x=1.5$ 时；

(4)$\varphi_4'(x)=\left(\dfrac{1}{\sqrt{x-1}}\right)'=-\dfrac{1}{2(x-1)^{\frac{3}{2}}}\approx -1.41<-1$，当 $x=1.5$ 时.

因此对于给定的初值 $x_0=1.5$，迭代格式(1)和(2)收敛；而迭代格式(3)和(4)发散.利用计算机迭代，结果如下：

迭代格式	(1)	(2)	(3)	(4)
计算次数	12	6	发散	发散
根	1.465 7	1.465 9	—	—

由此也可看出，迭代格式(1)和(2)收敛；而迭代格式(3)和(4)发散.事实上

$$|\varphi_1'(1.5)|=0.59>|\varphi_2'(1.5)|=0.46$$

根据连续函数的性质，在 1.5 附近的某个小邻域内都有 $|\varphi_1'(x)|>|\varphi_2'(x)|$，因此迭代格式(2)比(1)要收敛的快，这跟我们上面表格中计算结果是相符的.

考虑 Aitken 加速公式 $\overline{x}_k=\varphi(x_{k-1})$，$\overline{x}_{k+1}=\varphi(\overline{x}_k)$，$x_k=\overline{x}_{k+1}-\dfrac{(\overline{x}_{k+1}-\overline{x}_k)^2}{x_{k-1}-2\overline{x}_k+\overline{x}_{k+1}}$，利用它对迭代格式(1)加速后，8 次迭代(计算 16 次 φ 值)，得根 1.466 2，对迭代格式(3)和(4)加速后仍不收敛.

11. 证明：由题意知，$x_0>0$，根据重要不等式有 $x_1\geqslant\sqrt{a}>0$ 成立.

假设 $x_k\geqslant\sqrt{a}>0$ 成立，那么

$$x_{k+1}\geqslant\sqrt{x_k\cdot\frac{a}{x_k}}=\sqrt{a}>0$$

根据数学归纳法便有 $x_k\geqslant\sqrt{a}$ 对任意的 k 成立. 下证单调性.

$$x_k-x_{k+1}=\frac{1}{2}\left(x_k-\frac{a}{x_k}\right)\geqslant\frac{1}{2}\left(\sqrt{a}-\frac{a}{\sqrt{a}}\right)=0$$

单调递减性得证.

12. 解：(1) Newton 迭代公式为

$$x_{k+1}=x_k-\frac{x_k^3-x_k^2-x_k-1}{3x_k^2-2x_k-1},x_0=0$$

求出 $x=1.839\ 287$.

用 Newton 迭代法计算结果如下：

k	0	1	2	3	4
x_k	2.0	1.857 14	1.839 54	1.839 29	1.839 29
$\lvert x_k-x_{k-1}\rvert$	—	0.142 86	0.017 60	2.577 03e−04	5.485 39e−08

(2) Newton 迭代公式为

$$x_{k+1}=x_k-\frac{x_k-\mathrm{e}^{-x_k}}{1+\mathrm{e}^{-x_k}},x_0=0$$

求出 $x=0.567\ 143$.

用 Newton 迭代法计算结果如下：

k	0	1	2	3
x_k	0.6	0.566 950	0.567 143	0.567 143
$\lvert x_k-x_{k-1}\rvert$	—	0.033 050	1.933 736e−04	6.767 129e−09

13. 证明：由 Taylor 公式，有

$$f(x)=f(x_{k-2})+f'(x_{k-2})(x-x_{k-2})+\frac{f''(\xi_x)}{2!}(x-x_{k-2})^2 \tag{1}$$

$$f(x_{k-1})=f(x_{k-2})+f'(x_{k-2})(x_{k-1}-x_{k-2})+\frac{f''(\xi_{x_{k-1}})}{2!}(x_{k-1}-x_{k-2})^2 \tag{2}$$

由 Newton 迭代公式整理可以得到

$$f(x_{k-2})+f'(x_{k-2})(x_{k-1}-x_{k-2})=0 \tag{3}$$

$$f(x_{k-1})+f'(x_{k-1})(x_k-x_{k-1})=0 \tag{4}$$

用式(4)代替式(3)后,式(2)变为

$$f(x_{k-1})=f(x_{k-1})+f'(x_{k-1})(x_k-x_{k-1})+\frac{f''(\xi_{x_{k-1}})}{2!}(x_{k-1}-x_{k-2})^2$$

整理得到

$$\frac{|x_k-x_{k-1}|}{|x_{k-1}-x_{k-2}|^2}=\frac{-f''(\xi_{x_{k-1}})}{2f'(x_{k-1})}$$

由于

$$x_{k-1},\xi_{x_{k-1}}\mapsto\xi$$

得证.

14. 证明:由于 $f'(x)=\mathrm{e}^x+\mathrm{e}^{-x}>0(x\neq 0)$ 为单调函数,故 $x^*=0$ 是方程 $f(x)=\mathrm{e}^x-\mathrm{e}^{-x}=0$ 的唯一的根. Newton 迭代法为

$$x=x-\frac{\mathrm{e}^x-\mathrm{e}^{-x}}{\mathrm{e}^x+\mathrm{e}^{-x}}$$

迭代函数为 $\varphi(x)=x-\dfrac{\mathrm{e}^x-\mathrm{e}^{-x}}{\mathrm{e}^x+\mathrm{e}^{-x}}$,显然有,$\varphi'(0)=\varphi''(0)=0$ 且 $\varphi'''(0)\neq 0$. 故 Newton 迭代法求此方程的根为三阶收敛. 此例说明了 Newton 迭代法求方程 $f(x)=0$ 的根,至少是平方收敛,收敛阶有可能大于 2.

15. 解:(1)迭代 4 步可得近似解 0.567 143 290 406 878,这时误差为 7.290 80e−08,符合题目精度要求.

(2)迭代 4 步可得近似解−1.525 102 254 808 930,这时误差为 1.659 98e−07,符合题目精度要求.

(3)迭代 5 步可得近似解 2.094 551 481 227 599,这时误差为 2.050 19e−06,符合题目精度要求.

16. 解:容易计算 $f(1)\cdot f(2)=-112<0$ 且当 $x\in[1,2]$时,$f'(x)>0$,因此方程在区间[1,2]上有唯一解. 采用 Newton 迭代法求解,初值选为 $x_0=1.3$,迭代 3 步之后可得 1.368 808 107 821 464. 由此可见其结果是正确的.

17. 解:先搜索 5 个有根区间. 从零开始,取步长 $h=0.01$,计算 $f(0)\cdot f(kh)$,若小于零,则$[0,kh]$为第 1 个有正根区间,否则继续增大 k 的取值,直到乘积小于零为止. 同样的方法继续搜索其他 4 个有正根区间,通过计算,5 个正根区间为

[0,4.74],[4.74,7.86],[7.86,11.00],[11.00,14.14],[14.14,17.28]

然后计算 5 个正根. 在每个有根区间,选取区间的右端点值为初始值,然后用 Newton 迭代法计算可得近似值为(若计算过程出现负值,则舍弃,重新选择初值计算)

4.730 043 447 785 08,7.853 204 623 861 1,10.995 607 838 001 8

14.137 165 491 257 5,17.278 759 657 399 5

18. 解:近似解为 0.921 024 322 509 766.

19. 解:(1)全部特征值为(0.585 8,2.000 0,3.414 2),主特征值为 3.414 2.

主特征值对应的特征向量为(−0.707 1,1.000 0,−7 071)^{T}.

(2)全部特征值为(2.000 0,6.000 0,3.000 0),主特征值为 6.000 0.

主特征值对应的特征向量为(1.000 0,0.714 3,−0.250 0)^{T}.

20. 解:全部特征值为(−7.070 9,0.813 3,18.257 6),模最小特征值为 0.813 3,其对应的特征向量为(−0.134 1,−0.731 8,0.668 2)^{T}.

21. 解:通过原点位移的反幂法求解可得矩阵 $\boldsymbol{A}$ 距 4.3 最近的特征值为 4.574 5,对应的特征向量为(−0.690 7,0.714 9,0.108 7)^{T}.

22. 解:(1)SOR 法

$$\boldsymbol{x}^{k+1}=(\boldsymbol{D}-\omega\boldsymbol{L})^{-1}[(1-\omega)\boldsymbol{D}+\omega\boldsymbol{U}]\boldsymbol{x}^{k}+(\boldsymbol{D}-\omega\boldsymbol{L})^{-1}\omega\boldsymbol{b}$$

代入 $\omega=0.9$ 得到

$$(\boldsymbol{D}-\omega\boldsymbol{L})^{-1}[(1-\omega)\boldsymbol{D}+\omega\boldsymbol{U}]=\begin{pmatrix}5 & & \\ -0.9 & 4 & \\ 0.9 & -2.7 & 10\end{pmatrix}^{-1}\begin{pmatrix}0.5 & -1.8 & -0.9\\ & 0.4 & -1.8\\ & & 1\end{pmatrix}$$

求出其 3 个特征值为(0.042 8,0.030 0±0.149 9i),可见谱半径小于 1,因此迭代法收敛.

(2)用 SOR 法迭代 9 步可得满足精度要求的解

(−3.090 908 863 216 489,1.237 154 079 350 300,0.980 237 116 459 965)

23. 证明:迭代法整理可得 $\boldsymbol{x}^{(k+1)}=(\boldsymbol{I}-\omega\boldsymbol{A})\boldsymbol{x}^{(k)}+\omega\boldsymbol{b}$,因此该迭代法收敛需使得迭代矩阵的谱半径小于 1,即 $\rho(\boldsymbol{I}-\omega\boldsymbol{A})<1$. 注意到$(\boldsymbol{I}-\omega\boldsymbol{A})$的特征值为 $1-\omega\lambda(\boldsymbol{A})$,因此当

$$1-|\omega\boldsymbol{A}|<1\Leftrightarrow 0<\omega<\frac{2}{\lambda(\boldsymbol{A})}$$

时迭代法收敛. 又由于 $0<\alpha\leqslant\lambda(\boldsymbol{A})\leqslant\beta$,所以当 $0<\omega<\dfrac{2}{\beta}$ 时可确保迭代法收敛.

24. 略.

25. 解:共轭梯度法求解只需迭代 2 步即可得到精确解(1,−2)^{T}.

26. 解:用 Jacobi 迭代法,Gauss-Seidel 迭代法和 SOR 法(此时 $\omega=1.1$)分别需要 30,16 和 11 步,其近似解为

(−0.201 8,0.363 6,−0.738 2,−0.315 6,−0.455 1,0.401 8,0.123 2,0.142 9,−0.432 9)^{T}

此题不能用共轭梯度法求解,因为系数矩阵并非对称矩阵. 若把矩阵 $\boldsymbol{R}$ 更改为对称矩阵

$$\boldsymbol{R}=\begin{pmatrix}31 & -13 & 0 & 0 & 0 & -10 & 0 & 0 & 0\\ -13 & 35 & -9 & 0 & -11 & 0 & 0 & 0 & 0\\ 0 & -9 & 31 & -10 & 0 & 0 & 0 & 0 & 0\\ 0 & 0 & -10 & 79 & -30 & 0 & 0 & 0 & -9\\ 0 & -11 & 0 & -30 & 57 & -7 & 0 & -5 & 0\\ -10 & 0 & 0 & 0 & -7 & 47 & -30 & 0 & 0\\ 0 & 0 & 0 & 0 & 0 & -30 & 41 & 0 & 0\\ 0 & 0 & 0 & 0 & -5 & 0 & 0 & 27 & -2\\ 0 & 0 & 0 & -9 & 0 & 0 & 0 & -2 & 29\end{pmatrix}$$

用 Jacobi 迭代法,Gauss-Seidel 迭代法和 SOR 法(此时 $\omega=1.1$)分别需要 61,28 和 20 步,

而共轭梯度法仅需要 9 步，这时其近似解为

$$(-0.3508, 0.3088, -0.7530, -0.3121, -0.4414, 0.0112, -0.1625, 0.1455, -0.4317)^{\mathrm{T}}$$

27. 解：设地面上一点 M 到功率为 2 kW 的距离为 x m，则到另一端的距离为 $20-x$，两个灯的安装高度分别设为 h_1, h_2，则根据亮度公式，在点 M 处的亮度可表示为

$$f(x,h_1,h_2)=\frac{2\sin\alpha_1}{r_1^2}+\frac{3\sin\alpha_2}{r_2^2}=\frac{2h_1}{r_1^3}+\frac{3h_2}{r_2^3}=\frac{2h_1}{(h_1^2+x^2)^{\frac{3}{2}}}+\frac{3h_2}{(h_2^2+(20-x)^2)^{\frac{3}{2}}}$$

(1)若 $h_1=5, h_2=6$，则

$$f(x,5,6)=\frac{10}{(25+x^2)^{\frac{3}{2}}}+\frac{18}{(36+(20-x)^2)^{\frac{3}{2}}}$$

要求最暗点和最亮点实际上是求上面函数的极值问题，为此令 $\frac{\mathrm{d}f}{\mathrm{d}x}=0$，用 Newton 迭代法求解该方程可得解有 3 个（函数图像类似于抛物线，因此初始值可选择 0，10，20，即端点值和中点值）

0.028 489 970 379 204，9.338 299 136 346 691，19.976 695 807 115 988

对应的亮度值分别为

0.081 981 040 044 436，0.018 243 925 716 175，0.084 476 554 921 583

比较亮度值可得最亮点在距离 2 kW 路灯 19.976 695 807 115 988 m 处，最暗点在距离 2 kW路灯 9.338 299 136 346 691 m 处.

(2)若 $h_1=5$，h_2 在 3 m 到 9 m 之间变动时，要求最暗点最亮是一个二元函数求极值问题，可通过循环的方法把二元问题转化为一元问题. 选择步长 $h=0.005$，h_2 从 3 开始，每次增加 h，对于每个给定的 h_2，采用(1)中的方法计算最暗点及对应的亮度值，比较这些不同 h_2 所得到的亮度值，最大值即为所求问题的解. 按此方法计算结果为：当 $h_2=7.54$ 时最暗点最亮，此时最暗点在距离 2 kW 灯 9.338 299 136 346 691 m 处，此点对应的亮度值为 0.018 571 919 144 248.

(3)若 h_1, h_2 均在 3 m 到 9 m 之间变动时，要求最暗点最亮是一个三元函数求极值问题，可通过双重循环的方法把三元问题转化为一元问题. 选择步长 $h=0.005$，h_1, h_2 从 3 开始，每次增加 h，对于每个给定的 h_1, h_2，采用(1)中的方法计算最暗点及对应的亮度值，比较这些不同 h_1, h_2 所得到的亮度值，最大值即为所求问题的解. 按此方法计算结果为：当 $h_1=6.605, h_2=7.54$ 时最暗点最亮，此时最暗点在距离 2 kW 灯 9.338 299 136 346 691 m 处，此点对应的亮度值为 0.018 985 788 555 900.

习题 5

1. (1)3，3.

(2)2，1.

(3)2，0.

(4)0，x^3+1.

提示：4 个互异插值结点，插值多项式对次数不超过 3 的多项式精确成立.

(5)x^2.

提示：$p_3(x)$为 $f(x)$的插值多项式，这时由于插值点的个数为 4，因此 $p_3(x)=f(x)$.

2. 解：令 $x_1=-1, x_2=0, x_3=1, x_4=2, x_5=-2$，构造 Lagrange 基底函数如下

$$l_1(x)=\frac{(x-x_2)(x-x_3)(x-x_4)(x-x_5)}{(x_1-x_2)(x_1-x_3)(x_1-x_4)(x_1-x_5)}=\frac{x(x-1)(x-2)(x+2)}{-(-1-1)(-1-2)(-1+2)}$$
$$=-\frac{1}{6}x^4+\frac{1}{6}x^3+\frac{2}{3}x^2-\frac{2}{3}x$$

$$l_2(x)=\frac{(x-x_1)(x-x_3)(x-x_4)(x-x_5)}{(x_2-x_1)(x_2-x_3)(x_2-x_4)(x_2-x_5)}=\frac{1}{4}x^4-\frac{5}{4}x^2+1$$

$$l_3(x)=\frac{(x-x_1)(x-x_2)(x-x_4)(x-x_5)}{(x_3-x_1)(x_3-x_2)(x_3-x_4)(x_3-x_5)}=-\frac{1}{6}x^4-\frac{1}{6}x^3+\frac{2}{3}x^2+\frac{2}{3}x$$

$$l_4(x)=\frac{(x-x_1)(x-x_2)(x-x_3)(x-x_5)}{(x_4-x_1)(x_4-x_2)(x_4-x_3)(x_4-x_5)}=\frac{1}{24}x^4+\frac{1}{12}x^3-\frac{1}{24}x^2-\frac{1}{12}x$$

$$l_5(x)=\frac{(x-x_1)(x-x_2)(x-x_3)(x-x_4)}{(x_5-x_1)(x_5-x_2)(x_5-x_3)(x_5-x_4)}=\frac{1}{24}x^4-\frac{1}{12}x^3-\frac{1}{24}x^2+\frac{1}{12}x$$

则所求的 4 次多项式为

$$p(x)=1\times l_1(x)+1\times l_2(x)+5\times l_3(x)+13\times l_4(x)+29\times l_5(x)$$
$$=x^4-2x^3+x^2+4x+1$$

3. 解：令 $f(x)=\sqrt{(x)}$ 和 $x_0=100, x_1=121, x_2=144$，则

$$f(x_0)=10, f(x_1)=11, f(x_2)=12$$

以 x_0, x_1 为插值结点构造线性插值多项式

$$p_1(x)=10\times\frac{x-121}{100-121}+11\times\frac{x-100}{121-100}=\frac{1}{21}(x+110)$$

由此可得$\sqrt{115}$的近似值

$$\sqrt{115}\approx p_1(115)=\frac{1}{21}\times(115+110)\approx 10.714\ 3$$

以 x_0, x_1, x_2 为插值结点构造二次插值多项式

$$p_2(x)=10\times\frac{(x-121)(x-144)}{(100-121)(100-144)}+11\times\frac{(x-100)(x-144)}{(121-100)(121-144)}+$$
$$12\times\frac{(x-100)(x-121)}{(144-100)(144-121)}$$
$$=-\frac{1}{10\ 626}x^2+\frac{727}{10\ 626}x+\frac{660}{161}$$

由此可得$\sqrt{115}$的近似值

$$\sqrt{115}\approx p_2(115)=10.723$$

4. 证明：x^m 的一阶均差

$$f[x_1, x_0]=\frac{x_1^m-x_0^m}{x_1-x_0}=x_1^{m-1}+x_1^{m_2}x_0+\cdots+x_0^{m-1}$$

显然它是 x_1, x_0 的 $m-1$ 次齐次函数. 下面用数学归纳法证明下列公式成立

$$f[x_0, x_1, \cdots, x_n]=\sum x_0^{r_0}x_1^{r_1}\cdots x_n^{r_n}$$

$$r_n + r_{n-1} + \cdots + r_0 = m - n$$

此处求和运算遍及所有可能的形如 $x_0^{r_0} x_1^{r_1} \cdots x_n^{r_n}$ 的 $x_0, x_1, \cdots, x_n$ 的 $m-n$ 次齐次项，如此便可证明结论成立. 显然上述公式对于 $n=1$ 成立，下面假设公式对 n 成立，下面证明对 $n+1$成立. 根据定义

$$\begin{aligned}
f[x_0, x_1, \cdots, x_{n+1}] &= \frac{f[x_0, x_1, \cdots, x_{n-1}, x_{n+1}] - f[x_0, x_1, \cdots, x_n]}{x_{n+1} - x_n} \\
&= \frac{\sum\limits_{r_0+\cdots+r_{n-1}+r_{n+1}=m-n} x_0^{r_0} x_1^{r_1} \cdots x_{n-1}^{r_{n-1}} x_{n+1}^{r_{n+1}} - \sum\limits_{u_0+\cdots+u_n=m-n} x_0^{u_0} x_1^{u_1} \cdots x_n^{u_n}}{x_{n+1} - x_n} \\
&= \frac{\sum\limits_{k=1}^{m-n} \sum\limits_{r_0+\cdots+r_{n-1}=m-n-k} x_0^{r_0} x_1^{r_1} \cdots x_{n-1}^{r_{n-1}} (x_{n+1}^k - x_n^k)}{x_{n+1} - x_n} \\
&= \sum_{k=1}^{m-n} \sum_{r_0+\cdots+r_{n-1}=m-n-k} x_0^{r_0} x_1^{r_1} \cdots x_{n-1}^{r_{n-1}} (x_n^{k-1} + x_n^{k-2} x_{n+1} + \cdots + x_{n+1}^{k-1}) \\
&= \sum_{r_0+\cdots+r_{n-1}+r_n+r_{n+1}=m-n-1} x_0^{r_0} x_1^{r_1} \cdots x_{n-1}^{r_{n-1}} x_n^{r_n} x_{n+1}^{r_{n+1}}
\end{aligned}$$

这样便证明了结论成立.

5. 解：构造基函数

$H_0(x)=(2x+1)(x-1)^2, H_1(x)=x(x-1)^2, H_2(x)=(3-2x)x^2, H_3(x)=(x-1)x^2$

故所求的多项式为

$$\begin{aligned}
p(x) &= p(0)H_0(x) + p'(0)H_1(x) + p(1)H_2(x) + p'(1)H_3(x) \\
&= x^3 - x^2 + x - 1
\end{aligned}$$

6. 解：根据插值多项式的性质可知，插值多项式

$$p_n(x) = \sum_{i=0}^{n} f(x_i) l_i(x)$$

对于次数不超过 n 的多项式 $f(x)$ 精确成立，即当 $\deg(f) \leqslant n$ 时，$p_n(x) = f(x)$ 成立. 特别地取 $f(x) = x^k, 0 \leqslant k \leqslant n$ 时

$$\sum_{i=0}^{n} x_i^k l_i(x) = x^k$$

7. 证明：用反证法证明必要性. 设函数组 $\varphi_1(x), \varphi_2(x), \cdots, \varphi_n(x)$ 在 $[a,b]$ 上满足 Haar条件，且存在一个非零函数 $f(x) = \sum\limits_{i=1}^{n} c_i \varphi_i(x)$ 在 $[a,b]$ 上有 n 个或更多个根，不妨设 $x_1, \cdots, x_n$ 为 $f(x)$ 的 n 个根. 由于 $f(x) \neq 0$，不妨设 $c_1 \neq 0$，则

$$\begin{vmatrix} \varphi_1(x_1) & \varphi_2(x_1) & \cdots & \varphi_n(x_1) \\ \varphi_1(x_2) & \varphi_2(x_2) & \cdots & \varphi_n(x_2) \\ \vdots & \vdots & & \vdots \\ \varphi_1(x_n) & \varphi_2(x_n) & \cdots & \varphi_n(x_n) \end{vmatrix} = \frac{1}{c_1} \begin{vmatrix} f(x_1) & \varphi_2(x_1) & \cdots & \varphi_n(x_1) \\ f(x_2) & \varphi_2(x_2) & \cdots & \varphi_n(x_2) \\ \vdots & \vdots & & \vdots \\ f(x_n) & \varphi_2(x_n) & \cdots & \varphi_n(x_n) \end{vmatrix} = 0$$

这与函数组 $\varphi_1(x), \varphi_2(x), \cdots, \varphi_n(x)$ 在 $[a,b]$ 上满足 Haar 条件矛盾，因此只有零函数在 $[a,b]$ 上有 n 个或更多个根.

反之，设只有零函数在$[a,b]$上有n个或更多个根. 根据定义，函数组$\varphi_1(x)$，$\varphi_2(x)$，…，$\varphi_n(x)$在$[a,b]$上满足Haar条件的充分必要条件对于$[a,b]$上任意的x_1，…，x_n都有$|\varphi_i(x_j)|_{n\times n}\neq 0$，即行列式中的$n$列线性无关. 换言之，只要$c_1,c_2,\cdots,c_n$不全为零，$\sum\limits_{i=1}^{n}c_i\varphi_i(x)$在任意的$n$个点$x_1,\cdots,x_n$上的取值就不同时为零，即$\sum\limits_{i=1}^{n}c_i\varphi_i(x)$在$[a,b]$上不会有$n$个或更多个根.

8. 提示：(1)和(2)都满足Haar条件，直接根据定义计算行列式即可. (3)不满足Haar条件，选点时可选择$x_1,0,-x_1$这三个点，此时行列式值显然为零.

9. 解：(1)由

$$(2+3x+4x^2+4x^3)-(2+3x+4x^2+x^3)=3x^3$$
$$(1+6x+x^2+5x^3)-(2+3x+4x^2+4x^3)=(x-1)^3$$

可知该函数为三次样条函数.

(2)由

$$(x^3+x^2+2)-(x^3+2x+1)=(x-1)^2$$

可知该函数不是三次样条函数.

10. 证明：由$s(x)=0(x\leqslant x_1)$及样条函数的性质有

$$s(x)=\sum_{i=1}^{N}c_i(x-x_i)_+^n$$

且当$x\geqslant x_N$时，$s(x)=0$. 即当$x\geqslant x_N$时，$s(x)=\sum\limits_{i=1}^{N}c_i(x-x_i)^n=0$. 当$N\leqslant n+1$时，容易验证$(x-x_1)^n,(x-x_2)^n,\cdots,(x-x_n)^n$线性无关，因此此时$s(x)=0$意味着所有的$c_i=0$，即$s(x)\equiv 0(-\infty<x<+\infty)$.

11. 解：定义内积$(f,g)=\int_0^1 f(x)g(x)\mathrm{d}x$，经简单计算可得

$$m_0=\int_0^1 1\mathrm{d}x=1,m_1=\int_0^1 x\mathrm{d}x=\frac{1}{2}$$
$$m_2=\int_0^1 x^2\mathrm{d}x=\frac{1}{3},m_3=\int_0^1 x^3\mathrm{d}x=\frac{1}{4}$$

所以

$$\phi_0(x)=1,\phi_1(x)=\begin{vmatrix} m_0 & 1 \\ m_1 & x \end{vmatrix}=x-\frac{1}{2}$$
$$\phi_2(x)=\begin{vmatrix} m_0 & m_1 & 1 \\ m_1 & m_2 & 2 \\ m_2 & m_3 & x^2 \end{vmatrix}=\frac{x^2}{12}-\frac{x}{12}+\frac{1}{72}$$

而

$$(\phi_0,\phi_0)=1,(\phi_1,\phi_1)=\frac{1}{12},(\phi_2,\phi_2)=\frac{1}{25\ 920}$$

因此

$$\psi_0(x)=1,\psi_1(x)=\phi_1(x)\times\sqrt{12}=\sqrt{3}(2x-1)$$

$$\psi_2(x)=\psi_2(x)\times\sqrt{25\ 920}=\sqrt{5}(6x^2-6x+1)$$

12. 解：对于区间[0,1]上的连续函数 h 和 g，定义内积 $(h,g)=\int_0^1 h(x)g(x)\mathrm{d}x$. 简单计算可得

$$\int_0^1 1\mathrm{d}x=1,\int_0^1 x\mathrm{d}x=\frac{1}{2},\int_0^1 x^2\mathrm{d}x=\frac{1}{3},\int_0^1 x^3\mathrm{d}x=\frac{1}{4}$$

其对应的正交多项式族为

$$\phi_0(x)=1,\phi_1(x)=\begin{vmatrix}1 & 1\\ \frac{1}{2} & x\end{vmatrix}=x-\frac{1}{2}$$

$$\phi_2(x)=\begin{vmatrix}1 & \frac{1}{2} & 1\\ \frac{1}{2} & \frac{1}{3} & x\\ \frac{1}{3} & \frac{1}{4} & x^2\end{vmatrix}=\frac{1}{12}x^2-\frac{1}{12}x+\frac{1}{72}$$

若设最佳逼近多项式为 $p_2(x)=a_0\phi_0(x)+a_1\phi_1(x)+a_2\phi_2(x)$，则

$$a_0=\frac{(f,\phi_0)}{(\phi_0,\phi_0)}=\frac{\int_0^1 \mathrm{e}^x\mathrm{d}x}{\int_0^1 1\mathrm{d}x}=\mathrm{e}-1$$

$$a_1=\frac{(f,\phi_1)}{(\phi_1,\phi_1)}=\frac{\int_0^1 \mathrm{e}^x\left(x-\frac{1}{2}\right)\mathrm{d}x}{\int_0^1\left(x-\frac{1}{2}\right)^2\mathrm{d}x}=18-6\mathrm{e}$$

$$a_2=\frac{(f,\phi_2)}{(\phi_2,\phi_2)}=\frac{\int_0^1 \mathrm{e}^x\left(\frac{1}{12}x^2-\frac{1}{12}x+\frac{1}{72}\right)\mathrm{d}x}{\int_0^1\left(\frac{1}{12}x^2-\frac{1}{12}x+\frac{1}{72}\right)^2\mathrm{d}x}=2\ 520\mathrm{e}-6\ 840$$

故所求的最佳逼近多项式为 $p_2(x)=30(7\mathrm{e}-19)x^2+(-216\mathrm{e}+588)x+12(3\mathrm{e}-8)$.

13. 解：取 $\phi_0(x)=1,\phi_1(x)=x,\phi_2(x)=x^2$，定义内积

$$(\phi_k,\phi_j)=\sum_{i=1}^{9}\phi_k(x_i)\phi_j(x_i),(f,\phi_j)=\sum_{i=1}^{9}f(x_i)\phi_j(x_i)$$

则计算可得

$$(\phi_0,\phi_0)=9,(\phi_0,\phi_1)=53,(\phi_0,\phi_2)=381,(\phi_1,\phi_1)=381,(\phi_1,\phi_2)=3\ 017$$
$$(\phi_2,\phi_2)=25\ 317,(f,\phi_0)=32,(f,\phi_1)=147,(f,\phi_2)=1\ 025$$

建立方程组

$$\begin{pmatrix}9 & 53 & 381\\ 53 & 381 & 3\ 017\\ 381 & 3\ 017 & 25\ 317\end{pmatrix}\begin{pmatrix}a_0\\ a_1\\ a_2\end{pmatrix}=\begin{pmatrix}32\\ 147\\ 1\ 025\end{pmatrix}$$

求解可得 $a_0=13.459\ 7,a_1=-3.605\ 3,a_2=0.267\ 6$. 所以所求的二次多项式为

$$p_2(x)=0.267\,6x^2-3.605\,3x+13.459\,7$$

14. 证明：设$\{P_n(x)\}$是对权函数$\rho(x)$的首1正交多项式，下面证明如下的三项递推关系式成立

$$P_{n+2}(x)=(x-\alpha_{n+2})P_{n+1}(x)-\beta_{n+1}P_n(x)$$

其中α_{n+2}与β_{n+1}为某些常数.

引入内积$(f,g)=\int_a^b f(x)g(x)\mathrm{d}x$. 显然$xP_{n+1}(x)$是最高项系数为1且次数为$n+2$的多项式，因此可表示为

$$xP_{n+1}(x)=c_0P_0(x)+c_1P_1(x)+\cdots+c_nP_n(x)+c_{n+1}P_{n+1}(x)+c_{n+2}P_{n+2}(x)$$

左边最高项系数都为1，故$c_{n+2}=1$. 其次，用$P_k(x)$乘两边然后再积分(即作内积)，由正交多项式的正交性质，当$k\leqslant n-1$时有

$$c_k(P_k,P_k)=(P_k,xP_{n+1})=(xP_k,P_{n+1})=0$$

因而$c_k=0(k=0,1,\cdots,n-1)$. 于是原式相当于

$$xP_{n+1}(x)=c_nP_n(x)+c_{n+1}P_{n+1}(x)+c_{n+2}P_{n+2}(x)$$

这样三项递推关系式成立.

下面确定α_{n+2}和β_{n+1}. 两边与P_{n+1}作内积得

$$(xP_{n+1},P_{n+1})=\alpha_{n+2}(P_{n+1},P_{n+1})$$

这样便有

$$\alpha_{n+2}=\frac{(xP_{n+1},P_{n+1})}{(P_{n+1},P_{n+1})}=\frac{\int_a^b\rho(x)xP_{n+1}^2(x)\mathrm{d}x}{\int_a^b\rho(x)P_{n+1}^2(x)\mathrm{d}x}$$

再用P_n分别与递推关系式两边作内积得

$$\begin{aligned}\beta_{n+1}(P_n,P_n)&=(xP_{n+1},P_n)=(P_{n+1},xP_n)=(P_{n+1},P_{n+1}+r(x))\\&=(P_{n+1},P_{n+1})\end{aligned}$$

其中$r(x)$为次数低于$n+1$的多项式.

$$\beta_{n+1}=\frac{(P_{n+1},P_{n+1})}{(P_n,P_n)}$$

习题 6

1. (1)n,$2n+1$.(注:$2n+1$时为Gauss型求积公式)

(2)C(注:Gauss型求积公式)

(3)C(注:Gauss-Legendre公式)

(4)0;2.

解:Newton-Cotes公式的代数精度为$n\geqslant 1$,因此

$$\sum_{k=0}^{n}A_kx_k=\int_{-1}^{1}x\mathrm{d}x=0$$

若为Gauss型求积公式，则其代数精度为$2n+1\geqslant 3$,因此

$$\sum_{k=0}^{n} A_k(x_k^3 + 3x_k^2) = \int_{-1}^{1} (x^3 + 3x^2)\mathrm{d}x = 2$$

(5)$x - \frac{2}{3}$,0.

解:由于

$$m_0 = \int_0^1 x\mathrm{d}x = \frac{1}{2}, m_1 = \int_0^1 x^2\mathrm{d}x = \frac{1}{3}$$

因此

$$\phi_1(x) = \begin{vmatrix} m_0 & 1 \\ m_1 & x \end{vmatrix} = \begin{vmatrix} \frac{1}{2} & 1 \\ \frac{1}{3} & x \end{vmatrix} = \frac{1}{2}x - \frac{1}{3}$$

故 $\varphi_1(x) = 2 \cdot \phi_1(x) = x - \frac{2}{3}$,由于 $\varphi_2(x)$ 为关于权函数 x 的二次正交多项式,因此

$$\int_0^1 x\varphi_2(x)\mathrm{d}x = 0$$

2. 解:设 $f(x) = \frac{\sin x}{x}$,则:

x_i	0	$\frac{\pi}{12}$	$\frac{\pi}{6}$	$\frac{\pi}{4}$	$\frac{\pi}{3}$	$\frac{5\pi}{12}$	$\frac{\pi}{2}$
$f(x_i)$	1	0.988 6	0.954 9	0.900 3	0.827 0	0.737 9	0.636 6

因此由复化梯形公式可得

$$T_6(f) = \frac{\pi}{24} \times \left(f(0) + 2f\left(\frac{\pi}{12}\right) + 2f\left(\frac{\pi}{6}\right) + 2f\left(\frac{\pi}{4}\right) + 2f\left(\frac{\pi}{3}\right) + 2f\left(\frac{5\pi}{12}\right) + f\left(\frac{\pi}{2}\right) \right) = 1.368\ 4$$

由复化 Simpson 公式可得

$$S_3(f) = \frac{\pi}{36} \times \left(f(0) + 4f\left(\frac{\pi}{12}\right) + 2f\left(\frac{\pi}{6}\right) + 4f\left(\frac{\pi}{4}\right) + 2f\left(\frac{\pi}{3}\right) + 4f\left(\frac{5\pi}{12}\right) + f\left(\frac{\pi}{2}\right) \right) = 1.370\ 8$$

3. 证明:令

$$x_0 = a, x_{i+1} = \frac{h}{2} + ih, \cdots, x_{n+1} = b, \quad i = 0,1,2,\cdots,n-1$$

其中 $h = \frac{b-a}{n}$,考虑区间$[a,b]$的一个分划 Δ

$$a = x_0 < x_1 < \cdots < x_n < x_{n+1} = b$$

把$[a,b]$分成 n 个子区间

$$[x_{i-1}, x_i], \quad i = 1,2,\cdots,n+1$$

记 $\Delta x_i = x_i - x_{i-1}(i = 1,2,\cdots,n+1)$. 显然此时

$$\Delta x_1 = \Delta x_{n+1} = \frac{h}{2}, \Delta x_i = h, \quad i = 2,3,\cdots,n$$

$$\lambda = \max_{1 \leqslant i \leqslant n}\{\Delta x_i\} = h$$

作积分和

$$\begin{aligned} S_n(f;\Delta) &= \sum_{i=0}^{n} f(a+ih) \cdot \Delta x_i \\ &= \frac{b-a}{2n}(f(a) + 2f(a+h) + \cdots + 2f(a+(n-1)h) + f(b)) \end{aligned}$$

显然 $S_n(f;\Delta) = T_n$. 根据定积分的定义有，当 $\lambda \to 0$，即 $n \to \infty$ 时，$S_n(f;\Delta) = T_n$ 收敛到积分值，即下式成立

$$\lim_{n\to\infty} T_n = \int_a^b f(x)\mathrm{d}x$$

4. 证明：Gauss 型求积公式

$$\int_a^b \rho(x) f(x)\mathrm{d}x \approx \sum_{k=0}^{n} A_k f(x_k)$$

具有 $2n+1$ 次代数精度，而当 $0 \leqslant i < j \leqslant n$ 时 $\deg(\omega_j(x)\omega_i(x)) = i+j < 2n$，因此根据正交多项式的正交性有

$$\sum_{k=0}^{n} A_k \omega_i(x_k)\omega_j(x_k) = \int_a^b \omega_i(x)\omega_j(x) = 0$$

5. 解：(1) 构造结点 -1 和 1 的插值基函数

$$l_0(x) = \frac{1-x}{2}, l_1(x) = \frac{1+x}{2}$$

因此

$$A_0 = \int_{-1}^{1} l_0(x)\mathrm{d}x = 1,\ A_1 = \int_{-1}^{1} l_1(x) = 1$$

具有 1 次代数精度.

(2) 构造结点 -1，0 和 1 的插值基函数

$$l_0(x) = \frac{x(x-1)}{2},\ l_1(x) = 1 - x^2,\ l_2(x) = \frac{x(x+1)}{2}$$

因此

$$A_0 = \int_{-1}^{1} l_0(x)\mathrm{d}x = \frac{1}{3},\ A_1 = \int_{-1}^{1} l_1(x)\mathrm{d}x = \frac{4}{3},\ A_2 = \int_{-1}^{1} l_2(x)\mathrm{d}x = \frac{1}{3}$$

具有 3 次代数精度.

6. 解：求积公式中有三个未知数，因此可考虑求积公式对 $1, x, x^2$ 精确成立，即

$$A + B = 2,\ -A + Bx_1 = 0,\ A + bx_1^2 = \frac{2}{3}$$

求解可得 $A = \frac{1}{2}$，$B = \frac{3}{2}$，$x_1 = \frac{1}{3}$，具有 2 次代数精度.

7. 解法 1：简单计算可得

$$\int_0^1 1\mathrm{d}x = 1,\ \int_0^1 x\mathrm{d}x = \frac{1}{2},\ \int_0^1 x^2\mathrm{d}x = \frac{1}{3},\ \int_0^1 x^3\mathrm{d}x = \frac{1}{4}$$

二次正交多项式为

$$\phi_2(x)=\begin{vmatrix}1 & \frac{1}{2} & 1\\ \frac{1}{2} & \frac{1}{3} & x\\ \frac{1}{3} & \frac{1}{4} & x^2\end{vmatrix}=\frac{1}{12}x^2-\frac{1}{12}x+\frac{1}{72}$$

其根为 $x_0=\frac{1}{2}+\frac{\sqrt{3}}{6}$,$x_1=\frac{1}{2}-\frac{\sqrt{3}}{6}$,这两点便是 Gauss 点. 再由公式对 $1,x$ 精确成立可得

$$A_0+A_1=1,\ A_0x_0+A_1x_1=\frac{1}{2}$$

求解易得 $A_0=A_1=\frac{1}{2}$.

解法 2:已知 Gauss-Legendre 公式

$$\int_{-1}^{1}f(x)\mathrm{d}x\approx f\left(\frac{\sqrt{3}}{3}\right)+f\left(-\frac{\sqrt{3}}{3}\right)$$

所以令 $x=(t+1)/2$ 得

$$\int_0^1 f(x)\mathrm{d}x=\frac{1}{2}\int_{-1}^{1}f\left(\frac{t+1}{2}\right)\mathrm{d}t\approx\frac{1}{2}\left(f\left(\frac{1}{2}+\frac{\sqrt{3}}{6}\right)+f\left(\frac{1}{2}-\frac{\sqrt{3}}{6}\right)\right)$$

这便是所要求得的 Gauss 型求积公式.

8. 解:三点 Gauss-Chebyshev 公式为

$$\int_{-1}^{1}\frac{f(x)}{\sqrt{1-x^2}}\mathrm{d}x=\frac{\pi}{3}\left(f\left(-\frac{\sqrt{3}}{2}\right)+f(0)+f\left(\frac{\sqrt{3}}{2}\right)\right)$$

因此

$$\int_{-1}^{1}\frac{x^2}{\sqrt{1-x^2}}\mathrm{d}x=\frac{\pi}{3}\left(\frac{3}{4}+0+\frac{3}{4}\right)=\frac{\pi}{2}$$

由于求积公式有 5 次代数精度,因此上述积分值是精确的,即误差为 0.

9. 略.

10. 解:三点求导公式

$$\begin{cases}f'(1.0)=\dfrac{1}{2\times 0.1}(-3f(1.0)+4f(1.1)-f(1.2))+\dfrac{0.1^2}{3}f'''(\xi)\\ f'(1.1)=\dfrac{1}{2\times 0.1}(f(1.2)-f(1.0))-\dfrac{0.1^2}{6}f'''(\xi)\\ f'(1.2)=\dfrac{1}{2\times 0.1}(f(1.0)-4f(1.1)+f(1.2))+\dfrac{0.1^2}{3}f'''(\xi)\end{cases},\quad 1.0\leqslant\xi\leqslant 1.2$$

简单计算可得 $f'(1.0)\approx-0.247\ 92$,$f'(1.1)\approx-0.216\ 94$,$f'(1.2)\approx-0.185\ 96$. 由于

$$\left(\frac{1}{(1+x)^2}\right)'''=-\frac{24}{(x+1)^5}$$

故

$$|f''''(\xi)| = \left|\frac{24}{(\xi+1)^5}\right| \leqslant \frac{3}{4}$$

因此可得三个点近似导数值的误差估计上限为0.002 5，0.001 25，0.002 5.

11. 证明：设$n+1$个互异点$x_0,x_1,\cdots,x_n$作为插值节点的$n+1$个插值基函数为$l_k(x)$，$k=0,1,2,\cdots,n$，该题只需证明$A_k=\int_a^b l_k(x)\mathrm{d}x$即可，该求积公式代数精度至少为$n$，而$l_k(x)$的次数为$n$，因此

$$\int_a^b l_k(x)\mathrm{d}x = \sum_{i=0}^n A_i l_k(x_i) = A_k$$

12. 解：地球卫星轨道是一个椭圆，椭圆周长的计算公式是

$$S = 4a\int_0^{\frac{\pi}{2}} \sqrt{1-\left(\frac{c}{a}\right)^2 \sin^2\theta}\,\mathrm{d}\theta$$

这里a是椭圆的半长轴，c是地球中心与轨道中心（椭圆中心）的距离

$$a = \frac{2\times 6\ 371 + 2\ 384 + 439}{2} = 7\ 782.5,\ c = \frac{2\ 384 - 439}{2} = 972.5$$

因此

$$S = 4a\int_0^{\frac{\pi}{2}} \sqrt{1-\left(\frac{c}{a}\right)^2 \sin^2\theta}\,\mathrm{d}\theta = 31\ 130\int_0^{\frac{\pi}{2}} \sqrt{1-\frac{1}{64}\sin^2\theta}\,\mathrm{d}\theta$$

用复化梯形公式计算可得近似解为$S \approx 4.870\ 7\times 10^4$ km.

13. 解：记

$$f_0 = \frac{1}{2},\ f_k = \frac{1}{\sqrt{2\pi}}\int_{0.1k}^{0.1(k+1)} \mathrm{e}^{-\frac{t^2}{2}}\mathrm{d}t$$

则显然有$f(0.1k) = \sum_{i=0}^k f_i$. 求解$f_k$可采用数值积分的方法，此处可采用梯形公式或Simpson公式，下面仅给出用梯形公式计算的结果

[$f(0)$，$f(0.1)$，…，$f(30)$]=

[0.5　0.539 794 7　0.579 194 5　0.617 816　0.655 298 9　0.691 315 7
0.725 580 2　0.757 854 1　0.787 951 4　0.815 740 2　0.841 143
0.864 134 2　0.884 736 1　0.903 013 8　0.919 068 6　0.933 030 9
0.945 052 8　0.955 301 3　0.963 951 3　0.971 179 6　0.977 159 9
0.982 058 6　0.986 031 5　0.989 221 6　0.991 757 7　0.993 753 8
0.995 309 4　0.996 509 6　0.997 426 4　0.998 119 8　0.998 639]

习题7

1. (1)一，$\frac{1}{2}h^2u''(t)+O(h^3)$.

一，$-\frac{1}{2}h^2u''(t)+O(h^3)$.

二，$-\frac{1}{12}h^3u'''(t)+O(h^4)$.

(2)0.055 6;0.04.

提示:经典 Runge-Kutta 法的绝对稳定区间为(−2.78,0),因此步长 $h<\frac{2.78}{50}=0.0556$. Euler 法的绝对稳定区间为(−2,0),因此步长 $h<\frac{2}{50}=0.04$.

2. 解:该题的精确解为 $u(t)=e^{-5t}$. Euler 法的求解格式为

$$u_{n+1}=u_n-0.5u_n=0.5u_n,u_0=1,\quad n=1,2,\cdots,10$$

改进的 Euler 法迭代格式为

$$u_{n+1}=u_n-0.25(u_n+0.5u_n)=0.625u_n,u_0=1,\quad n=1,2,\cdots,10$$

计算结果及误差如下表所示,这里误差为精确值减去近似值.由计算结果可以看到改进的 Euler 法更为精确.

t 的值	精确值	Euler 法	Euler 法误差	改进的 Euler 法	改进的 Euler 法误差
0	1	1	0	1	0
0.1	0.606 531	0.5	0.106 531	0.625	−0.018 47
0.2	0.367 879	0.25	0.117 879	0.390 625	−0.022 75
0.3	0.223 13	0.125	0.098 13	0.244 141	−0.021 01
0.4	0.135 335	0.062 5	0.072 835	0.152 588	−0.017 25
0.5	0.082 085	0.031 25	0.050 835	0.095 367	−0.013 28
0.6	0.049 787	0.015 625	0.034 162	0.059 605	−0.009 82
0.7	0.030 197	0.007 813	0.022 385	0.037 253	−0.007 06
0.8	0.018 316	0.003 906	0.014 409	0.023 283	−0.004 97
0.9	0.011 109	0.001 953	0.009 156	0.014 552	−0.003 44
1	0.006 738	0.000 977	0.005 761	0.009 095	−0.002 36

3. 解:令 $v=u'$,则原二阶问题转化为

$$\begin{cases}u'=v\\ v'=-u'\end{cases},u(0)=0,\ v(0)=1$$

令 $\boldsymbol{U}=[u,v]^{\mathrm{T}}$,$\boldsymbol{A}=\begin{pmatrix}0&1\\-1&0\end{pmatrix}$,则上面一阶微分方程组可写为

$$\begin{cases}\dfrac{d\boldsymbol{U}}{dt}=\boldsymbol{AU}\\ \boldsymbol{U}(0)=\boldsymbol{U}_0=[0,1]^{\mathrm{T}}\end{cases}$$

Euler 法可写为

$$\boldsymbol{U}_{n+1}=\boldsymbol{U}_n+h\boldsymbol{AU}_n$$

改进的 Euler 法为

$$\boldsymbol{U}_{n+1}=\boldsymbol{U}_n+\frac{h}{2}(\boldsymbol{AU}_n+\boldsymbol{U}_n+h\boldsymbol{AU}_n)$$

此处 $h=0.1$. 计算结果及误差如下表所示,这里误差为精确值减去近似值.由计算结果可

以看到改进的 Euler 法更为精确.

t 的值	精确值	Euler 法	Euler 法误差	改进的 Euler 法	改进的 Euler 法误差
0	0	0	0	0	0
0.1	0.099 833	0.1	−0.000 17	0.1	−0.000 17
0.2	0.198 669	0.2	−0.001 33	0.199	−0.000 33
0.3	0.295 52	0.299	−0.003 48	0.2960 08	−0.000 49
0.4	0.389 418	0.396	−0.006 58	0.390 05	−0.000 63
0.5	0.479 426	0.490 01	−0.010 58	0.480 185	−0.000 76
0.6	0.564 642	0.580 06	−0.015 42	0.565 507	−0.000 86
0.7	0.644 218	0.665 21	−0.020 99	0.645 163	−0.000 95
0.8	0.717 356	0.744 559	−0.027 2	0.718 353	−0.001
0.9	0.783 327	0.817 256	−0.033 93	0.784 344	−0.001 02
1	0.841 471	0.882 508	−0.041 04	0.842 473	−0.001

4. 证明:注意到

$$f(t,u)=-u, t_n=nh, \quad n=0,1,2,\cdots$$

梯形公式为

$$u_{n+1}=u_n+\frac{h}{2}[f(t_n,u_n)+f(t_{n+1},u_{n+1})]=u_n+\frac{h}{2}(-u_n-u_{n+1})$$

进一步解出

$$u_{n+1}=\left(\frac{1-\frac{h}{2}}{1+\frac{h}{2}}\right)u_n, \quad n=0,1,2,\cdots$$

从而,递推可得

$$u_n=\left(\frac{2-h}{2+h}\right)^n u_0=\left(\frac{2-h}{2+h}\right)^n, \quad n=0,1,2,\cdots$$

这样便有

$$\begin{aligned}\lim_{h\to 0}u_n&=\lim_{h\to 0}\left(\frac{2-h}{2+h}\right)^n=\lim_{h\to 0}\left(1-\frac{2h}{2+h}\right)^n\\&=\lim_{h\to 0}\left(1-\frac{2h}{2+h}\right)^{-\frac{2+h}{2h}\left(\frac{-2h}{2+h}\right)n}\\&=\lim_{h\to 0}\left(1-\frac{2h}{2+h}\right)^{-\frac{2+h}{2h}\left(\frac{-2}{2+h}\right)t_n}=\mathrm{e}^{-t_n}\end{aligned}$$

5. 解:由已知条件,可知 k 步 k 阶 Gear 法的表达式为

$$\sum_{j=0}^{k}\alpha_j u_{n+j}=h\beta_k f_{n+k}$$

当 $k=1$ 时,一步一阶 Gear 法的表达式为

$$\alpha_1 u_{n+1}+\alpha_0 u_n=h\beta_1 f_{n+1}$$

取 $\alpha_1=1$,而 α_0,β_1 则由 $c_0=c_1=0$ 来确定,即

$$\begin{cases}c_0=\alpha_0+1=0\\c_1=1-\beta_1=0\end{cases}$$

解得

$$\begin{cases}\alpha_0=-1\\\beta_1=1\end{cases}$$

此为隐式 Euler 法:$u_{n+1}-u_n=hf_{n+1}$.

当 $k=2$ 时,二步二阶 Gear 法的表达式为

$$\alpha_2u_{n+2}+\alpha_1u_{n+1}+\alpha_0u_n=h\beta_2f_{n+2}$$

取 $\alpha_2=1$,而 $\alpha_1,\alpha_0,\beta_2$ 则由 $c_0=c_1=c_2=0$ 来确定,即

$$\begin{cases}c_0=\alpha_0+\alpha_1+1=0\\c_1=\alpha_1+2-\beta_2=0\\c_2=\dfrac{1}{2}(\alpha_1+4)-2\beta_2=0\end{cases}$$

解得

$$\begin{cases}\alpha_0=\dfrac{1}{3}\\\alpha_1=-\dfrac{4}{3}\\\beta_2=\dfrac{2}{3}\end{cases}$$

二步二阶 Gear 法为

$$u_{n+2}-\frac{4}{3}u_{n+1}+\frac{1}{3}u_n=\frac{2}{3}hf_{n+2}$$

当 $k=3$ 时,二步二阶 Gear 法的表达式为

$$\alpha_3u_{n+3}-\alpha_2u_{n+2}+\alpha_1u_{n+1}+\alpha_0u_n=h\beta_3f_{n+3}$$

取 $\alpha_3=1,\alpha_2,\alpha_1,\alpha_0,\beta_3$ 则由 $c_0=c_1=c_2=c_3=0$ 来确定,即有方程组

$$\begin{cases}c_0=\alpha_0+\alpha_1+\alpha_2+1=0\\c_1=\alpha_1+2\alpha_2+3-\beta_2=0\\c_2=\dfrac{1}{2}(\alpha_1+4\alpha_2+9)-3\beta_2=0\\c_3=\dfrac{1}{6}(\alpha_1+8\alpha_2+27)-\dfrac{1}{2}9\beta_3=0\end{cases}$$

解得

$$\alpha_0=\frac{2}{11},\alpha_1=\frac{9}{11},\alpha_2=-\frac{18}{11},\beta_3=\frac{6}{11}$$

三步三阶 Gear 法为

$$u_{n+3}-\frac{18}{11}u_{n+2}+\frac{9}{11}u_{n+1}+\frac{2}{11}u_n=\frac{6}{11}hf_{n+3}$$

6. 证明:首先,Heun 公式可写成为

$$\begin{cases}u_{n+1}=u_n+\dfrac{h}{4}(k_1+3k_2)\\ k_1=f(t_n,u_n)\\ k_2=f\left(t_n+\dfrac{2}{3}h,u_n+\dfrac{2}{3}hk_1\right)\end{cases}$$

或

$$u_{n+1}=u_n+\frac{h}{4}\left[f(t_n,u_n)+3f\left(t_n+\frac{2}{3}h,u_n+\frac{2}{3}hf(t_n,u_n)\right)\right]$$

其局部截断误差为

$$\begin{aligned}R_{n+1}(h)&=u(t_{n+1})-u_{n+1}\\&=u(t_{n+1})-u_n-\frac{h}{4}\left[f(t_n,u_n)+3f\left(t_n+\frac{2}{3}h,u_n+\frac{2}{3}hf(t_n,u_n)\right)\right]\\&=u(t_{n+1})-u(t_n)-\frac{h}{4}\left[f(t_n,u(t_n))+3f\left(t_n+\frac{2}{3}h,u(t_n)+\frac{2}{3}hf(t_n,u(t_n))\right)\right]\end{aligned}$$

将右端第一项在 t_n 处进行一元 Taylor 展开，有

$$u(t_{n+1})=u(t_n)+u'(t_n)h+\frac{1}{2}u''(t_n)h^2+\frac{1}{3!}u'''(t_n)h^3+O(h^4)$$

再将右端第二项中 f 在(t_n,u_n)处进行二元 Taylor 展开，注意关系式

$$u''(t)=f_t+f_uf,u^{(3)}(t)=f_{tt}+2ff_{tu}+f^2f_{uu}+f_tf_u+f(f_u)^2$$

则有

$$\begin{aligned}f\left(t_n+\frac{2}{3}h,u(t_n)+\frac{2}{3}hk_1\right)&=f(t_n,u(t_n))+\left[\frac{2}{3}hf_t(t_n,u(t_n))+\frac{2}{3}hk_1f_u(t_n,u(t_n))\right]+\\&\quad\frac{1}{2}\left[f_{tt}\left(\frac{2}{3}h\right)^2+2f_{tu}\left(\frac{2}{3}h\right)\left(\frac{2}{3}hk_1\right)+2f_{uu}\left(\frac{2}{3}hk_1\right)^2\right]+O(h^3)\\&=u'(t_n)+\frac{2}{3}u''(t_n)h+\frac{1}{2}\left(\frac{2}{3}h\right)^2(f_{tt}+2ff_{tu}+f^2f_{uu})+O(h^3)\end{aligned}$$

于是

$$\begin{aligned}R_{n+1}(h)&=u(t_{n+1})-u_{n+1}\\&=u(t_{n+1})-u(t_n)-\frac{h}{4}\left[f(t_n,u(t_n))+3f\left(t_n+\frac{2}{3}h,u(t_n)+\frac{2}{3}hf(t_n,u(t_n))\right)\right]\\&=u(t_n)+u'(t_n)h+\frac{1}{2}u''(t_n)h^2+\frac{1}{3!}u'''(t_n)h^3+O(h^4)-\\&\quad u(t_n)-\frac{h}{4}\left[u'(t_n)+3u'(t_n)+2u''(t_n)h+\frac{2}{3}h^2(f_{tt}+2ff_{tu}+f^2f_{uu})+O(h^3)\right]\\&=\frac{1}{6}h^3[u'''(t_n)-(f_{tt}+2ff_{tu}+f^2f_{uu})]+O(h^4)\\&=\frac{h^3}{6}[u''(t_n)f_u(t_n,u(t_n))]+O(h^4)\end{aligned}$$

故方法是二阶的，且局部截断误差主项为

$$\frac{h^3}{6}[u''(t_n)f_u(t_n,u(t_n))]+O(h^4)$$

7. 解:已知 $\alpha_0=-1,\alpha_1=-\alpha,\alpha_2=\alpha,\alpha_3=1,\beta_0=\beta_3=0,\beta_1=\beta_2=\frac{1}{2}(3+\alpha)$,所以

$$\begin{cases} c_0=\alpha_0+\alpha_1+\alpha_2+\alpha_3=0 \\ c_1=\alpha_1+2\alpha_2+3\alpha_3-(\beta_0+\beta_1+\beta_2+\beta_3)=0 \\ c_2=\frac{1}{2}(\alpha_1+2^2\alpha_2+3^2\alpha_3)-(\beta_1+2\beta_2+3\beta_3)=0 \\ c_3=\frac{1}{6}(\alpha_1+2^3\alpha_2+3^3\alpha_3)-\frac{1}{2}(\beta_1+2^2\beta_2+3^2\beta_3)=\frac{1}{12}(-\alpha+9)=0 \\ c_4=\frac{1}{24}(\alpha_1+2^4\alpha_2+3^4\alpha_3)-\frac{1}{6}(\beta_1+2^3\beta_2+3^3\beta_3)=\frac{1}{24}(-3\alpha+27) \\ c_5=\frac{1}{120}(\alpha_1+2^5\alpha_2+3^5\alpha_3)-\frac{1}{24}(\beta_1+2^4\beta_2+3^4\beta_3)=\frac{1}{240}(-23\alpha+231) \end{cases}$$

所以当 $\alpha=9$ 时,$c_3=c_4=0$,但 $c_5\neq0$. 因此当 $\alpha=9$ 时,该多步法为四阶方法.

8. 证明:已知

$$\alpha_0=-b,\alpha_1=b-1,\alpha_2=1,\beta_0=\frac{1}{4}(3b+1),\beta_1=0,\beta_2=\frac{1}{4}(b+3)$$

所以

$$\begin{cases} c_0=\alpha_0+\alpha_1+\alpha_2=-b+b-1+1=0 \\ c_1=(\alpha_1+2\alpha_2)-(\beta_0+\beta_1+\beta_2)=b-1+2-\left[\frac{1}{4}(3b+1)+0+\frac{1}{4}(b+3)\right]=0 \\ c_2=\frac{1}{2}(\alpha_1+4\alpha_2)-(\beta_1+2\beta_2)=\frac{1}{2}(b-1+4)-\left[0+\frac{1}{2}(b+3)\right]=0 \\ c_3=\frac{1}{6}(\alpha_1+8\alpha_2)-\frac{1}{2}(\beta_1+4\beta_2)=\frac{1}{6}(b-1+8)-\frac{1}{2}[0+(b+3)]=-\frac{b+1}{3} \end{cases}$$

所以当 $b\neq-1$ 时,$c_3\neq0$,该二步法是二阶的. 又

$$\begin{aligned} c_4&=\frac{1}{24}(\alpha_1+16\alpha_2)-\frac{1}{6}(\beta_1+8\beta_2) \\ &=\frac{1}{24}(b-1+16)-\frac{1}{6}[0+2(b+3)]=-\frac{7b+9}{24} \end{aligned}$$

所以当 $b=-1$ 时,$c_3=0,c_4\neq0$,该二步法是三阶的.

当 $b=-1$ 时,线性多步法为

$$u_{n+2}-2u_{n+1}+u_n=\frac{1}{2}h(f_{n+2}-f_n)$$

则第一和第二特征多项式分别为

$$\rho(\lambda)=\lambda^2-2\lambda+1,\sigma(\lambda)=\frac{1}{2}(\lambda^2-\lambda)$$

当 $\rho(\lambda)=0$ 时,即 $\lambda=1$ 为重根,不满足根条件. 则该方法不稳定.

当 $u'=u$ 时,相应的差分方程为

$$\left(1-\frac{1}{2}h\right)u_{n+2}-2u_{n+1}+\left(1+\frac{1}{2}h\right)u_n=0$$

其对应的特征方程为

$$\left(1-\frac{1}{2}h\right)\lambda^2-2\lambda+1+\frac{1}{2}h=0$$

解得 $\lambda_1=1,\lambda_2=\dfrac{2+h}{2-h}$，所以

$$u_n=c_1+c_2\left(\frac{2+h}{2-h}\right)^n$$

代入初值 $u_0=1,u_1=1$ 得 $c_1=1,c_2=0$，得出 $u_n\equiv 1$.

又 $u'=u$ 的精确解为 $u=e^t$，从而，当 $t\to\infty$ 时，$|u-u_m|=|e^t-1|\to\infty$.

所以方法发散.

9. 解：(1)特征方程为

$$\rho(\lambda)-\bar{h}\sigma(\lambda)=\lambda^2-\lambda-\frac{\bar{h}}{12}(5\lambda^2+8\lambda-1)=\left(1-\frac{5\bar{h}}{12}\right)\lambda^2-\left(1+\frac{8\bar{h}}{12}\right)\lambda+\frac{\bar{h}}{12}=0$$

即

$$\lambda^2-\frac{12+8\bar{h}}{12-5\bar{h}}\lambda-\frac{-\bar{h}}{12-5\bar{h}}=0$$

$|\lambda|<1$ 的充分必要条件为

$$\left|\frac{12+8\bar{h}}{12-5\bar{h}}\right|<1-\frac{-\bar{h}}{12-5\bar{h}}<2$$

求解可得 $-6<\bar{h}<0$.

(2)由差分格式可知，$\rho(\lambda)=\lambda^2-\dfrac{4}{3}\lambda+\dfrac{1}{3},\sigma(\lambda)=\dfrac{2}{3}\lambda^2$，从而

$$\rho(\lambda)-\bar{h}\sigma(\lambda)=\left(1-\frac{2}{3}\bar{h}\right)\lambda^2-\frac{4}{3}\lambda+\frac{1}{3}=0$$

即

$$\lambda^2-\frac{4}{3-2\bar{h}}\lambda+\frac{1}{3-2\bar{h}}=0$$

$|\lambda|<1$ 的充分必要条件为 $\left|\dfrac{4}{3-2\bar{h}}\right|<1+\dfrac{1}{3-2\bar{h}}<2$，可推出 $\bar{h}<0$.

(3)特征方程为

$$\rho(\lambda)-\bar{h}\sigma(\lambda)=\lambda^2-\frac{4}{5}\lambda-\frac{1}{5}-\frac{\bar{h}}{5}(2\lambda^2+4\lambda)=\left(1-\frac{2\bar{h}}{5}\right)\lambda^2-\left(\frac{4}{5}+\frac{4\bar{h}}{5}\right)\lambda-\frac{1}{5}=0$$

即

$$\lambda^2-\frac{4+4\bar{h}}{5-2\bar{h}}\lambda-\frac{1}{5-2\bar{h}}=0$$

$|\lambda|<1$ 的充分必要条件为

$$\left|\frac{4+4\bar{h}}{5-2\bar{h}}\right|<1-\frac{1}{5-2\bar{h}}<2$$

求解可得 $-4<\bar{h}<0$.

10. 解：对于模型问题：$u'=\mu u(\mu<0)$，则

$$k_1=f(t_n,u_n)=\mu u_n$$

$$k_2=f\left(t_n+h,u_n+\frac{h}{2}(k_1+k_2)\right)=\mu\left(u_n+\frac{h}{2}(k_1+k_2)\right)=\mu\left(u_n+\frac{h}{2}(\mu u_n+k_2)\right)$$

进一步解出，$k_2=\dfrac{\left(\mu+\dfrac{h\mu^2}{2}\right)u_n}{1-\dfrac{\mu h}{2}}$，则上述二级二阶隐式 Runge-Kutta 公式可写成

$$u_{n+1}=u_n+\frac{h}{2}(k_1+k_2)=\mu u_n+\frac{h}{2}\left(\mu u_n+\frac{\left(\mu+\dfrac{h\mu^2}{2}\right)u_n}{1-\dfrac{\mu h}{2}}\right)$$

取$\bar{h}=\mu h$，则有

$$u_{n+1}=\left(1+\frac{\bar{h}}{2}+\frac{\dfrac{\bar{h}}{2}+\dfrac{\bar{h}^2}{4}}{1-\dfrac{\bar{h}}{2}}\right)u_n$$

$$\lambda(\bar{h})=\frac{1-\dfrac{\bar{h}}{2}+\dfrac{\bar{h}}{2}\left(1-\dfrac{\bar{h}}{2}\right)+\dfrac{\bar{h}}{2}+\dfrac{\bar{h}^2}{4}}{1-\dfrac{\bar{h}}{2}}=\frac{1+\dfrac{\bar{h}}{2}}{1-\dfrac{\bar{h}}{2}}$$

显然，此隐式方法的绝对稳定区间为$(-\infty,0)$.

11. 证明：分析本题主要是求上述方法的局部截断误差，这就需要对精确解用一元 Taylor 展开，还要看 k_2 和 k_3 的 f 在(t_n,u_n)处进行二元函数的 Taylor 展开，并注意到

$$u'(t)=f,u''(t)=f_t+f_uf,u^{(3)}(t)=f_{tt}+2ff_{tu}+f^2f_{uu}+f_tf_u+f(f_u)^2$$

首先，$u(t_{n+1})=u(t_n)+u'(t_n)h+\dfrac{1}{2}u''(t_n)h^2+\dfrac{1}{3!}u'''(t_n)h^3+O(h^4)$，所以

$$u(t_{n+1})=u(t_n)+f(t_n,u(t_n))h+\frac{1}{2}[f_t(t_n,u(t_n))+f_u(t_n,u(t_n))f(t_n,u(t_n))]h^2+O(h^3)$$

再由二元函数的 Taylor 展开，得

$$\begin{aligned}k_2&=f(t_n+\alpha h,u(t_n)+\alpha hk_1)\\&=f(t_n,u(t_n))+[\alpha hf_t(t_n,u(t_n))+\alpha hk_1f_u(t_n,u(t_n))]+O(h^2)\\k_3&=f(t_n+(1-\alpha)h,u(t_n)+(1-\alpha)hk_1)\\&=f(t_n,u(t_n))+[(1-\alpha)hf_t(t_n,u(t_n))+(1-\alpha)hk_1f_u(t_n,u(t_n))]+O(h^2)\end{aligned}$$

于是

$$\begin{aligned}R_{n+1}(h)&=u(t_{n+1})-u_{n+1}\\&=u(t_n)+f(t_n,u(t_n))h+\frac{1}{2}[f_t(t_n,u(t_n))+f_u(t_n,u(t_n))f(t_n,u(t_n))]h^2+\\&\quad O(h^3)-u(t_n)-\frac{h}{2}(k_1+k_2)\\&=f(t_n,u(t_n))h+\frac{1}{2}[f_t(t_n,u(t_n))+f_u(t_n,u(t_n))f(t_n,u(t_n))]h^2-\\&\quad\frac{h}{2}\{f(t_n,u(t_n))+[\alpha hf_t(t_n,u(t_n))+\alpha hk_1f_u(t_n,u(t_n))]\}-\end{aligned}$$

$$\frac{h}{2}\{f(t_n,u(t_n))+[(1-\alpha)hf_t(t_n,u(t_n))+(1-\alpha)hk_1f_u(t_n,u(t_n))]\}+$$
$$O(h^3)$$
$$=\{[1-\alpha-(1-\alpha)f_t(t_n,u(t_n))]+$$
$$[1-\alpha(1-\alpha)(f_t(t_n,u(t_n))+f(t_n,u(t_n))f_u(t_n,u(t_n)))]\}\frac{h^2}{2}+$$
$$O(h^3)$$
$$=O(h^3)$$

故上述方法对任意参数 α 都是二阶的.

12. 解:(1)右端对应的矩阵为

$$\boldsymbol{A}=\begin{pmatrix}-0.1 & 199.9\\ 0 & -200\end{pmatrix}$$

经过计算矩阵 $\boldsymbol{A}$ 可分解为 $\boldsymbol{A}=\boldsymbol{T}\cdot\mathrm{diag}(-0.1,-200)\cdot\boldsymbol{T}^{-1}$,其中

$$\boldsymbol{T}=\begin{pmatrix}1 & 1\\ 0 & -1\end{pmatrix},\boldsymbol{T}^{-1}=\begin{pmatrix}1 & 1\\ 0 & -1\end{pmatrix}$$

若令 $\boldsymbol{x}=(u,v)^{\mathrm{T}}$,则方程的精确解为

$$x(t)=\mathrm{e}^{\boldsymbol{A}t}x(0)=\begin{pmatrix}1 & 1\\ 0 & -1\end{pmatrix}\begin{bmatrix}\mathrm{e}^{-0.1t} & 0\\ 0 & \mathrm{e}^{-200t}\end{bmatrix}\begin{pmatrix}1 & 1\\ 0 & -1\end{pmatrix}\begin{pmatrix}2\\ 1\end{pmatrix}=\begin{bmatrix}3\mathrm{e}^{-0.1t}-\mathrm{e}^{-200t}\\ \mathrm{e}^{-200t}\end{bmatrix}$$

(2)刚性比为 200/0.1=2 000.

(3)四级四阶 Runge-Kutta 法的绝对稳定区间为(−2.78,0),因此步长需满足

$$h<\frac{2.78}{200}=0.013\ 9$$

13. 解:首先,当 $h=0.5$ 时,应取 $N=4$,节点为 $t_n=a+nh,n=0,1,2,3,4$.即用节点

$$t_0=-1,t_1=-0.5,t_2=0,t_3=0.5,t_4=1$$

将区间[−1,1] 离散化.

其次,将上述二阶常微分方程在节点 $t_n,n=1,2,3$ 处离散化,即由数值微分公式可得

$$u''(t_n)=\frac{u(t_{n+1})-2u(t_n)+u(t_{n-1})}{h^2}+O(h^2),\quad n=1,2,3$$

那么,在 t_n 处上述二阶常微分方程写成

$$\frac{u(t_{n+1})-2u(t_n)+u(x_{n-1})}{h^2}-(1+t_n^2)u(t_n)=O(h^2),\quad n=1,2,3$$

舍去 $O(h^2)$,并用 u_n 近似代替 $u(t_n)$,则得到方程组

$$\frac{u_{n+1}-2u_n+u_{n-1}}{h^2}-(1+t_n^2)u_n=0,\quad n=1,2,3$$
$$u_0=1,u_4=1$$

将上式改写为

$$u_{n-1}-(2+(1+t_n^2)h)u_n+u_{n+1}=0,\quad n=1,2,3 \tag{1}$$
$$u_0=1,u_4=1$$

当 $n=1$ 时,有 $u_0-(2+(1+t_1^2)h)u_1+u_2=0$,将 $u_0=1$ 代入得

$$-2.625u_1+u_2=-1 \tag{2}$$

当 $n=3$ 时，有 $u_2-(2+(1+t_3^2)h)u_3+u_4=0$，将 $u_4=1$ 代入得

$$u_2-2.625u_3=-1 \tag{3}$$

综合式(1)(2)和(3)，得到线性方程组

$$\begin{bmatrix}-2.625 & 1 & 0\\ 1 & -2.5 & 1\\ 0 & 1 & -2.625\end{bmatrix}\begin{bmatrix}u_1\\ u_2\\ u_3\end{bmatrix}=\begin{bmatrix}-1\\ 0\\ -1\end{bmatrix}.$$

此方程组的系数矩阵为三对角矩阵且严格对角占优，故可用追赶法求解.求解可得

$$u_1=0.5479,u_2=0.4384,u_3=0.5479$$

自测题参考答案与提示

自测题一

一、1. $\frac{1}{10}\times10^{-4}$ 或 1×10^{-5}.

2. B.

3. $\left(-2,-\sqrt{\frac{5}{3}}\right),\left(-\sqrt{\frac{5}{3}},0\right),\left(\sqrt{\frac{5}{3}},3\right)$(注:答案不唯一);$x_{k+1}=x_k-\frac{x_k^3-5x_k-3}{3x_k^2-5}$,2.

4. $\frac{4+\sqrt{13}}{6}$,27.

5. $\frac{1}{4}(2x^2-1)$,0 .

6. $\frac{1}{20},\frac{1}{60},\frac{1}{60}x^2+\frac{1}{30}x+\frac{1}{5}$.

7. $\begin{pmatrix}\frac{1}{4} & 0\\ 0 & 0\end{pmatrix},\begin{pmatrix}1 & 0\\ 0 & 0\end{pmatrix},\begin{pmatrix}\frac{1}{3} & 0\\ 0 & 0\end{pmatrix}$.

8. $5x^4+4x^3+3x^2+2x+1$.

9. 对角矩阵 $\boldsymbol{D}\in\mathbf{R}^{n\times n}$.

10. $\begin{pmatrix}\sqrt{3} & 0\\ \frac{4}{\sqrt{3}} & \sqrt{\frac{2}{3}}\end{pmatrix},\begin{pmatrix}\frac{3}{5} & \frac{4}{5}\\ \frac{4}{5} & -\frac{3}{5}\end{pmatrix}$.

11. $\frac{1}{3}\left(\frac{1}{2}f(0)+f(1)\right)$.

12. $u_{n+1}=u_n+\frac{h}{2}(\cos\sqrt{u_n}+\cos\sqrt{u_{n+1}})$,$n=0,1,\cdots$;$(-\infty,0)$.

二、解:$\frac{1}{y}=a+b\frac{1}{x}$,取 $z=\frac{1}{y}$,$t=\frac{1}{x}$,则得 $z=a+bt$,相应的离散数据为:

t_i	1	2	3	4	5
z_i	2	4	6.4	8	8.6

法方程组为

$$\begin{bmatrix} 5 & \sum_{i=1}^{5} t_i \\ \sum_{i=1}^{5} t_i & \sum_{i=1}^{5} t_i^2 \end{bmatrix}\begin{pmatrix} a \\ b \end{pmatrix}=\begin{bmatrix} \sum_{i=1}^{5} z_i \\ \sum_{i=1}^{5} t_i \cdot z_i \end{bmatrix}$$

即为 $\begin{pmatrix} 5 & 15 \\ 15 & 55 \end{pmatrix}\begin{pmatrix} a \\ b \end{pmatrix}=\begin{bmatrix} 29 \\ \dfrac{521}{5} \end{bmatrix}$，解之，$a=0.64$，$b=1.72$，则 $y=\dfrac{x}{0.64x+1.72}$.

三、解：(1)系数矩阵 $\boldsymbol{A}$ 的 Doolittle 分解为

$$\begin{bmatrix} 1 & 0 & 4 \\ 1 & 3 & 4 \\ 0 & 3 & 2 \end{bmatrix}=\begin{bmatrix} 1 & 0 & 0 \\ 1 & 1 & 0 \\ 0 & 1 & 1 \end{bmatrix}\begin{bmatrix} 1 & 0 & 4 \\ 0 & 3 & 0 \\ 0 & 0 & 2 \end{bmatrix}$$

用 Doolittle 分解法求线性方程组

$$\begin{bmatrix} 1 & 0 & 0 \\ 1 & 1 & 0 \\ 0 & 1 & 1 \end{bmatrix}\begin{bmatrix} y_1 \\ y_2 \\ y_3 \end{bmatrix}=\begin{bmatrix} 1 \\ 10 \\ 11 \end{bmatrix} \text{和} \begin{bmatrix} 1 & 0 & 4 \\ 0 & 3 & 0 \\ 0 & 0 & 2 \end{bmatrix}\begin{bmatrix} x_1 \\ x_2 \\ x_3 \end{bmatrix}=\begin{bmatrix} 1 \\ 9 \\ 2 \end{bmatrix}$$

得 $\begin{bmatrix} x_1 \\ x_2 \\ x_3 \end{bmatrix}=\begin{bmatrix} -3 \\ 3 \\ 1 \end{bmatrix}$.

(2)设 $\boldsymbol{A}^{-1}=\boldsymbol{X}=(\boldsymbol{X}_1,\boldsymbol{X}_2,\boldsymbol{X}_3)=\begin{bmatrix} x_{11} & x_{12} & x_{13} \\ x_{21} & x_{22} & x_{23} \\ x_{31} & x_{32} & x_{33} \end{bmatrix}$，则有

$$\begin{bmatrix} 1 & 0 & 0 \\ 1 & 1 & 0 \\ 0 & 1 & 1 \end{bmatrix}\begin{bmatrix} 1 & 0 & 4 \\ 0 & 3 & 0 \\ 0 & 0 & 2 \end{bmatrix}\begin{bmatrix} x_{11} & x_{12} & x_{13} \\ x_{21} & x_{22} & x_{23} \\ x_{31} & x_{32} & x_{33} \end{bmatrix}=\begin{bmatrix} 1 & 0 & 0 \\ 0 & 1 & 0 \\ 0 & 0 & 1 \end{bmatrix}$$

解得

$$\boldsymbol{A}^{-1}=\begin{bmatrix} -1 & 2 & -2 \\ -\dfrac{1}{3} & \dfrac{1}{3} & 0 \\ \dfrac{1}{2} & -\dfrac{1}{2} & \dfrac{1}{2} \end{bmatrix}$$

(3)求 Gauss-Seidel 迭代法的迭代矩阵 $\boldsymbol{B}_G=(\boldsymbol{D}-\boldsymbol{L})^{-1}\boldsymbol{U}$ 的谱半径.

$$\det[\lambda(\boldsymbol{D}-\boldsymbol{L})-\boldsymbol{U}]=\begin{vmatrix} \lambda & 0 & 4 \\ \lambda & 3\lambda & 4 \\ 0 & 3\lambda & 2\lambda \end{vmatrix}=6\lambda^3-12\lambda^2+12\lambda^2=6\lambda^3=0$$

得 $\rho(\boldsymbol{B}_G)=\lambda_{\max}=0$，故 Gauss-Seidel 迭代法收敛.

Gauss-Seidel 迭代法：$\begin{cases} x_1^{(k+1)}=1-4x_3^{(k)} \\ x_2^{(k+1)}=\dfrac{1}{3}(10-x_1^{(k+1)}-4x_3^{(k)}) \\ x_3^{(k+1)}=\dfrac{1}{2}(11-3x_2^{(k+1)}) \end{cases}$，初始向量 $\boldsymbol{x}=(0,0,0)^{\mathrm{T}}$，则

$$\begin{cases} x_1^{(1)}=1 \\ x_2^{(1)}=3, \\ x_3^{(1)}=1 \end{cases} \begin{cases} x_1^{(2)}=1-4=-3 \\ x_2^{(2)}=\dfrac{1}{3}(10+3-4)=3 \\ x_3^{(2)}=\dfrac{1}{2}(11-9)=1 \end{cases}, \begin{cases} x_1^{(3)}=1-4=-3 \\ x_2^{(3)}=\dfrac{1}{3}(10+3-4)=3 \\ x_3^{(3)}=\dfrac{1}{2}(11-9)=1 \end{cases}$$

四、解：(1) $\alpha_2=1,\alpha_1=0,\alpha_0=-1,\beta_2=0,\beta_1=2,\beta_0=0$

$$c_0=1-1=0,c_1=2-2=0,c_2=\frac{1}{2}\times4-2=0$$

$$c_3=\frac{1}{6}\times8-\frac{1}{2}\times2=\frac{4}{3}-1=\frac{1}{3}$$

局部截断误差主项：$\dfrac{1}{3}h^3u^{(3)}(t_n)$，二步二阶方法. $\rho(\lambda)=\lambda^2-1$，满足根条件，故此格式收敛.

(2) 特征方程为

$$\rho(\lambda)-\bar{h}\sigma(\lambda)=\lambda^2-2\bar{h}\lambda-1=0,\lambda_{1,2}=\bar{h}\pm\sqrt{\bar{h}^2+1}$$

由于 $\bar{h}<0$，所以必有根

$$|\bar{h}-\sqrt{\bar{h}^2+1}|>1$$

故此格式绝对不稳定.

五、解：$\boldsymbol{A}^{\mathrm{T}}\boldsymbol{A}=\begin{pmatrix}0 & 1\\0 & 1\end{pmatrix}\begin{pmatrix}0 & 0\\1 & 1\end{pmatrix}=\begin{pmatrix}1 & 1\\1 & 1\end{pmatrix}$，有

$$\det(\lambda\boldsymbol{I}-\boldsymbol{A}^{\mathrm{T}}\boldsymbol{A})=\begin{vmatrix}\lambda-1 & -1\\-1 & \lambda-1\end{vmatrix}=(\lambda-1)^2-1=0$$

则 $\boldsymbol{A}^{\mathrm{T}}\boldsymbol{A}$ 的特征值为 $\lambda_1=2,\lambda_2=0\ (\sigma_1=\sqrt{2},\sigma_2=0)$，所以 $\boldsymbol{\Sigma}=(\sqrt{2})$.

下面求对应的标准正交的特征向量（正规直交），即

$$\begin{pmatrix}1 & -1\\-1 & 1\end{pmatrix}\begin{bmatrix}x_1\\x_2\end{bmatrix}=\begin{pmatrix}0\\0\end{pmatrix}\Leftrightarrow\begin{cases}x_1-x_2=0\\x_2-x_1=0\end{cases}\Rightarrow\boldsymbol{v}_1=\frac{1}{\sqrt{2}}\begin{pmatrix}1\\1\end{pmatrix}$$

$$\begin{pmatrix}-1 & -1\\-1 & -1\end{pmatrix}\begin{bmatrix}x_1\\x_2\end{bmatrix}=\begin{pmatrix}0\\0\end{pmatrix}\Leftrightarrow\begin{cases}x_1+x_2=0\\x_2+x_1=0\end{cases}\Rightarrow\boldsymbol{v}_2=\frac{1}{\sqrt{2}}\begin{pmatrix}1\\-1\end{pmatrix}$$

即 $\boldsymbol{V}=(\boldsymbol{v}_1\quad\boldsymbol{v}_2)=\dfrac{1}{\sqrt{2}}\begin{pmatrix}1 & 1\\1 & -1\end{pmatrix}$，因 $\operatorname{rank}(\boldsymbol{A})=1$，故有 $\boldsymbol{V}_1=\boldsymbol{v}_1=\dfrac{1}{\sqrt{2}}\begin{pmatrix}1\\1\end{pmatrix}$.

计算得

$$\boldsymbol{U}_1=\boldsymbol{A}\boldsymbol{V}_1\boldsymbol{\Sigma}^{-1}=\begin{pmatrix}0 & 0\\1 & 1\end{pmatrix}\frac{1}{\sqrt{2}}\begin{pmatrix}1\\1\end{pmatrix}\left(\frac{1}{\sqrt{2}}\right)=\begin{pmatrix}0\\1\end{pmatrix}$$

计算 $\boldsymbol{U}_2$，使其与 $\boldsymbol{U}_1$ 构成 $\mathbf{R}^2$ 的一组标准正交基，可取 $\boldsymbol{U}_2=\begin{pmatrix}1\\0\end{pmatrix}$，则

$$\boldsymbol{U}=(\boldsymbol{U}_1\quad \boldsymbol{U}_2)=\begin{pmatrix}0&1\\1&0\end{pmatrix}$$

故矩阵 $\boldsymbol{A}$ 的奇异值分解为

$$\begin{pmatrix}0&0\\1&1\end{pmatrix}=\begin{pmatrix}0&1\\1&0\end{pmatrix}\begin{pmatrix}\sqrt{2}&0\\0&0\end{pmatrix}\begin{pmatrix}\frac{1}{\sqrt{2}}&\frac{1}{\sqrt{2}}\\\frac{1}{\sqrt{2}}&\frac{-1}{\sqrt{2}}\end{pmatrix}$$

并据此计算 $\|\boldsymbol{A}\|_2=\sqrt{2}$，$\|\boldsymbol{A}\|_F=\sqrt{2}$.

六、解：$\det(\lambda\boldsymbol{I}-\boldsymbol{A})=\begin{vmatrix}\lambda&0&0\\-1&\lambda&1\\0&0&\lambda\end{vmatrix}=\lambda^3=0$，$\boldsymbol{A}$ 的特征值为 0，代数重复度为 3. 另外 $\boldsymbol{I}-\boldsymbol{A}=\begin{pmatrix}0&0&0\\-1&0&1\\0&0&0\end{pmatrix}$，$\text{rank}(\boldsymbol{I}-\boldsymbol{A})=1$，$\boldsymbol{A}$ 的几何重复度为 2. $\boldsymbol{A}$ 的 Jordan 标准型 $\boldsymbol{J}=\begin{pmatrix}0&0&0\\0&0&1\\0&0&0\end{pmatrix}$. 设 $q(\lambda)=b_2\lambda^2+b_1\lambda+b_0$，$f(\lambda t)=e^{\lambda t}$. 则

$$q(0)=b_0=e^0=1,q'(0)=b_1=te^0=t,q''(0)=2b_2=t^2e^0=t^2$$

这样便有

$$e^{t\boldsymbol{A}}=b_2\boldsymbol{A}^2+b_1\boldsymbol{A}+b_0\boldsymbol{I}=\frac{t^2}{2}\boldsymbol{A}^2+t\boldsymbol{A}+\boldsymbol{I}=\begin{pmatrix}1&0&0\\t&1&-t\\0&0&1\end{pmatrix}$$

七、证明：由于迭代矩阵的谱半径 $\rho(\boldsymbol{B})=0$，则有 $\psi(\lambda)=\det(\lambda\boldsymbol{I}-\boldsymbol{B})=\lambda^n$. 由 Hamilton-Cayley 定理可知，$\psi(\boldsymbol{B})=\boldsymbol{B}^n=\boldsymbol{0}$. 从而 $\boldsymbol{x}^{(k)}-\boldsymbol{x}^*=\boldsymbol{B}^k(\boldsymbol{x}^{(0)}-\boldsymbol{x}^*)=\boldsymbol{0}$，当 $k=n$ 时. 即 $\boldsymbol{x}^{(k)}=\boldsymbol{x}^*$.

自测题二

一、**1.** 0.2×10^{-5}，4.

2. $\frac{3}{4}$.

3. C.

4. $[-2,-1]$，$[-1,0]$，$[1,2]$（注：答案不唯一）；$x_{k+1}=x_k-\dfrac{x_k^3-3x_k-1}{x_k^2+x_kx_{k-1}+x_{k-1}^2-3}$.

5. $\begin{pmatrix}0.6\times0.1^{100}+0.4\times0.4^{100}&0.4\times0.1^{100}-0.4\times0.4^{100}\\0.6\times0.1^{100}-0.6\times0.4^{100}&0.4\times0.1^{100}+0.6\times0.4^{100}\end{pmatrix}$，$\boldsymbol{0}$.

6. $\frac{x^2}{12}-\frac{x}{12}+\frac{1}{72}$，0.

7. 2，0，$-2+5x+2x(x-1)$ 或 $2x^2+3x-2$.

8. $\frac{1}{3}\begin{pmatrix}2 & 1 & 2\\ 1 & 2 & -2\\ 2 & -2 & -1\end{pmatrix}$,3.

9. $\begin{pmatrix}\lambda & 1 & \\ & \lambda & 1\\ & & \lambda\end{pmatrix}$,$\begin{pmatrix}\lambda & 0 & \\ & \lambda & 1\\ & & \lambda\end{pmatrix}$,$\begin{pmatrix}\lambda & 0 & \\ & \lambda & 0\\ & & \lambda\end{pmatrix}$.

10. 是,10.

11. $\frac{1}{2}f\left(\frac{1}{2}+\frac{\sqrt{3}}{6}\right)+\frac{1}{2}f\left(\frac{1}{2}-\frac{\sqrt{3}}{6}\right)$,3.

12. $u_{n+1}-u_n=\frac{h}{2}(t_n^2u_n+t_n+t_{n+1}^2u_{n+1}+t_{n+1})$,$u_{n+1}-u_n=h(t_{n+1}^2u_{n+1}+t_{n+1})$.

13. $x^3+6x^2+10x+9+k(x+1)^3$.

14. x^2-x.

15. $\frac{1}{\sqrt{2}}\begin{pmatrix}1 & -1\\ 1 & 1\end{pmatrix}\begin{pmatrix}5\sqrt{2} & 0\\ 0 & 0\end{pmatrix}\begin{pmatrix}3 & 4\\ 4 & -3\end{pmatrix}/5$.

二、解:(1)Jacobi 迭代矩阵 $\begin{pmatrix}0 & 0 & -a\\ 0 & 0 & 0\\ -a & 0 & 0\end{pmatrix}$,当 $|a|<1$ 时收敛;

Gauss-Seidel 迭代法:$\begin{vmatrix}\lambda & 0 & a\\ 0 & \lambda & 0\\ \lambda a & 0 & \lambda\end{vmatrix}$ 的特征值为 $0,0,a^2$,因此,当 $|a|<1$ 时收敛.

(2) 当 $|a|<1$ 时 $\boldsymbol{A}$ 正定,分解形式为 $\boldsymbol{G}=\begin{pmatrix}1 & 0 & 0\\ 0 & 1 & 0\\ a & 0 & \sqrt{1-a^2}\end{pmatrix}$,$\boldsymbol{A}=\boldsymbol{G}\boldsymbol{G}^{\mathrm{T}}$.

(3)$\boldsymbol{x}^{(k+1)}=\begin{pmatrix}0 & 0 & -a\\ 0 & 0 & 0\\ -a & 0 & 0\end{pmatrix}\boldsymbol{x}^{(k)}+\boldsymbol{b}$,$k=0,1,2,\cdots$,故有

$\boldsymbol{x}^{(1)}=(1,1,1)^{\mathrm{T}}$,$\boldsymbol{x}^{(2)}=(1-a,1,1-a)^{\mathrm{T}}$,$\boldsymbol{x}^{(3)}=(1-a+a^2,1,1-a+a^2)^{\mathrm{T}}$

三、解:(1)$c_0=1-1=0$,$c_1=2-(\gamma+\beta)=0$,$c_2=2-2\beta=0$,解得 $\beta=\gamma=1$.

(2)$c_3=\frac{8}{3}-2\beta\neq 0$,因此局部截断误差主项为 $\frac{2}{3}h^3u^{(3)}(t_n)$. 因为 $\rho(\lambda)=\lambda^2-1$,$\sigma(\lambda)=\lambda^2+1$,$\rho(\lambda)$ 的根位于单位圆上,且是单根,故此格式收敛.

(3) 绝对稳定区间为求解 $-1<\frac{1+\bar{h}}{1-\bar{h}}<1$,因此 $\bar{h}\in(0,+\infty)$.

四、解:(1)$f(1.5)=\frac{1}{2}\mathrm{e}^{1.5}-1>0$,$f(x)=-1<0$,因此根 x^* 位于(1,1.5)中,是单根.

(2)Newton 迭代法

$$x_{k+1}=x_k-\frac{f(x_k)}{f'(x_k)}=x_k-\frac{x_k-1-\mathrm{e}^{-x_k}}{x_k}$$

$f'(x^*) = x^* e^{x^*} \neq 0$,收敛阶为 2.

简单迭代法

$$x_{k+1} = \varphi(x_k) = 1 + e^{-x_k}$$

$0 < |\varphi'(x^*)| = e^{-x^*} < 1$,收敛阶为 1.

五、解:等式两边取自然对数:$\ln y = \ln a - \frac{1}{t}b$,令 $Y = \ln y$,$\ln a = A$,$T = -\frac{1}{t}$,

得 $Y = A + bT$,相应的离散数据如下表:

t_i	1	$\frac{1}{2}$	$\frac{1}{3}$	$\frac{1}{4}$	$\frac{1}{5}$
y_i	$e^{0.1}$	$e^{0.2}$	$e^{0.4}$	$e^{0.5}$	$e^{0.8}$
T_i	-1	-2	-3	-4	-5
Y_i	0.1	0.2	0.4	0.5	0.8

则法方程组为

$$\begin{pmatrix} 5 & -15 \\ -15 & 55 \end{pmatrix}\begin{pmatrix} A \\ b \end{pmatrix} = \begin{pmatrix} 2 \\ -7.7 \end{pmatrix}$$

解得 $b = -0.17$,$A = -0.11$,于是 $a = e^A = e^{-0.11}$,即 $y = e^{\frac{0.17-0.11t}{t}}$.

六、解:令 $\boldsymbol{B} = \begin{bmatrix} 0 & 0 & 0 \\ 1 & 1 & 0 \\ 0 & 0 & 0 \end{bmatrix}$,从而 $\det(\lambda\boldsymbol{I} - \boldsymbol{B}) = \begin{vmatrix} \lambda & 0 & 0 \\ -1 & \lambda-1 & 0 \\ 0 & 0 & \lambda \end{vmatrix} = \lambda^2(\lambda - 1)$.

$\boldsymbol{A}$ 的特征值为 $\lambda_1 = 0$(二重根),$\lambda_2 = \frac{1}{2}$.

由 $0 \cdot \boldsymbol{I} - \boldsymbol{A} = \begin{bmatrix} 0 & 0 & 0 \\ -1 & -1 & 0 \\ 0 & 0 & 0 \end{bmatrix}$ 可知,$\text{rank}(0\boldsymbol{I} - \boldsymbol{A}) = 1$,从而 $\lambda_1 = 0$(二重根)几何重复度为 2. $\boldsymbol{A}$ 的 Jordan 标准型为

$$\boldsymbol{J} = \begin{bmatrix} 0 & 0 & 0 \\ 0 & 0 & 0 \\ 0 & 0 & \frac{1}{2} \end{bmatrix}$$

进一步可得

$$\sin(2t\boldsymbol{J}) = \begin{bmatrix} 0 & 0 & 0 \\ 0 & 0 & 0 \\ 0 & 0 & \sin t \end{bmatrix}$$

注意到:$\boldsymbol{T} = \begin{bmatrix} 1 & 1 & 0 \\ -1 & -1 & 1 \\ 0 & 1 & 0 \end{bmatrix}$,$\boldsymbol{T}^{-1} = \begin{bmatrix} 1 & 0 & -1 \\ 0 & 0 & 1 \\ 1 & 1 & 0 \end{bmatrix}$,$\boldsymbol{A} = \boldsymbol{TJT}^{-1}$,从而

$$\sin(2t\boldsymbol{A}) = \boldsymbol{T}\sin(2t\boldsymbol{J})\boldsymbol{T}^{-1} = \begin{bmatrix} 1 & 1 & 0 \\ -1 & -1 & 1 \\ 0 & 1 & 0 \end{bmatrix}\begin{bmatrix} 0 & 0 & 0 \\ 0 & 0 & 0 \\ 0 & 0 & \sin t \end{bmatrix}\begin{bmatrix} 1 & 0 & -1 \\ 0 & 0 & 1 \\ 1 & 1 & 0 \end{bmatrix}$$

$$=\begin{pmatrix}0&0&0\\ \sin t&\sin t&0\\ 0&0&0\end{pmatrix}$$

$$\sum_{n=1}^{\infty}\boldsymbol{A}^{i}=(\boldsymbol{I}-\boldsymbol{A})^{-1}-\boldsymbol{I}=\left[\begin{pmatrix}1&0&0\\0&1&0\\0&0&1\end{pmatrix}-\frac{1}{2}\begin{pmatrix}0&0&0\\1&1&0\\0&0&0\end{pmatrix}\right]^{-1}-\begin{pmatrix}1&0&0\\0&1&0\\0&0&1\end{pmatrix}$$

$$=\begin{pmatrix}1&0&0\\-\frac{1}{2}&\frac{1}{2}&0\\0&0&1\end{pmatrix}^{-1}-\begin{pmatrix}1&0&0\\0&1&0\\0&0&1\end{pmatrix}$$

$$=\begin{pmatrix}1&0&0\\1&2&0\\0&0&1\end{pmatrix}-\begin{pmatrix}1&0&0\\0&1&0\\0&0&1\end{pmatrix}=\begin{pmatrix}0&0&0\\1&1&0\\0&0&0\end{pmatrix}$$

七、解：令 $\boldsymbol{P}=\boldsymbol{UDU}^{\mathrm{H}}$，$\boldsymbol{D}$ 是对角矩阵，$\boldsymbol{U}$ 是正交矩阵，则 $\boldsymbol{P}^2=\boldsymbol{P}$ 意味着

$$\boldsymbol{D}=\mathrm{diag}(1,\cdots,1,0,\cdots,0)$$

特征值 1 的重数为 r，因此 $\|\boldsymbol{P}\|_2=1$，$\|\boldsymbol{P}\|_{\mathrm{F}}=\sqrt{r}$.

自测题三

一、**1.** B.　**2.** B.　**3.** C.

4. √　**5.** √　**6.** ×　**7.** √　**8.** ×

9. x^3+x^2，16.

10. -1，1.

11. $\begin{pmatrix}\frac{4}{5}&-\frac{3}{5}\\ \frac{3}{5}&\frac{4}{5}\end{pmatrix}$，$\begin{pmatrix}2&0\\ \frac{3}{2}&\frac{\sqrt{7}}{2}\end{pmatrix}$.

12. $\int_0^1(x^2-x+1)\mathrm{d}x=\frac{5}{6}$.

13. $|1+3.00+3.10|\times\frac{1}{2}\times10^{-2}=0.355\times10$.

14. $\frac{2}{1-\mathrm{e}^{x_k}}$.

15. $\sqrt{2}+2$.

16. $\frac{((4x-3)x-2)x-1}{(((x+0)x+1)x+1)x-1}$.

17. $\begin{pmatrix}0&\frac{1}{2}&0\\ \frac{1}{3}&0&\frac{1}{3}\\ 0&\frac{1}{2}&0\end{pmatrix}$，$\begin{cases}x_1^{(k+1)}=1+\frac{x_2^{(k)}}{2}\\ x_2^{(k+1)}=\frac{1}{3}(1+x_1^{(k+1)}+x_3^{(k)})\\ x_3^{(k+1)}=1+\frac{x_2^{(k+1)}}{2}\end{cases}$，两个迭代法都收敛.

18. $x_{k+1}=x_k-\frac{e^{x_k}-e^{-x_k}}{e^{x_k}+e^{-x_k}}$,3.

19. $\begin{pmatrix}1 & 4\\ 0 & 1\end{pmatrix}$.

二、解：$\int_{-0.5}^{0.5}f(x)\mathrm{d}x\approx T_4=\frac{1}{8}[-3+2\times(2+1)+3]=\frac{3}{4}$.

$\int_{-0.5}^{0.5}f(x)\mathrm{d}x\approx S_2=\frac{1}{12}[-3+2\times2+4\times(0+1)+3]=\frac{2}{3}$.

三、解：(1)已知 $\beta_0=\beta_1=0,\beta_2=\frac{2}{3},\alpha_2=1$. 求 α_0,α_1. 它们应满足如下方程组：$\alpha_0+\alpha_1+1=0,\alpha_1+2-\frac{2}{3}=0$，即 $\alpha_0+\alpha_1=-1,\alpha_1=-\frac{4}{3}$，解之，$\alpha_0=\frac{1}{3},\alpha_1=-\frac{4}{3}$.

从而 $\rho(\lambda)=\lambda^2-\frac{4}{3}\lambda+\frac{1}{3}$.

(2)具体的差分格式为 $u_{n+2}-\frac{4}{3}u_{n+1}+\frac{1}{3}u_n=\frac{2h}{3}f_{n+2}$.

又 $c_2=\frac{1}{2}\left(-\frac{4}{3}+4\right)-\frac{4}{3}=0,c_3=\frac{1}{6}\left(-\frac{4}{3}+8\right)-\frac{1}{2}\times\frac{8}{3}=-\frac{2}{9}$，此为隐式二步二阶法，其局部截断误差主项为 $-\frac{2}{9}h^3u^{(3)}(t_n)$.

(3)令 $\rho(\lambda)=\lambda^2-\frac{4}{3}\lambda+\frac{1}{3}=\left(\lambda-\frac{1}{3}\right)(\lambda-1)=0$，得 $\lambda_1=1,\lambda_2=\frac{1}{3}$. 故满足根条件. $\rho'(1)=\frac{1}{3}=\sigma(1)$至少为一阶，故此二步二阶法收敛.

对于模型问题：$u'=\mu u$，有 $\rho(\lambda)-\bar{h}\sigma(\lambda)=\left(1-\frac{2}{3}\bar{h}\right)\lambda^2-\frac{4}{3}\lambda+\frac{1}{3}=0$，其中 $\bar{h}=\mu h$，$\mu<0$. 进一步得

$$\lambda^2-\frac{4}{3}\left(\frac{3}{3-2\bar{h}}\right)\lambda+\frac{1}{3}\left(\frac{3}{3-2\bar{h}}\right)=\lambda^2-\frac{4}{3-2\bar{h}}\lambda-\frac{(-1)}{3-2\bar{h}}=0$$

$|\lambda|<1$ 的充分必要条件为 $\left|\frac{4\bar{h}}{3-2\bar{h}}\right|<1+\frac{1}{3-2\bar{h}}<2$，可推出 $\bar{h}<0$，绝对稳定区间 $(-\infty,0)$.

四、解：(1)$\boldsymbol{A}_k=\left(\frac{\boldsymbol{x}\boldsymbol{x}^{\mathrm{T}}}{2}\right)^k=\frac{\boldsymbol{x}(\boldsymbol{x}^{\mathrm{T}}\boldsymbol{x})(\boldsymbol{x}^{\mathrm{T}}\boldsymbol{x})\cdots(\boldsymbol{x}^{\mathrm{T}}\boldsymbol{x})\boldsymbol{x}^{\mathrm{T}}}{2^k}=\frac{\boldsymbol{x}\boldsymbol{x}^{\mathrm{T}}}{2}$，则

$$\lim_{k\to\infty}\boldsymbol{A}_k=\lim_{k\to\infty}\frac{\boldsymbol{x}\boldsymbol{x}^{\mathrm{T}}}{2}=\begin{pmatrix}\frac{1}{2} & \frac{1}{2}\\ \frac{1}{2} & \frac{1}{2}\end{pmatrix}$$

(2)由 $\boldsymbol{A}^{\mathrm{T}}\boldsymbol{A}=\begin{pmatrix}\frac{1}{2} & \frac{1}{2}\\ \frac{1}{2} & \frac{1}{2}\end{pmatrix}$，令 $\det(\lambda\boldsymbol{I}-\boldsymbol{A}^{\mathrm{T}}\boldsymbol{A})=\begin{vmatrix}\lambda-\frac{1}{2} & -\frac{1}{2}\\ -\frac{1}{2} & \lambda-\frac{1}{2}\end{vmatrix}=\lambda(\lambda-1)=0$，则 $\boldsymbol{A}^{\mathrm{T}}\boldsymbol{A}$

的特征值为$\lambda_1=1,\lambda_2=0(\sigma_1=1,\sigma_2=0)$，所以$\boldsymbol{\Sigma}=(1)$.

下面求对应的标准正交的特征向量(正规直交)，即

$$\frac{1}{2}\begin{pmatrix}1 & -1\\-1 & 1\end{pmatrix}\begin{pmatrix}x_1\\x_2\end{pmatrix}=\begin{pmatrix}0\\0\end{pmatrix}\Rightarrow \boldsymbol{p}_1=\begin{pmatrix}1\\1\end{pmatrix},\boldsymbol{v}_1=\frac{1}{\sqrt{2}}\begin{pmatrix}1\\1\end{pmatrix}$$

$$\frac{1}{2}\begin{pmatrix}-1 & -1\\-1 & -1\end{pmatrix}\begin{pmatrix}x_1\\x_2\end{pmatrix}=\begin{pmatrix}0\\0\end{pmatrix}\Rightarrow \boldsymbol{p}_1=\begin{pmatrix}1\\-1\end{pmatrix},\boldsymbol{v}_2=\frac{1}{\sqrt{2}}\begin{pmatrix}1\\-1\end{pmatrix}\text{或}\boldsymbol{v}_2=\frac{1}{\sqrt{2}}\begin{pmatrix}-1\\1\end{pmatrix}$$

即$\boldsymbol{V}=(\boldsymbol{v}_1\quad \boldsymbol{v}_2)=\begin{pmatrix}\frac{1}{\sqrt{2}} & \frac{1}{\sqrt{2}}\\ \frac{1}{\sqrt{2}} & \frac{-1}{\sqrt{2}}\end{pmatrix}$或$\boldsymbol{V}=(\boldsymbol{v}_1\quad \boldsymbol{v}_2)=\begin{pmatrix}\frac{1}{\sqrt{2}} & \frac{-1}{\sqrt{2}}\\ \frac{1}{\sqrt{2}} & \frac{1}{\sqrt{2}}\end{pmatrix}$，因$\mathrm{rank}(\boldsymbol{A})=1$，故有$\boldsymbol{V}_1=$

$\boldsymbol{v}_1=\begin{pmatrix}\frac{1}{\sqrt{2}}\\ \frac{1}{\sqrt{2}}\end{pmatrix}$. 计算得

$$\boldsymbol{U}_1=\boldsymbol{A}\boldsymbol{V}_1\boldsymbol{\Sigma}^{-1}=\begin{pmatrix}\frac{1}{2} & \frac{1}{2}\\ \frac{1}{2} & \frac{1}{2}\end{pmatrix}\begin{pmatrix}\frac{1}{\sqrt{2}}\\ \frac{1}{\sqrt{2}}\end{pmatrix}(1)=\begin{pmatrix}\frac{1}{\sqrt{2}}\\ \frac{1}{\sqrt{2}}\end{pmatrix}$$

由$\boldsymbol{U}=(\boldsymbol{U}_1\quad \boldsymbol{U}_2)$，则$\boldsymbol{U}_2=\begin{pmatrix}-\frac{1}{\sqrt{2}}\\ \frac{1}{\sqrt{2}}\end{pmatrix}$. 故矩阵$\boldsymbol{A}$的奇异值分解为

$$\begin{pmatrix}\frac{1}{2} & \frac{1}{2}\\ \frac{1}{2} & \frac{1}{2}\end{pmatrix}=\begin{pmatrix}\frac{1}{\sqrt{2}} & \frac{-1}{\sqrt{2}}\\ \frac{1}{\sqrt{2}} & \frac{1}{\sqrt{2}}\end{pmatrix}\begin{pmatrix}1 & 0\\0 & 0\end{pmatrix}\begin{pmatrix}\frac{1}{\sqrt{2}} & \frac{1}{\sqrt{2}}\\ \frac{-1}{\sqrt{2}} & \frac{1}{\sqrt{2}}\end{pmatrix}\text{或}\begin{pmatrix}\frac{1}{2} & \frac{1}{2}\\ \frac{1}{2} & \frac{1}{2}\end{pmatrix}=\begin{pmatrix}\frac{1}{\sqrt{2}} & \frac{-1}{\sqrt{2}}\\ \frac{1}{\sqrt{2}} & \frac{1}{\sqrt{2}}\end{pmatrix}\begin{pmatrix}1 & 0\\0 & 0\end{pmatrix}\begin{pmatrix}\frac{1}{\sqrt{2}} & \frac{1}{\sqrt{2}}\\ \frac{1}{\sqrt{2}} & \frac{-1}{\sqrt{2}}\end{pmatrix}$$

(3) $\|\boldsymbol{A}\|_2=1$，$\|\boldsymbol{A}\|_F=1$.

五、解法1：首先求出$\det(\lambda\boldsymbol{I}-\boldsymbol{A})=\begin{vmatrix}\lambda-1 & -1\\-4 & \lambda-1\end{vmatrix}=(\lambda-1)^2-4=(\lambda+1)(\lambda-3)$，设$q(\lambda)=b_1\lambda+b_0$，$f(\lambda)=\mathrm{e}^{\lambda t}$. 因此

$$q(-1)=-b_1+b_0=f(-1)=\mathrm{e}^{-t},q(3)=3b_1+b_0=f(3)=\mathrm{e}^{3t}$$

即

$$\begin{cases}-b_1+b_0=\mathrm{e}^{-t}\\3b_1+b_0=\mathrm{e}^{3t}\end{cases}$$

解得

$$\begin{cases}b_1=\frac{1}{4}(\mathrm{e}^{3t}-\mathrm{e}^{-t})\\b_0=\frac{1}{4}(3\mathrm{e}^{-t}+\mathrm{e}^{3t})\end{cases}$$

于是，$\mathrm{e}^{\boldsymbol{A}t}=b_1\boldsymbol{A}+b_0\boldsymbol{I}$，即

$$e^{At}=\frac{1}{4}(e^{3t}-e^{-t})\begin{pmatrix}1&1\\4&1\end{pmatrix}+\frac{1}{4}(3e^{-t}+e^{3t})\begin{pmatrix}1&0\\0&1\end{pmatrix}$$

$$=\frac{1}{4}\begin{pmatrix}(e^{3t}-e^{-t})+(3e^{-t}+e^{3t}) & (e^{3t}-e^{-t})\\ 4(e^{3t}-e^{-t}) & (e^{3t}-e^{-t})+(3e^{-t}+e^{3t})\end{pmatrix}$$

$$=\frac{1}{4}\begin{pmatrix}2(e^{3t}+e^{-t}) & e^{3t}-e^{-t}\\ 4(e^{3t}-e^{-t}) & 2(e^{3t}+e^{-t})\end{pmatrix}=\begin{bmatrix}\frac{1}{2}(e^{3t}+e^{-t}) & \frac{1}{4}(e^{3t}-e^{-t})\\ (e^{3t}-e^{-t}) & \frac{1}{2}(e^{3t}+e^{-t})\end{bmatrix}$$

解法 2：首先求出 $\det(\lambda \boldsymbol{I}-\boldsymbol{A})=\begin{vmatrix}\lambda-1 & -1\\ -4 & \lambda-1\end{vmatrix}=(\lambda-1)^2-4=(\lambda+1)(\lambda-3)$，则矩阵的Jordan标准型为 $\boldsymbol{J}(t\lambda)=\begin{pmatrix}e^{-t} & \\ & e^{3t}\end{pmatrix}$ 或 $\boldsymbol{J}(t\lambda)=\begin{pmatrix}e^{3t} & \\ & e^{-t}\end{pmatrix}$. 因此，下面求 $\boldsymbol{A}$ 的Jordan分解的变换矩阵 $\boldsymbol{T}$，即由

$$\begin{pmatrix}2 & -1\\ -4 & -2\end{pmatrix}\begin{pmatrix}x_1\\ x_2\end{pmatrix}=\begin{pmatrix}0\\ 0\end{pmatrix}\Rightarrow \boldsymbol{T}_1=\begin{pmatrix}1\\ -2\end{pmatrix},\begin{pmatrix}2 & -1\\ -4 & 2\end{pmatrix}\begin{pmatrix}x_1\\ x_2\end{pmatrix}=\begin{pmatrix}0\\ 0\end{pmatrix}\Rightarrow \boldsymbol{T}_2=\begin{pmatrix}1\\ 2\end{pmatrix}$$

则 $\boldsymbol{T}=\begin{pmatrix}1 & 1\\ -2 & 2\end{pmatrix}$，易得 $\boldsymbol{T}^{-1}=\begin{bmatrix}\frac{1}{2} & -\frac{1}{4}\\ \frac{1}{2} & \frac{1}{4}\end{bmatrix}$，于是

$$e^{At}=\begin{pmatrix}1 & 1\\ -2 & 2\end{pmatrix}\begin{pmatrix}e^{-t} & \\ & e^{3t}\end{pmatrix}\begin{bmatrix}\frac{1}{2} & -\frac{1}{4}\\ \frac{1}{2} & \frac{1}{4}\end{bmatrix}=\begin{bmatrix}\frac{1}{2}(e^{3t}+e^{-t}) & \frac{1}{4}(e^{-t}-e^{3t})\\ (e^{-t}-e^{3t}) & \frac{1}{2}(e^{3t}+e^{-t})\end{bmatrix}$$

或

$$e^{At}=\begin{pmatrix}1 & 1\\ -2 & 2\end{pmatrix}\begin{pmatrix}e^{3t} & \\ & e^{-t}\end{pmatrix}\begin{bmatrix}\frac{1}{2} & -\frac{1}{4}\\ \frac{1}{2} & \frac{1}{4}\end{bmatrix}=\begin{bmatrix}\frac{1}{2}(e^{3t}+e^{-t}) & \frac{1}{4}(e^{3t}-e^{-t})\\ (e^{3t}-e^{-t}) & \frac{1}{2}(e^{3t}+e^{-t})\end{bmatrix}$$

六、解：(1)求得 $\boldsymbol{A}$ 的Doolittle分解中的 $\boldsymbol{L}=\begin{bmatrix}1 & 0 & 0\\ 6 & 1 & 0\\ 4 & 2 & 1\end{bmatrix}$，$\boldsymbol{U}=\begin{bmatrix}-1 & 8 & -2\\ 0 & 1 & 2\\ 0 & 0 & -1\end{bmatrix}$，解两个三角方程组：$\boldsymbol{Ly}=\boldsymbol{b}$，$\boldsymbol{Ux}=\boldsymbol{y}$，即

$$\begin{bmatrix}1 & 0 & 0\\ 6 & 1 & 0\\ 4 & 2 & 1\end{bmatrix}\begin{bmatrix}y_1\\ y_2\\ y_3\end{bmatrix}=\begin{bmatrix}5\\ 33\\ 25\end{bmatrix},\begin{bmatrix}-1 & 8 & -2\\ 0 & 1 & 2\\ 0 & 0 & -1\end{bmatrix}\begin{bmatrix}x_1\\ x_2\\ x_3\end{bmatrix}=\begin{bmatrix}5\\ 3\\ -1\end{bmatrix},\boldsymbol{x}=\begin{bmatrix}1\\ 1\\ 1\end{bmatrix}$$

得上述线性方程组的解 $\boldsymbol{x}=(1\quad 1\quad 1)^{\mathrm{T}}$.

(2)$\boldsymbol{A}=\boldsymbol{LU}$，设 $\boldsymbol{A}^{-1}=(\boldsymbol{X}_1\quad \boldsymbol{X}_2\quad \boldsymbol{X}_3)$，则有

$$\boldsymbol{AA}^{-1}=\boldsymbol{LU}(\boldsymbol{X}_1\quad \boldsymbol{X}_2\quad \boldsymbol{X}_3)=(\boldsymbol{e}_1\quad \boldsymbol{e}_2\quad \boldsymbol{e}_3)$$

通过解一系列如下三角方程组

$$\begin{pmatrix}1&0&0\\6&1&0\\4&2&1\end{pmatrix}\begin{pmatrix}y_1\\y_2\\y_3\end{pmatrix}=\begin{pmatrix}1\\0\\0\end{pmatrix},\begin{pmatrix}-1&8&-2\\0&1&2\\0&0&-1\end{pmatrix}\begin{pmatrix}x_1\\x_2\\x_3\end{pmatrix}=\begin{pmatrix}y_1\\y_2\\y_3\end{pmatrix},\boldsymbol{X}_1=\begin{pmatrix}95\\10\\-8\end{pmatrix}$$

$$\begin{pmatrix}1&0&0\\6&1&0\\4&2&1\end{pmatrix}\begin{pmatrix}y_1\\y_2\\y_3\end{pmatrix}=\begin{pmatrix}0\\1\\0\end{pmatrix},\begin{pmatrix}-1&8&-2\\0&1&2\\0&0&-1\end{pmatrix}\begin{pmatrix}x_1\\x_2\\x_3\end{pmatrix}=\begin{pmatrix}y_1\\y_2\\y_3\end{pmatrix},\boldsymbol{X}_2=\begin{pmatrix}-28\\-3\\2\end{pmatrix}$$

$$\begin{pmatrix}1&0&0\\6&1&0\\4&2&1\end{pmatrix}\begin{pmatrix}y_1\\y_2\\y_3\end{pmatrix}=\begin{pmatrix}0\\0\\1\end{pmatrix},\begin{pmatrix}-1&8&-2\\0&1&2\\0&0&-1\end{pmatrix}\begin{pmatrix}x_1\\x_2\\x_3\end{pmatrix}=\begin{pmatrix}y_1\\y_2\\y_3\end{pmatrix},\boldsymbol{X}_3=\begin{pmatrix}18\\2\\-1\end{pmatrix}$$

得

$$\boldsymbol{A}^{-1}=(\boldsymbol{X}_1\quad\boldsymbol{X}_2\quad\boldsymbol{X}_3)=\begin{pmatrix}95&-28&18\\10&-3&2\\-8&2&-1\end{pmatrix}$$

自测题四

一、**1.** B. **2.** A. **3.** B.

4. $\frac{1}{8}\times10^{-3}$.

5. $(1+2x)(x-1)^2$.

6. $\begin{pmatrix}1&0&0\\1&1&0\\1&1&1\end{pmatrix}$, 24.

7. 1.000 000, $\begin{pmatrix}1.000\,000\\-1.000\,000\end{pmatrix}$.

8. $\begin{pmatrix}34&10\\10&5\end{pmatrix}\begin{pmatrix}a\\b\end{pmatrix}=\begin{pmatrix}-24\\5\end{pmatrix}$或$\begin{pmatrix}5&10\\10&34\end{pmatrix}\begin{pmatrix}b\\a\end{pmatrix}=\begin{pmatrix}-5\\-24\end{pmatrix}$或$\begin{pmatrix}17&5\\5&3\end{pmatrix}\begin{pmatrix}a\\b\end{pmatrix}=\begin{pmatrix}-12\\2\end{pmatrix}$或$\begin{pmatrix}3&5\\5&17\end{pmatrix}\begin{pmatrix}b\\a\end{pmatrix}=\begin{pmatrix}-2\\-12\end{pmatrix}$.

9. $\frac{1}{2\sqrt{15}}$.

10. $\frac{9}{4}$, $\begin{pmatrix}\frac{3}{2}\\-\frac{9}{4}\end{pmatrix}$.

11. -2.

12. $(\|\boldsymbol{x}\|_2\|\boldsymbol{y}\|_2)$.

13. $\frac{1}{2}(1+\mathrm{e}^{-\frac{1}{4}})$, $\frac{1}{6}(1+\mathrm{e}^{-\frac{1}{4}}+4\mathrm{e}^{-\frac{3}{16}})$.

14. $\boldsymbol{A}^{-1}(\mathrm{e}^{\boldsymbol{A}}-\boldsymbol{I})$,正交.

15. 1,2.

16. 0, x^k.

17. 严格对角占优.

18. $\frac{3}{2}$.

二、解：解方程组 $\boldsymbol{Ax}=\boldsymbol{b}$ 的 Gauss-Seidel 迭代法的分量形式的迭代公式为

$$\begin{cases} x_1^{(k+1)}=-\dfrac{1}{t}(x_2^{(k)}+x_3^{(k)}) \\ x_2^{(k+1)}=\dfrac{1}{t}\left(2-\dfrac{1}{t}x_1^{(k+1)}\right) \\ x_3^{(k+1)}=-\dfrac{1}{t^2}x_1^{(k+1)} \end{cases}$$

Gauss-Seidel 迭代法的迭代矩阵 $\boldsymbol{B}_{\mathrm{G}}$ 的特征值满足

$$\det(\boldsymbol{C})=\begin{vmatrix} \lambda t & 1 & 1 \\ \lambda\dfrac{1}{t} & \lambda t & 0 \\ \lambda\dfrac{1}{t} & 0 & \lambda t \end{vmatrix}=t^3\lambda^3-2\lambda^2=\lambda^2(t^3\lambda-2)=0$$

则 $\rho(\boldsymbol{B}_{\mathrm{G}})=\left|\dfrac{2}{t^3}\right|$，若 Gauss-Seidel 迭代法收敛，必有 $\left|\dfrac{2}{t^3}\right|<1$，即 $-1<\dfrac{2}{t^3}<1$，从而必有 $t>\sqrt[3]{2}$ 或 $t<-\sqrt[3]{2}$.

三、解法 1：首先求 $\psi(\lambda)=\begin{vmatrix} \lambda+2 & -1 & 0 \\ 4 & \lambda-2 & 0 \\ -1 & 0 & \lambda-1 \end{vmatrix}=\lambda^3-\lambda^2$.

由 Hamilton-Cayley 定理 $\psi(\boldsymbol{A})=\begin{vmatrix} \lambda+2 & -1 & 0 \\ 4 & \lambda-2 & 0 \\ -1 & 0 & \lambda-1 \end{vmatrix}=\boldsymbol{A}^3-\boldsymbol{A}^2=\boldsymbol{0}$，可知 $\boldsymbol{A}^3=\boldsymbol{A}^2$，即 $\boldsymbol{A}^4=\boldsymbol{A}^3=\boldsymbol{A}^2$，从而得 $\boldsymbol{A}^{k+1}=\boldsymbol{A}^2$，$k=1,2,\cdots$，于是

$$\sin \boldsymbol{A}t=\boldsymbol{A}t-\frac{\boldsymbol{A}^3}{3!}t^3+\frac{\boldsymbol{A}^5}{5!}t^5-\cdots=t\boldsymbol{A}+\left(-\frac{1}{3!}t^3+\frac{1}{5!}t^5-\cdots\right)\boldsymbol{A}^2=t\boldsymbol{A}+(\sin t-t)\boldsymbol{A}^2$$

$$\boldsymbol{A}^2=\begin{pmatrix} 0 & 0 & 0 \\ 0 & 0 & 0 \\ -1 & 1 & 1 \end{pmatrix}$$

从而

$$\begin{aligned}\sin \boldsymbol{A}t &= \begin{pmatrix} -2t & t & 0 \\ -4t & 2t & 0 \\ t & 0 & t \end{pmatrix}+\begin{pmatrix} 0 & 0 & 0 \\ 0 & 0 & 0 \\ t-\sin t & \sin t-t & \sin t-t \end{pmatrix} \\ &= \begin{pmatrix} -2t & t & 0 \\ -4t & 2t & 0 \\ 2t-\sin t & \sin t-t & \sin t \end{pmatrix}\end{aligned}$$

解法 2：首先求 $\psi(\lambda)=\begin{vmatrix} \lambda+2 & -1 & 0 \\ 4 & \lambda-2 & 0 \\ -1 & 0 & \lambda-1 \end{vmatrix}=\lambda^3-\lambda^2$，$q(\lambda)=b_2\lambda^2+b_1\lambda+b_0$，$f(\lambda t)=\sin \lambda t$.

设

$$f(\lambda t)=p(\lambda,t)\psi(\lambda)+q(\lambda,t)$$

则

$$q(1)=b_2+b_1+b_0=f(t)=\sin t$$
$$q(0)=b_0=f(0)=\sin 0=0$$
$$q'(0)=b_1+b_0=f'(0)=t\cos 0=t$$
$$b_0=0,b_1=t,b_2=\sin t-t$$
$$f(\boldsymbol{A}t)=\sin \boldsymbol{A}t=(\sin t-t)\boldsymbol{A}^2+t\boldsymbol{A}=\begin{bmatrix}-2t & t & 0\\ -4t & 2t & 0\\ 2t-\sin t & \sin t-t & \sin t\end{bmatrix}$$

四、解：$\boldsymbol{A}^{\mathrm{T}}\boldsymbol{A}=\begin{pmatrix}0&0\\1&1\end{pmatrix}\begin{pmatrix}0&1\\0&1\end{pmatrix}=\begin{pmatrix}0&0\\0&2\end{pmatrix}$，$\det(\lambda\boldsymbol{I}-\boldsymbol{A}^{\mathrm{T}}\boldsymbol{A})=\begin{vmatrix}\lambda&0\\0&\lambda-2\end{vmatrix}=\lambda(\lambda-2)=0$，则 $\boldsymbol{A}^{\mathrm{T}}\boldsymbol{A}$ 的特征值及 $\boldsymbol{A}$ 的奇异值分别为

$$\lambda_1=2,\lambda_2=0,\sigma_1=\sqrt{2},\sigma_2=0,\boldsymbol{\Sigma}=(\sqrt{2})$$

下面求对应的标准正交的特征向量（正规直交），即

$$\begin{pmatrix}2&0\\0&0\end{pmatrix}\begin{pmatrix}x_1\\x_2\end{pmatrix}=\begin{pmatrix}0\\0\end{pmatrix}\Leftrightarrow x_1=0\Rightarrow \boldsymbol{v}_1=\begin{pmatrix}0\\1\end{pmatrix}$$
$$\begin{pmatrix}0&0\\0&-2\end{pmatrix}\begin{pmatrix}x_1\\x_2\end{pmatrix}=\begin{pmatrix}0\\0\end{pmatrix}\Leftrightarrow x_2=0\Rightarrow \boldsymbol{v}_2=\begin{pmatrix}1\\0\end{pmatrix}$$

即 $\boldsymbol{V}=(\boldsymbol{v}_1\quad \boldsymbol{v}_2)=\begin{pmatrix}0&1\\1&0\end{pmatrix}$，$\boldsymbol{V}_1=\boldsymbol{v}_1=\begin{pmatrix}0\\1\end{pmatrix}$，计算得

$$\boldsymbol{U}_1=\boldsymbol{A}\boldsymbol{V}_1\boldsymbol{\Sigma}^{-1}=\begin{pmatrix}0&1\\0&1\end{pmatrix}\begin{pmatrix}0\\1\end{pmatrix}\left(\frac{1}{\sqrt{2}}\right)\begin{pmatrix}1\\1\end{pmatrix}$$

计算 $\boldsymbol{U}_2$，使其与 $\boldsymbol{U}_1$ 构成 $\mathbf{R}^2$ 的一组标准正交基，可取 $\boldsymbol{U}_2=\frac{1}{\sqrt{2}}\begin{pmatrix}1\\1\end{pmatrix}$，则

$$\boldsymbol{U}=(\boldsymbol{U}_1\quad \boldsymbol{U}_2)=\frac{1}{\sqrt{2}}\begin{pmatrix}1&1\\1&-1\end{pmatrix}$$

故矩阵 $\boldsymbol{A}$ 的奇异值分解为

$$\begin{pmatrix}0&1\\0&1\end{pmatrix}=\begin{bmatrix}\frac{1}{\sqrt{2}}&\frac{1}{\sqrt{2}}\\ \frac{1}{\sqrt{2}}&\frac{-1}{\sqrt{2}}\end{bmatrix}\begin{bmatrix}\sqrt{2}&0\\0&0\end{bmatrix}\begin{pmatrix}0&1\\1&0\end{pmatrix}$$

五、解：(1) 构造具有 2 个 Gauss 点的求积公式. 首先 $\mu_i=\int_{-1}^{1}|x|x^i\mathrm{d}x,i=0,1,2,3.$

构造 2 次正交多项式，令 $\phi_2(x)=\begin{vmatrix}1&0&1\\0&\frac{1}{2}&x\\\frac{1}{2}&0&x^2\end{vmatrix}=\left(\frac{1}{2}x^2-\frac{1}{4}\right)=\frac{1}{4}(2x^2-1)$，令

$\phi_2(x)=0$. 即得，$\phi_2(x)=(2x^2-1)=0$，得 Gauss 点 $x_{0,1}=\pm\sqrt{\frac{1}{2}}$，取 $f(x)=1,x$，令

$$\int_{-1}^{1} f(x)\mathrm{d}x \approx A_0 f\left(-\sqrt{\frac{1}{2}}\right)+A_1 f\left(\sqrt{\frac{1}{2}}\right)$$

即得到方程组 $2=A_0+A_1, 0=-A_0+A_1$. 解之，得 $A_0=A_1=\frac{1}{2}$，从而具有 3 次代数精度 Gauss 型求积公式

$$\int_{-1}^{1}|x|f(x)\mathrm{d}x \approx \frac{1}{2}\left[f\left(-\sqrt{\frac{1}{2}}\right)+f\left(\sqrt{\frac{1}{2}}\right)\right]$$

(2) $x=5t$，则有

$$\begin{aligned}\int_{-5}^{5}|x|f(x)\mathrm{d}x &= 25\int_{-1}^{1}|t|f(5t)\mathrm{d}t \approx \frac{25}{2}\left[f\left(-5\times\sqrt{\frac{1}{2}}\right)+\left(5\times\sqrt{\frac{1}{2}}\right)\right]\\ &\approx \frac{25}{2}\left[\sin\left|\frac{-5\times\sqrt{\frac{1}{2}}}{5}\right|^2+\sin\left|\frac{5\times\sqrt{\frac{1}{2}}}{5}\right|^2\right]\\ &\approx \frac{25}{2}\left(\sin\frac{1}{2}+\sin\frac{1}{2}\right)=25\sin\frac{1}{2}\end{aligned}$$

六、解：(1) 由差分格式为 $u_{n+4}-u_n=2h(f_{n+4}+f_n)$. 令

$$\rho(\lambda)=\lambda^4-1=(\lambda^2-1)(\lambda^2+1)=0$$

则可得其特征值为 $\lambda_{1,2}=\pm 1, \lambda_{3,4}=\pm\mathrm{i}$，故满足根条件 $|\lambda|\leqslant 1$，又

$$\alpha_0=-1, \alpha_1=\alpha_2=\alpha_3=0, \alpha_4=1, \beta_0=\beta_4=2, \beta_1=\beta_2=\beta_3=0$$

从而

$$\begin{cases}c_0=1-1=0\\ c_1=4-(2+2)=0\\ c_2=\frac{1}{2}\times 4^2-4\times 2=0\\ c_3=\frac{1}{6}\times 4^3-\frac{1}{2}\times 4^2\times 2=-\frac{16}{3}\end{cases}$$

故局部截断误差主项为 $-\frac{16}{3}h^3u^{(3)}(t_n)$，为三阶方法. 故此差分格式收敛.

(2) $\rho(\lambda)-\bar{h}\sigma(\lambda)=(1-2\bar{h})\lambda^4-(1+2\bar{h})=0$，$|\lambda|<1$ 的充分必要条件可推出 $\bar{h}<0$.

七、证明：(1) 由于 $\frac{\mathrm{d}\varphi(\boldsymbol{x})}{\mathrm{d}\boldsymbol{x}}=\frac{1}{2}\times 2\boldsymbol{A}\boldsymbol{x}-\boldsymbol{b}=\boldsymbol{A}\boldsymbol{x}-\boldsymbol{b}$，从而 $-\frac{\mathrm{d}\varphi(\boldsymbol{x}_0)}{\mathrm{d}\boldsymbol{x}}=\boldsymbol{b}-\boldsymbol{A}\boldsymbol{x}_0$.

(2) 令

$$\begin{aligned}\frac{\mathrm{d}\varphi(\boldsymbol{x}_0+\alpha\boldsymbol{r}_0)}{\mathrm{d}\alpha}&=\frac{\mathrm{d}}{\mathrm{d}\alpha}\left[\varphi(\boldsymbol{x}_0)+\alpha(\boldsymbol{A}\boldsymbol{x}_0-\boldsymbol{b},\boldsymbol{r}_0)+\frac{\alpha^2}{2}(\boldsymbol{A}\boldsymbol{r}_0,\boldsymbol{r}_0)\right]\\ &=(\boldsymbol{A}\boldsymbol{x}_0-\boldsymbol{b},\boldsymbol{r}_0)+\alpha(\boldsymbol{A}\boldsymbol{r}_0,\boldsymbol{r}_0)=-(\boldsymbol{r}_0,\boldsymbol{r}_0)+\alpha(\boldsymbol{A}\boldsymbol{r}_0,\boldsymbol{r}_0)=0\end{aligned}$$

得 $\alpha_0=\frac{(\boldsymbol{r}_0,\boldsymbol{r}_0)}{(\boldsymbol{A}\boldsymbol{r}_0,\boldsymbol{r}_0)}$. $\frac{\mathrm{d}^2\varphi(\boldsymbol{x}_0+\alpha\boldsymbol{r}_0)}{\mathrm{d}\alpha^2}=(\boldsymbol{A}\boldsymbol{r}_0,\boldsymbol{r}_0)>0$，故

$$\min_{\alpha\in\mathbf{R}}\varphi(\boldsymbol{x}_0+\alpha\boldsymbol{r}_0)=\varphi(\boldsymbol{x}_0+\alpha_0\boldsymbol{r}_0)$$

参考文献

[1] 张宏伟,金光日,施吉林,等.计算机科学计算[M].2版.北京:高等教育出版社,2013.

[2] TIMOTHY SAUER.数值分析:第2版[M].裴玉茹,马赓宇,译.北京:机械工业出版社,2014.

[3] 周华任.数值分析习题精解及考研辅导[M].5版.南京:东南大学出版社,2015.

[4] 马昌凤.现代数值分析:MATLAB版[M].北京:国防工业出版社,2013.

[5] 王仁宏.数值逼近[M].2版.北京:高等教育出版社,2012.

[6] 哈尔滨工业大学计算数学教研室.数值分析习题与实验[M].哈尔滨:哈尔滨工业大学出版社,2015.

附　录

附录1　数值实验

一、基础知识部分

1. 设 $S_N=\sum_{j=2}^{N}\frac{1}{j^2-1}$，其精确值为$\frac{1}{2}\left(\frac{3}{2}-\frac{1}{N}-\frac{1}{N+1}\right)$.

(1) 编制按从大到小的顺序 $S_N=\frac{1}{2^2-1}+\frac{1}{3^2-1}+\cdots+\frac{1}{N^2-1}$，计算 S_N 的通用程序.

(2) 编制按从小到大的顺序 $S_N=\frac{1}{N^2-1}+\frac{1}{(N-1)^2-1}+\cdots+\frac{1}{2^2-1}$，计算 S_N 的通用程序.

(3) 按两种顺序分别计算 S_{10^2}，S_{10^4}，S_{10^6}，并指出有效位数(编制程序时用单精度).

(4) 通过本上机题，你明白了什么.

2. 秦九韶算法.已知 n 次多项式 $f(x)=\sum_{i=0}^{n}a_ix^i$，用秦九韶算法编写通用的程序计算函数在点 x_0 的值，并计算 $f(x)=7x^3+3x^2-5x+11$ 在点 23 的值.

(提示：编写程序时，输入系数向量和点 x_0，输出结果，多项式的次数可以通过向量的长度来判断)

3. 用秦九韶算法编程计算 $f(x)=1+x+x^2+\cdots+x^{50}$ 在 $x=1.000\,01$ 处的值.

4. 考虑计算给定向量的范数：输入向量 $\boldsymbol{x}=(x_1,x_2,\cdots,x_n)^{\mathrm{T}}$，输出 $|x|_1$，$|x|_2$，$|x|_\infty$.

请编制一个通用程序，并用你编制的程序计算如下向量的范数

$$\boldsymbol{x}=\left(1,\frac{1}{2},\frac{1}{3},\cdots,\frac{1}{n}\right)^{\mathrm{T}},\boldsymbol{y}=(1,2,\cdots,n)^{\mathrm{T}}$$

对 $n=10,100,1\,000$，甚至更大的 n 计算其范数，你会发现什么结果？你能否修改你的程序使得计算结果相对精确呢？

5. 首先编制一个利用秦九韶算法计算一个多项式在给定点的函数值的通用程序，程

序包括输入多项式的系数以及给定点，输出函数值. 利用编制的程序计算

$$\begin{aligned}p(x) &= (x-2)^9 \\ &= x^9 - 18x^8 + 144x^7 - 672x^6 + 2\,016x^5 - 4\,032x^4 + \\ &\quad 5\,376x^3 - 4\,608x^2 + 2\,304x - 512\end{aligned}$$

在 $x = 2$ 邻域附近的值. 画出 $p(x)$ 在 $x \in [1.95, 2.05]$ 上的图像.

二、线性方程组求解

1. 分别用 Gauss 消元法和列主元消去法编程求解方程组 $\boldsymbol{Ax} = \boldsymbol{b}$，其中

$$\boldsymbol{A} = \begin{pmatrix} 31 & -13 & 0 & 0 & 0 & -10 & 0 & 0 & 0 \\ -13 & 35 & -9 & 0 & -11 & 0 & 0 & 0 & 0 \\ 0 & -9 & 31 & -10 & 0 & 0 & 0 & 0 & 0 \\ 0 & 0 & -10 & 79 & -30 & 0 & 0 & 0 & -9 \\ 0 & 0 & 0 & -30 & 57 & -7 & 0 & -5 & 0 \\ 0 & 0 & 0 & 0 & -7 & 47 & -30 & 0 & 0 \\ 0 & 0 & 0 & 0 & 0 & -30 & 41 & 0 & 0 \\ 0 & 0 & 0 & 0 & -5 & 0 & 0 & 27 & -2 \\ 0 & 0 & 0 & -9 & 0 & 0 & 0 & -2 & 29 \end{pmatrix}$$

$\boldsymbol{b} = (-15, 27, -23, 0, -20, 12, -7, 7, 10)^{\mathrm{T}}$

并求出矩阵 $\boldsymbol{A}$ 的 $\boldsymbol{LU}$ 分解及列主元的 $\boldsymbol{LU}$ 分解（求出 $\boldsymbol{L}$,$\boldsymbol{U}$ 和 $\boldsymbol{P}$），并用 $\boldsymbol{LU}$ 分解的方法求 $\boldsymbol{A}$ 的逆矩阵及 $\boldsymbol{A}$ 的行列式.

2. 编制程序求解矩阵 $\boldsymbol{A}$ 的 Cholesky 分解，并用程序求解方程组 $\boldsymbol{Ax} = \boldsymbol{b}$，其中

$$\boldsymbol{A} = \begin{pmatrix} 7 & 1 & -5 & 1 \\ 1 & 9 & 2 & 7 \\ -5 & 2 & 7 & -1 \\ 1 & 7 & -1 & 9 \end{pmatrix},\ \boldsymbol{b} = (13, -9, 6, 0)^{\mathrm{T}}$$

3. 用追赶法编制程序求解方程组 $\boldsymbol{Ax} = \boldsymbol{b}$，其中

$$\boldsymbol{A} = \begin{pmatrix} 4 & 2 & 0 & 0 \\ 3 & -2 & 1 & 0 \\ 0 & 2 & 5 & 3 \\ 0 & 0 & -1 & 6 \end{pmatrix},\ \boldsymbol{b} = \begin{pmatrix} 6 \\ 2 \\ 10 \\ 5 \end{pmatrix}$$

4. 已知

$$\boldsymbol{A} = \begin{pmatrix} 1 & 1 & 0 & 0 \\ -1 & 3 & -\frac{1}{2} & \frac{1}{2} \\ -2 & 2 & \frac{3}{2} & \frac{1}{2} \\ -2 & 2 & -\frac{1}{2} & \frac{5}{2} \end{pmatrix}$$

编程求解矩阵 $\boldsymbol{A}$ 的 $\boldsymbol{QR}$ 分解.

5. 分别应用 Jacobi 迭代法和 Gauss-Seidel 迭代法求解如下方程组

$$\begin{cases}4_1 + x_2 + x_3 = 7 \\ 4x_1 + 8x_2 + x_3 = 21 \\ 2x_1 + x_2 + 5x_3 = 15\end{cases}$$

6. 令 $\boldsymbol{H}$ 表示 $n \times n$ 的 Hilbert 矩阵，其中 (i,j) 元素是 $1/(i+j-1)$，$\boldsymbol{b}$ 是元素全为 1 的向量，用 Gauss 消去法求解 $\boldsymbol{Hx} = \boldsymbol{b}$，其中取(1)$n = 2$；(2)$n = 5$；(3)$n = 10$.

7. 已知方程组

$$\begin{pmatrix} 3 & -1 & & & \\ -1 & 3 & -1 & & \\ & \ddots & \ddots & \ddots & \\ & & -1 & 3 & -1 \\ & & & -1 & 3 \end{pmatrix} \begin{pmatrix} x_1 \\ \vdots \\ x_n \end{pmatrix} = \begin{pmatrix} 2 \\ 1 \\ \vdots \\ 1 \\ 2 \end{pmatrix}$$

分别用 Jacobi 迭代法和 Gauss-Seidel 迭代法求解方程组，精确到小数点后 6 位，分别就 $n = 10,20,30,50,100$ 给出相应的计算结果.

8. 用共轭梯度法求解上题中的方程组.

三、非线性方程求解

1. 分别应用 Newton 迭代法和割线法计算(1) 非线性方程 $2x^3 - 5x + 1 = 0$ 在[1,2]上的一个根；(2)$e^x \sin x = 0$ 在[-4,-3]上的一个根.

2. 采用二分法计算非线性方程 $x\cos x + 2 = 0$，查找区间为[-4,4]. 取不同的初值用 Newton 迭代法以及弦截法求方程 $x^3 + 2x^2 + 10x - 100 = 0$ 的实根，列表或者画图说明收敛速度.

3. 用二分法求方程 $e^x \cos x + 2 = 0$ 在区间[0,4π]上的所有根.

4. 用 Newton 迭代法求解方程 $x^3 + x^2 + x - 3 = 0$ 的根，初值选择 $x_0 = -0.7$，迭代 7 步并与真值 $x^* = 1$ 相比较，并列出数据表(表 1).

表 1　数据表

i	x_i	$e_i = \lvert x_i - x^* \rvert$	$\frac{e_i}{e_{i-1}^2}$
0			
1			
⋮			

从最后一列能得到什么结论(从收敛阶的角度回答)?把最后一列的值与 $\frac{f''(x^*)}{2f'(x^*)}$ 相比较能得到什么结论?

5. 取不同的初值用弦截法求方程 $x^3 + 2x^2 + 10x - 100 = 0$ 的实根，列表或者画图说明收敛速度.

6. 设 $f(x) = 54x^6 + 45x^5 - 102x^4 - 69x^3 + 35x^2 + 16x - 4$. 在区间[$-2$,2]上画出函数，(1) 使用 Newton 迭代法找出该区间上的 5 个根，并计算 e_{i+1}/e_i^2 和 e_{i+1}/e_i，由此判断

哪个根是1阶收敛，哪个根是2阶收敛?(2) 使用割线法计算这5个根，并判断哪个根是线性收敛，哪个是超线性收敛?

四、插值与逼近

1. 已知函数 $f(x)=\dfrac{1}{1+x^2}$，在$[-5,5]$上分别取 $2,1,\dfrac{1}{2}$ 为单位长度的等距节点作为插值节点，用 Lagrange 方法插值，并把原函数图与插值函数图比较，观察插值效果.

2. 用三次样条插值上题中的插值节点，并画图比较插值效果.

(提示：原函数在两个端点 $-5,5$ 的导数值可作为边界条件)

3. 令 $f(x)=\mathrm{e}^{|x|}$，$x\in[-1,1]$，分别用等距节点和Chebyshev的零点去插值 $f(x)$，等距节点包括左右两个端点，分别取 $n=5,10,15,20$，画出插值函数以及原函数的图并比较，观察有没有 Runge 现象发生.

4. (1) 给定数据点(x_i,x_i^2)，$x_i=0,\dfrac{1}{n},\dfrac{2}{n},\cdots,1$，当 $n=5,10,15,20,25,30$ 时分别用直线拟合这组数据点并注意观察当点数逐渐增加时直线的表达式的变化. (2) 计算函数 $f(c_1,c_2)=\int_0^1(x^2-c_1-c_2x)^2\mathrm{d}x$ 的最小值，并解释与(1) 的关系.

5. 考虑函数 $f(x)=\sin\pi x$，$x\in[0,1]$. 用等距节点作 $f(x)$的 Newton 插值，画出插值多项式以及 $f(x)$的图像，观察收敛性.

6. 全世界石油产量(单位：百万桶/日)见表2所示，确定并画出经过这些点的9阶多项式，并使用该多项式估计2010年的石油产量. Runge 现象在这个例子中出现了吗? 以你的观点，插值多项式是描述这些数据好的模型吗? 请解释.

表 2　全世界石油产量

年	产量/(百万桶/日)	年	产量/(百万桶/日)
1994	67.052	1999	72.063
1995	68.008	2000	74.669
1996	69.803	2001	74.487
1997	72.024	2002	74.065
1998	73.400	2003	76.777

用最小二乘法拟合题目中的10个数据点，拟合曲线为(1) 直线；(2) 抛物线，以及(3) 三次曲线，并计算它们的均方误差. 使用所得到的拟合曲线估计2010年的产量，在均方误差意义下，哪个拟合最好?

7. 编程计算三次样条 S，满足 $S(0)=1,S(1)=3,S(2)=3,S(3)=4,S(4)=2$，其中边界条件 $S''(0)=S''(4)=0$.

五、数值积分

1. 已知 $f(x)=x^2\sin x$，分别用复化梯形公式和复化 Simpson 公式计算积分

$\int_0^{\pi} f(x)\mathrm{d}x$，区间分为 20，40，80，200 个小区间，并计算其精确值，比较计算精度情况.

2. 用两点，三点和五点的 Gauss 型积分公式分别计算定积分，并与真值作比较.

$$S=\int_0^{\frac{\pi}{2}} x^2\cos x\mathrm{d}x$$

3. 令 $f(x)=\mathrm{e}^{3x}\cos \pi x$，考虑积分 $\int_0^{2\pi} f(x)\mathrm{d}x$. 区间分为 50，100，200，500，1 000 等，分别用复化梯形公式以及复化 Simpson 公式计算积分值，将数值积分的结果与精确值比较，列表说明误差的收敛性.

4. 分别用两点，三点和五点的 Gauss 型积分公式计算如下定积分：

(1) $\int_{-1}^{1}\dfrac{x^2}{\sqrt{1-x^2}}\mathrm{d}x$； (2) $\int_0^{\frac{\pi}{2}}\dfrac{\sin x}{x}\mathrm{d}x$.

六、微分方程数值解

1. 已知常微分方程

$$\begin{cases}\dfrac{\mathrm{d}u}{\mathrm{d}x}=\dfrac{2}{x}u+x^2\mathrm{e}^x\\ x\in[1,2],u(1)=0\end{cases}$$

分别用 Euler 法，改进的 Euler 法，Runge-Kutta 法去求解该方程，步长选为 0.1，0.05，0.01. 画图观察求解效果.

附录 2　本书中部分算法的程序代码

下面的代码是一些补充代码. 通过这些代码的学习，可更好地理解本书中的算法. 为方便学习，下面所有的代码均用 MATLAB 编写.

一、秦九韶算法

```
function y=qinjiushao(d,c,x,b)
% 用秦九韶算法估计多项式的值
% 输入：d 多项式次数
%        c 多项式系数向量，次数升序排列
%        x 估值点
%        b 可选，表示偏移向量
% 输出：多项式在 x 点的函数值 y
if nargin < 4, b = zeros(d,1); end
y = c(d+1);
for i = d: -1:1
```

```
    y = y. * (x-b(i)) + c(i);
end
```

例:求多项式 $f(x)=3x(x-1)(x-2)+2x(x-1)+4x+5$ 在 $x=1.5$ 处的函数值,这时取 d=3,c=[3 2 4 5],x=1.5,d=[0 1 2],调用上面函数即可得到正确值.

二、Gauss 消去法

```
function x = gauss(A,b)
%Gauss 消去法
%输入:系数矩阵 A 及右端向量 b
%输出:Ax=b 的解 x
n = length(b);
for k = 1:n-1
    mu1 = A(k+1:n,k)/A(k,k);
    A(k+1:n,k+1:n) = A(k+1:n,k+1:n)-mu1 * A(k,k+1:n);
    b(k+1:n) = b(k+1:n)-mu1 * b(k);
    A(k+1:n,k) = zeros(n-k,1) ;
end
x = zeros(n,1);
x(n) = b(n)/A(n,n);
for k = n-1:-1:1
    x(k) = (b(k)-A(k,k+1:n) * x(k+1:n))/A(k,k);
end

function x=zgauss(A,b)
%列主元 Gauss 消去法
%输入:系数矩阵 A 及右端向量 b
%输出:Ax=b 的解 x
n = length(b);
for k = 1:n-1
    [ap,pos] = max(abs(A(k:n,k)));
    pos = pos+k-1;
    if pos>k
      A([k pos],:) = A([pos,k],:);
      b([k pos],:) = b([pos,k],:);
    end
    mu1 = A(k+1:n,k)/A(k,k);
    A(k+1:n,k+1:n) = A(k+1:n,k+1:n) - mu1 * A(k,k+1:n);
```

```
    b(k+1:n) = b(k+1:n)-mu1*b(k);
    A(k+1:n,k) = zeros(n-k,1);
end
x = zeros(n,1);
x(n) = b(n)/A(n,n);
for k = n-1:-1:1
    x(k) = (b(k)-A(k,k+1:n)*x(k+1:n))/A(k,k);
end
```

三、Newton 插值

```
function c=newtinterp(x,y)
% Newton 插值
% 输入:插值数据向量 x 和 y
% 输出:嵌套形式的插值多项式系数 c
n=length(x);
for j=1:n
    v(j,1)=y(j);
end
for i=2:n
    for j=1:n+1-i
      v(j,i)=(v(j+1,i-1)-v(j,i-1))/(x(j+i-1)-x(j));
    end
end
for i=1:n
    c(i)=v(1,i);
end
```

四、三次样条插值

```
function spVal=spline(x,y,a)
% 计算用三次样条插值得到的函数在 a 点的值
% 数据向量 x 和 y
n=length(x);
A=zeros(n,n);
g=zeros(n,1);
dx = x(2:n) - x(1:n-1); dy = y(2:n) - y(1:n-1);
for i=2:n-1
    lambda(i)=dx(i)/(dx(i)+dx(i-1)); mu(i)=1-lambda(i);
```

```
        A(i,i-1:i+1)=[lambda(i) 2 mu(i)];
        g(i)=3 * (mu(i) * dy(i)/dx(i) + lambda(i) * dy(i-1)/dx(i-1));
        % right-hand side
end
% 第一类边界条件:给定两个端点的一阶导数值 m0,mn
%   m0=1; mn=0; %默认值,具体可根据实际进行修改
%A(1:2,1)=[1 0]; g(1)=m0;   g(2)=g(2)-lambda(2) * m0;
%A(n-1:n,n)=[0 1]; g(n)=mn; g(n-1)=g(n-1)-mu(n-1) * mn;

% 第二类边界条件:给定两个端点的二阶导数值 f02,fn2
%f02 = 0; fn2 = 0; %默认值,具体可根据实际进行修改
%A(1,1:2) = [2 1]; g(1) = 3 * dy(1)/dx(1) - dx(1)/2 * f02;
%A(n,n-1:n) = [1 2];g(n) = 3 * dy(n-1) / dx(n-1) + dx(n-1)/2 * fn2;

m = A\g;
if a<x(1)| a>x(n)
        error('a 不在区间内'); return;
end
for i=1:n-1
        if a>=x(i) && a<=x(i+1)
                s= a - x(i); t = x(i+1) - a;
                spVal = ((dx(i)+2 * s) * t^2 * y(i) + (dx(i) +...
                                2 * t) * s^2 * y(i + 1))/dx(i)^3;
                spVal=(s * t^2 * m(i) - s^2 * t * m(i + 1))/dx(i)^2+spVal;
                break;
        end
end
```

五、Romberg 积分

```
function r=romberg(f,a,b,n)
% Romberg 积分
% 输入: Matlab 函数 f,例如 f=@(x)sin(x);
%       a,b 积分区间, n=行数
% 输出: Romberg T-数表 r
h=(b-a)./(2.^(0:n-1));
r(1,1)=(b-a) * (f(a)+f(b))/2;
for j=2:n
```

```
    subtotal = 0;
    for i=1:2^(j-2)
      subtotal = subtotal + f(a+(2*i-1)*h(j));
    end
    r(j,1) = r(j-1,1)/2+h(j)*subtotal;
    for k=2:j
      r(j,k) = (4^(k-1)*r(j,k-1)-r(j-1,k-1))/(4^(k-1)-1);
    end
end
```

六、精细积分法

```
function x=jingxi(A,x0,h,t0,t1)
% 计算 dx(t)/dt=Ax(t)的近似解,初值条件为 x(t0)=x0
% 输入:矩阵 A,初值 x0,时间步长 h,区间[t0,t1]
% 输出:近似解 x
n = length(x0); % 未知数个数
I = eye(n);
x(1:n,1) =x0; %初值
N=20;
dt = h/2^N; % 精细化步长
At = A*dt;
BigT = At*(I +At*(I + At/3*(I+At/4))/2);
for k=1:N
    BigT = 2*BigT + BigT^2;
end
BigT= I + BigT;
for k=1:m
    x(:,k+1) = BigT*x(:,k);
end
```